U0176578

无知的美德

THE VIRTUES
OF IGNORANCE
Complexity, Sustainability, and the Limits
of Knowledge

Bill Vitek & Wes Jackson
[美]比尔·维特克 [美]韦斯·杰克逊 编
陈海滨 译

中信出版集团 | 北京

图书在版编目（CIP）数据

无知的美德 /（美）比尔·维特克，（美）韦斯·杰
克逊编；陈海滨译 . -- 北京：中信出版社，2023.3
（见识丛书）
书名原文：The Virtues of Ignorance: Complexity,
Sustainability, and the Limits of Knowledge
ISBN 978-7-5217-5029-4

Ⅰ. ①无… Ⅱ. ①比… ②韦… ③陈… Ⅲ. ①科学哲
学—文集 Ⅳ. ① N02-53

中国国家版本馆 CIP 数据核字（2023）第 013199 号

无知的美德
编者：　　[美] 比尔·维特克　[美] 韦斯·杰克逊
译者：　　陈海滨
出版发行：中信出版集团股份有限公司
　　　　　（北京市朝阳区东三环北路 27 号嘉铭中心　邮编　100020）
承印者：　宝蕾元仁浩（天津）印刷有限公司

开本：660mm×970mm　1/16　　印张：25.5　　字数：282 千字
版次：2023 年 3 月第 1 版　　　印次：2023 年 3 月第 1 次印刷
京权图字：01-2022-7006　　　　书号：ISBN 978-7-5217-5029-4
　　　　　　　　　　　　　　　 定价：88.00 元

版权所有·侵权必究
如有印刷、装订问题，本公司负责调换。
服务热线：400-600-8099
投稿邮箱：author@citicpub.com

目　录

引言：以严肃的态度对待无知　　　　　　　　　　　　001

第一部分　初步认识　　　　　　　　　　　　　　　023

　　　面向一种基于无知的世界观　　　　　　　　　025

　　　无知——内心的洞见　　　　　　　　　　　　046

　　　人类的无知以及派不上用场的历史　　　　　054

　　　无知与技能　　　　　　　　　　　　　　　　064

第二部分　抽丝剥茧　　　　　　　　　　　　　　　079

　　　优化不确定性　　　　　　　　　　　　　　　081

　　　与生态对话的艺术　　　　　　　　　　　　　103

　　　无知与道德　　　　　　　　　　　　　　　　125

　　　两种世界观——强加的无知和谦逊的无知　　146

第三部分　先驱和典范　　　　　　　　　　　　　　163

　　　为无知的灵魂而战：古典雅典修辞学与哲学　165

　　　在学习的宇宙中选择无知　　　　　　　　　183

启蒙的无知之路：阿尔弗雷德·诺斯·怀特海与

　　　恩斯特·迈尔　212

　快乐的无知与公民思想　243

第四部分　应用前景　267

　我不知道!　269

　从无知中吸取的教训：医学（及其他）无知课　292

　经济学与无知的平方的推进　320

　以无知为目标的教育　343

　气候变化与知识局限　360

　我们能有全新的眼光吗？超越抽象文化　380

作者简介　397

无知的美德

引言：以严肃的态度对待无知

比尔·维特克、韦斯·杰克逊

如果我们忙着时时展现自己的知识，又怎能想起我们成长必不可少的无知呢？

——亨利·戴维·梭罗

问题

既然我们的无知程度比渊博程度高几十亿倍，那么我们为什么不把它当作优势好好发挥，接受一种基于无知的世界观呢？

几年前，一些著名的科学家发表了一篇论文，随后又出版了一本书。在这本书中，他们将大自然给我们提供的服务，赋予了一个以美元计价的价值体系。[1]毫无疑问，这种做法让我们发现了很多会计一般不会计算在内的内容，但我们不知道如何合理地进行这种计算。对于已经发现的物种，我们甚至都不知道其所起的全部作用，更不用说那些还没被发现的，或者永远不会被发现的物种了。另外，还有一些物理力量会不受我们干涉地发挥作用。其中的某些力量显然已经因为我们的存在而发生了改变。建立这样一种计价体系的做法表明当前的启蒙思想已经达到了顶峰。

我们认为，启蒙思想，即我们的思想，其核心是一种基于知识的世界观。这种世界观确定并推动了某些目标和原则的建立。这些目标和原则通常能引起所有人的注意，如个人自由、经济增长、科学进步，以及排斥热力学、物质和道德方面的限制。总而言之，启蒙思想都是关于自由的。然而，自由赖以立足及汲取养料的核心基础是基于知识的世界观。

这种世界观有悠久的历史，也有很多来源，从《圣经·创世记》中盗取知识的故事，或者说普罗米修斯盗取火种的故事，到希腊人对人的理性力量的强调。但正是启蒙运动成功地将对数学、科学和哲学的学术追求，与工程师、建筑师和医生使用的工具结合在了一起。这就是历史学家所谓的技术和认识论的融合。技术，即通过经验和重复所获得的日常知识，很少考虑诸如"如何实现"及"是什么原因"之类的问题。认识论，即在理性地探究原因及第一原理的过程中所获得的知识。

从16世纪开始，欧洲的许多思想先驱者的著作都反映和阐述了这一观点。如果我们大度一点，我们就原谅他们误认为大自然是无限的，能无限制地为人所用。那时的人类只是一个人口稀少的脆弱物种，在我们这个广袤无垠的星球上，在由文化开辟的小小空地上，进行着自己的探索和开拓。即使是站在诸如开普勒、哥白尼、塞尔维特、卡斯泰利、冯·霍恩海姆（帕拉塞尔苏斯）、伽利略、约翰·洛克、托马斯·霍布斯、弗朗西斯·培根、斯宾诺莎、牛顿、伏尔泰、皮埃尔·贝勒、孟德斯鸠等伟大人物那样的高位上，也很难预料到，当他们的思想和研究被放大到一个由 70 亿人组成的人类义化中时，这种规模会导致什么样的问题。他们中的大多数在意大利、英格兰、苏格兰、荷兰和法国进行他们的研究工作。在这些国家里，社会和知识条件使思想家们能够轻松摆脱经院哲学、亚里士多德主义（尤其是在科学领域）以及教会和国家威权的影响。这些思想家中的每一位都为基于知识的世界观提供了某些核心环节，并为即将到来的革命奠定了基础。

启蒙思想最早和最基本的来源之一是法国哲学家和数学家笛卡尔的著作。笛卡尔给自己的艰巨任务，是让人类认识世界的能力建立在一个全新的——他希望是完全可靠的——哲学基础上。他的著作是康德主张的体现，也就是说，启蒙运动的座右铭应该是"敢于求知"。笛卡尔说，他的发现就像是在一个烧着炉子的暖烘烘的房间里，进行了一整天的沉思。他思考的主题是梦、世界、上帝，以及最重要的，人类个体首先怀疑一切，然后再以自己特有的方式重建每个细枝末节，保证所认识的都是真理的能力。笛卡尔所得到的奖赏，以及迄今为止现代世界所获得的奖赏，是一个建立在知识基础之上的堡垒，其核心是个性化的人类意识，并在此基础上无限制地创造和破坏世界。

笛卡尔时代促成了与启蒙运动相关的三大革命——科学革命、政治革命、经济革命，同时也孕育了许许多多革命者。他们追求现代世界，并使现代世界得到全面发展。在这些革命的共同作用下，文化得到了解放，人类因此能够追求从前被禁止，或认为不可能的目标：控制自然；创造超越生存的经济和技术；个人自由，挣脱政府、宗教、家庭传统和过去的束缚；相信人类的进步是脱离进化的，也不受道德和精神信仰的牵绊。笛卡尔的《第一哲学沉思集》（1641 年）建立了基于知识的信仰体系的基石。该体系坚信，世界能够以人类利益为出发点进行改造。

一批令人印象深刻的批评者——从马克思主义者、人权活动家、精神领袖到环保主义者和原住民——试图推翻由这一体系导致的虚假乐观主义、诸多错误、不公正和生态灾难。他们抨击了一个或多个常见问题，如掠夺性和造成污染的经济，不公正的资本主义，虐待动物，石油即将耗尽所带来的阴霾。但每次受到攻击，西方思想的捍卫者们都会搬出笛卡尔作为挡箭牌。是的，他们这样告诉我们，这个世界上可能的确存在不公平，可能的确有工厂废水泄漏现象，石油和淡水储量也的确在减少，也的确有虐待动物的情况。但当我们的思想，尤其是在与其他思想联合起来的时候（越多思想越好！），将克服所有这些限制和问题。只要再多等一点时间，或者等到另一个爱因斯坦、爱迪生、索尔克、甘地、弗里茨·哈伯，或者卡尔·博施出现的时候，世界就会更适合我们人类的生存，甚至可能惠及某些动物和植物。来自朱利安·西蒙、比约恩·隆伯格以及其他所有丰饶论思想的观点，都从笛卡尔时代汲取营养，并暂时让批评者哑口无言。

随着知识和技术的增长，特别是大约自1500年的科学革命和启蒙运动开始以来，我们对自己的精确能力、变革能力和预测能力越来越自信，并为此自豪。但确定性问题和缺陷却一直存在。基础物理学的进展好像给我们施了催眠术。但像长期天气预报这样的预测仍然难以做到，预报员不得不用概率来说话，即使这样也没能让我们清醒过来。我们的无知有时候似乎不言而喻。当有人提出拯救生物多样性的观点时，那些日益减少的生命形式，其实已经回答了我们还没想到要提的问题。

此外，还有这样的问题——我们的许多基本常识最后都被证明是错误的。20 世纪 60 年代，我们知道了 DNA（脱氧核糖核酸），它制造出了信使 RNA（核糖核酸）。而 RNA 是指导蛋白质合成的直接模板。但到了 20 世纪 90 年代，情况已经不是这样了。我们发现，很多，甚至是大多数蛋白质的功能可能其实都不止一种。在短短 30 年里，技术、理论的发展，以及与新方法的结合，让我们具备了从分子水平上了解生命本质的能力。

复杂的自适应系统这个说法掩盖了深刻的无知。我们可能已经生活在文明社会中了，但我们的身体依然是原始的，它每分每秒都在自我调整，日复一日，年复一年，直到我们死去。在这里，什么在起主导作用，我们仍然一无所知。

约翰·马多克斯的《尚未解开的科学之谜》一书概述了他所认为的，我们将面对的四种潜在灾难。这本书除了其他内容，还讲了人类的未来。潜在灾难之一是二氧化碳含量增加及气候变化。另一个威胁来自全新的病毒和卷土重来的传染病。此外，一颗小行星也能让我们全部报销，而且人类自身的基因组也可能不稳定。[2]

这些威胁会让我们陷入何种境地？我们或许能对气候变化做点什么。我们实际上似乎正在做这样的努力，但是不是足以阻止一场大规模灾难，就是另一个问题了。我们可以更谨慎地使用抗生素。饲养场是抗生素问题的温床，无论是牛、猪还是鸡的饲养场。我们并不打算把流星的事放在心上，只在心里暗暗希望，总有运气躲开它。但人类自身的基因组不稳定性呢？我们应该担心吗？好吧，我们觉得不应该为此杞人忧天。从我们待在树上开始，到我们在非洲大草原上直立行走，甚至在过去 1 万 ~1.2 万年的农业试验过程中，人类的基因组一直都好好的，从没出过问题。

我们承认自己的巨大无知，我们学习如何与无知共存的最好机会难道不是来自对千百年来不断动摇的自然安排的研究吗？如果是这样，那么生态系统将成为我们所有对可持续生产粮食和纤维感兴趣的人共同的概念工具。这包括林业、渔业和农业，因为农民的农作物和牲畜，渔民的鱼以及伐木工的原木都来自各自的生态系统。这些生态系统也都有着重要的共性。[3] 在这里，我们需要冒险把生态系统的概念扩大，把经济生活的其他途径也包括进来，因为我们研究生态系统时总是免不了要考察大自然的经济体系。大自然的经济体系不外乎利用当前的阳光对材料进行有效的管理和循环利用。

这样做肯定会迫使我们提出没有现成答案的问题。但这已经让我们迈出了不再给知识归类的第一步。没有人能预测，这会把我们带到哪里，但比起我们现在前进的方向，以这种方式指给我们的方向，应该更倾向于软着陆。

我们过去认为，科学技术最终将为一个占主导地位的社会组织服务。现在看来，这种观点过于简单。查尔斯·沃什伯恩说，可用的社会-政治道路在数量和设计上都过于有限，无法承受现在的科学-技术-经济输出。[4] 面对这样的现实，还有什么道路比现在这条路更好呢？这条路就是从现在开始，把 20 世纪当作认为有知识就足以管理世界的最后一个世纪。承认无知可能是世俗头脑走向谦卑的唯一途径。拥抱无知有可能让世俗主义者与虔诚的宗教人士联手。接受以无知为基础的世界观，至少可能发挥我们的优势。

我们无法证明这一点，但确信，这种观点里有一个关键悖论：在拥有基于无知的世界观的人的头脑中，知识和洞见反而积累得最快。在研究了如何退场之后，他们的想象力也就不那么狭隘了。只要不再盯着某处不动，就有可能看到更多东西。

背景

堪萨斯州，梅特菲尔德格林。

这本文集源自一次以"面向一种基于无知的世界观"为主题的会议，被称为"梅特菲尔德格林对话"。该会议不定期邀请嘉宾来堪萨斯州的弗林特山聚首。本次会议于 2004 年 6 月举行。这算是一次大胆的尝试。现代人的头脑是不是还能消除和清除某些错误的观念和信念？那些观念和信念先是导致草原被开垦，之后又赶走了土地上的原住民。现在这块土地上的大多数第二代居民，还让适合这个地方的文化和生态知识都荡然无存，不论是我们已经了解还是没有了解的文化和知识。同时，第二代居民仍在挖掘和开发这块土地的肥力、美德和价值。

梅特菲尔德格林对话在美国文化圈中是少见的事件。[5] 会议由韦斯·杰克逊担任主持人和发起人。他所提供的会议主题，要挑战的不仅是占据我们大多数人心里的共同假设，而且挑战我们共同的世界观。这些假设和世界观让我们痴迷，同时又让我们陷入矛盾：既想和它忠贞不渝，又想下定决心和它一刀两断。把杰克逊的朋友们和同事们召集在一起的会议探讨的是某些重大议题。在梅特菲尔德格林的一间教室里，你看不到自命不凡或自以为是，看到的只有当地人的热情和当地美食的诱惑，以及嘉宾们集思广益、共同讨论重大问题的热烈气氛。[6]他们一起享用美食，一起在大草原上散步，在堪萨斯炎热的夜晚辗转反侧，基本上不会分心，但无伤大雅的玩笑也绝不可少。他们还有一种感觉，他们在这里所做的工作可能关系到一百年以后的事，而那时候的我们，可能都已经化为灰烬，随风而散了。

就像杰克逊在土地研究所的工作那样，[7]他总是把精力集中在研究文明的最高优先级事项上。他常说，如果农业的可持续发展做得不好，其他领域的可持续发展做得再怎么好都无济于事。如果我们养活自己的同时，必须让其他人挨饿，或者不得不毒害我们自己，不得不压榨土地，那么我们回收多少啤酒罐，或使用多少节能灯泡都不会有什么差别，因为我们正在制造一个没有工作、没有文化、土地没有肥力、没有繁荣或后代可言的未来。换句话说，如果这样的未来果真到来，我们就再也没法在电灯下悠闲地享用啤酒了。杰克逊和他在土地研究所的同事们已经花了25年的时间，研究如何"通过减少土壤侵蚀，减少对石油和天然气的依赖，降低农业相关活动对我们的土地和水的化学污染，来提高我们粮食和纤维来源的安全性"。他们的"具体研究是一项农业创新，利用'自然为尺度'来开发混合多年生粮食作物，作为人类的食物来源，农民在做出农业决策时将自然作为他们的标准或尺度"。[8]

杰克逊提请出席2004年梅特菲尔德格林对话的嘉宾注意，就像农业对任何文化都至关重要一样，知识也是西方如此热爱科学进步，

　　　　　　　　　　　　　　　　　　无知的美德

以科学控制自然的原因。还要考虑这样的可能性：尽管基于知识的世界观取得了辉煌的成就，但它并没有实现承诺，并且，实践起来也越来越危险。换言之，杰克逊把农业领域可持续发展的主张延伸到了思想领域：如果基于知识的世界观在滋养人们思想的同时，必须破坏和毁灭世界，导致物种灭绝和墨西哥湾出现死亡地带，污染美国中西部的供水，无节制地消费，用一种旨在给世界人民自由的方法来使他们陷入贫困，创造出一种道德相对主义，使得人们无法做出谨慎的选择，或者使人们没有勇气完全否定某种选择，那么这种世界观没有也罢，而且抛弃得越快越好。一句话，世界的运作，仅靠知识是不够的。

抨击基于知识的世界观，它的经济、科学、政治和伦理后裔的力量就会减弱。现在，仅靠知识一定能把我们从现在的水深火热中解救出来的承诺，就足以集中所有这些体系的力量为这个目标而战了。如果我们想让人们看清这种世界观即将破产的本质，就必须粉碎唯一支撑它的神话——相信人类的知识足以把我们拯救出我们为自己和世界挖的深坑。因此，我们只剩下一个办法：如果我们不能为当前基于知识的世界观找到一个替代方案，那么我们对其他体系所做的改变就变得毫无意义。这就好像是在给一架还在空中飞行，燃料也将耗尽的飞机修理发动机。

我们把这个替代世界观称为基于无知的世界观。我们认为人类的无知总是超过和超越人类的知识，因此，在我们做出任何决定或采取任何行动之前，必须考虑有哪些人，有多少人会参与其中，文化变革会达到什么程度，以及如果情况变糟，该如何退场。这样的观点绝对不意味着我们不应该寻求知识，也不意味着我们是愚蠢的，甚至是邪恶的，但它确实迫使我们牢记某些东西，让我们希望得到第二次机会，并鼓励我们控制规模。

文章

　　本书所结集的文章代表了文化界观点的一个横断面，从工程学、农业科学到哲学和进化生物学。本书作者包括作家、活动家、医生、自然科学和社会科学家、哲学家、政策制定者和教育家。这些文章都具有思想性、批判性、历史性和实践性。所有作者都有一种感觉，都想尝试探索新的和重要的东西，同时他们也认可先知和先贤的历史建树。几乎每一代先知和先贤都超前地对人类智力的影响提出了有益的疑问，并警告人类的自豪感可能存在危险。

　　但本书既不是梳理这类警告的历史书，也不是关于知识和无知的哲学教科书，尽管作者中确实有几位涉猎这些方面。更确切地说，本书是为愿意考虑重建对我们主流社会和文化体系及类别的根本认知的读者和思考者而写；为那些在教育学生时想要面向即将进入的新世纪，而不是刚刚过去的旧世纪的教师而写；还为那些想挑战现状的学生而写；以及任何认为全球日益严重的社会和环境问题源于我们企业基础本身的弱点和缺陷，而不仅仅是由于我们的主流世界观贯彻得不够彻底的人而写。

　　也就是说，启蒙运动的世界观即使应用得当，也会造成很多问题。例如，农业和医学的发展，导致人口指数级增长，因此对表土和淡水需求增加。技术发展使世界上越来越多的化石燃料得以利用，但同时也导致消费增加，大气中二氧化碳浓度上升，进而导致全球气温升高。更糟糕的是，解决这些巨大挑战的许多办法依赖的都是"加法"逻辑：寻找更多石油，增加土壤和种子的生产力，促进经济增长，增加物质消费，开发更多土地用来生产粮食，甚至还要利用人口增长。每一种解决办法都唤起了对人类无限精神的信仰，使其在任何情况下都要奋起努力，打败任何敌人。成功的秘诀很简单：释放人类的创造力，并利用人类的创造力驾驭和消费大自然巨大且复杂的力量；享受由此产生的新世界和进步；然后，重复以上过程。

《无知的美德》这本书挑战了这种自傲的乐观主义。本书的文章指出了基于知识的世界观所存在的问题和危险，还以不同风格、不同方式概述了另一种世界观——基于无知的世界观，并提供了这种世界观在行动中的很多实例。我们的书名使用"无知"这个词有点耸人听闻的意味。我们本可以使用谨慎、谦逊、智慧、预防、敬畏这样的词，所有这些词的含义正是基于无知的世界观的。但"无知"这个词听上去更刺耳，更能让人们注意到，我们的愿望和现实之间的差距有多大。在传统用法中，"无知"这个词具有负面含义，因为它描述了一种可纠正的人类状态。但我们使用这个词是想要表明，无论人类对自然世界、对我们自己、对我们的政治和社会制度了解多少，相对于我们不知道的、不应该知道的、永远不可能知道的，我们所知道的东西总是相形见绌。在试图忽略或超越无知时，我们总是不可避免地失败，不可避免地伤害他人和我们自己。这种意义上的无知是无法治愈的。我们必须开始创造后启蒙运动的思想体系，承认无知是生命宇宙中最初的运行条件。

这并不是说，知识在这种世界观里就没有一席之地了。当然有。我们的许多作者本身就是科学家、工程师和医生，他们每天都依靠传统知识工作，甚至在创造新知识的时候也是如此。本书作者之一，科学家罗伯特·鲁特-伯恩斯坦与本书编辑之一往来的电子邮件，很好地阐述了这一点：

> 一个人不能满足于现有知识，任何长期存在的问题之所以长期没有得到解决，正是因为现有知识不足以解决这些问题，或者首先是由于知识不足才导致这些问题的出现。因此，一个人必须同时拥有无知和知识，只有这样我们才知道要发现或发明什么。但是发现和发明并不是凭空出现的，它们总是建立在从前的知识基础之上。关注无知的目的是同时依靠我们知道的和不知道的东西来构建知识。而随着知识的积累，新的无知形式又露出端倪，如此循环往复，永无止境。对我来说，知识和无知是理解的阴阳两面。阴和阳是共存的，当阴阳失去平衡时，世界就有麻烦了。

* * *

本书分为四个部分，都致力于阐述鲁特-伯恩斯坦所说的这种阴阳平衡。开篇共有八篇文章，分为两个部分（"初步认识"和"抽丝剥茧"），主要解释了一些术语，并代表了针对"基于无知的世界观是什么？"这个问题的答案。

在第一部分"初步认识"的开篇，韦斯·杰克逊追溯了他对无知的世界观的兴趣来源——他在 1982 年收到了温德尔·贝里的一封信，以及土地研究所的阳光农场项目。像书中的许多作者一样，他担心过度依赖化石燃料的文化所带来的环境压力和负担。有人预测，化石燃料可能在 50 年内耗尽。他提出了一个观点——"由无知带来的知识"。这种知识承认，人类"仅靠知识不足以管理这个世界"。

罗伯特·佩里为读者带来了关于信息、知识和智慧的引人深思的论述。虽然人们希望信息带来知识，知识带来智慧，但佩里认为，我们的智慧告诉我们的应该是，我们知之甚少，甚至一无所知。浩如烟海的事实并不是知识的构成部分，甚至连最基本的知识也构筑不了。相反，他提出了孩子和新手智慧这类概念：他们小心翼翼、缓慢谨慎地前进，对他人表示同情，怀着敬畏之心拥抱世界。

理查德·D. 拉姆声称，对于我们目前所面临的环境问题，我们过去的经验完全帮不上忙。我们无法通过增长走出困境，历史也无法帮助我们正确看待这些问题。我们曾经生活在一个空旷蛮荒的地球上，这种生活经验给我们的教训是误导性的。我们仍然认为地球需要的是"多产、繁衍和征服"，然而，它现在需要的却是拯救。拉姆说，当代生活给我们带来了一系列问题，而对于这些问题，历史教训不仅毫无用处，还带给我们错误经验。针对这些问题，他对比了被他称为无限的文化和有限的文化，并认为我们最大的希望在于后者。

康恩·纽金特主要讨论的是碳燃料及其造成的后果。他预测如果我们继续消费碳燃料会有什么恶果，他认为我们其实并不知道维持数十亿人口需要什么，也不知道如果没有碳燃料，我们的消费生活会变成什么样子。他呼吁读者，要以不消耗我们共同的自然资源存量为前提设计支持系统。

在第二部分"抽丝剥茧"的第一篇文章中，工程师雷蒙德·H. 迪恩说明，自然和文化的界限是如何使自然和文化体系的组织保持稳定的。一个没有界限的世界对任何生命形式来说都只是一团乱麻。任何一个个体都不可能知道所有一切。我们无所不知的错觉经常会引起可怕的错误。另外，完全意识到我们无知又会导致无法容忍的困惑和沮丧。因此，迪恩说，我们必须学会把无知看作生命无法回避的一部分，甚至看到无知有利的一面。迪恩的文章向我们展示，大自然如何教导我们在位于知识和无知之间的"最优不确定"地带寻找答案。和自然界一样，在生活中追求知识时如果不遵守界限，就会导致混乱。随后，新界限就会出现，而新界限往往并不是我们愿意看到的。学会容忍我们现有的界限，而不要不管不顾地冲破现有界限导致随后遭遇意想不到的新界限，才是更明智的做法。

史蒂夫·塔尔博特用对话的比喻来描述一种理解他者世界的方法。这是当完全理解世界不可能，完全无知又不可接受时，我们理解世界的方法。对话能让我们谨慎地提出问题，弥补过去的不足，并承认从来没有完全对或完全错的答案。塔尔博特鼓励我们把对话的艺术看作了解我们周围世界的最佳方法。

安娜·L. 彼得森提出了两个问题：第一，无知能否为我们理解和批评已有的伦理模式提供优势？第二，我们如何构建一个基于无知的伦理模式？她的文章是对基于知识-无知的世俗体系和宗教体系的考察。她所研究的案例包括新基督教现实主义、宗教改革运动和基督教存在主义。在文章的结尾，她推测，在基于无知的世界观所指向的伦

　　　　　　　　　　　　　　　　　　无知的美德

理道德中，行动取决于可能性和希望，而不是预测。

保罗·G.赫尔特恩提醒我们，要警惕他所说的"有意的无知"。他说这种无知微妙而隐蔽，但非常有效地让我们丧失了对基于无知的世界观的谦逊和诚实。有意的无知会让我们相信，我们已经全盘了解了某种状况（或者至少让我们相信某些人已经全盘了解了）。有意的无知往往带着一种光环，即它的知识主张和实践的前提假设，都是无可置疑的。因此，提出疑问或探究其基本假设都是愚蠢行为。赫尔特恩认为，有意的无知深深植根于我们的文化体系中。然而似乎很矛盾，各种模式的有意的无知，往往还包含科学的思维和说话方式。事实上，这种模式可能无处不在。赫尔特恩提供了几个有意的无知的例子，让我们初步理解，什么样的敌人堪称强大。他还思考了另一种看待自然的方式，这种方式可以让我们保持对基于无知的世界观的谦逊。

在第三部分"先驱和典范"中，我们的作者通过描述历史背景和名人生平，继续探讨基于无知的世界观的定义和影响。这一部分以查尔斯·马什的文章开篇。他讨论了古希腊哲学和关于灵魂的无知的辩论，以及这种无知能否治愈。柏拉图的老师苏格拉底对此的回答是肯定的，而且哲学家必须把知识灌输给普通人。亚里士多德声称，在某些情况下，完全确定是不可能的。而古希腊教育家伊索克拉底对于人类了解世界的能力所持的观点则更加悲观。马什认为，两千多年前的这场辩论将重现，他鼓励我们说，这一次我们一定不会出错。

彼得·G.布朗认为，西方社会一直在追求弗朗西斯·培根通过科学知识拯救世界的宏伟计划，结果却被随之而来的、越来越多的无知所吞没。其实一部分无知，正是由这项计划本身导致的。每前进一步，真正的进步就会在远处的地平线上退后一步。我们需要的是一种新的世界观，它让社会更接近生态圈，动态地参与宇宙的共同进化过程。为此，布朗推出了阿尔伯特·史怀哲"敬畏生命"的哲学伦理。我们在这里找到了补救的支点，为知识找到了拥抱无知的基础，并开辟道路，让人类重新成为生命共同体的正式成员，理解我们在宇宙大戏中担任什么角色。

哲学家斯特拉坎·唐纳利研究了英国哲学家怀特海（20世纪最重要的哲学家之一）和著名进化生物学家恩斯特·迈尔的著作。唐纳利认为，鉴于怀特海和迈尔都对包括人类在内的有机生命体进行了充分了解和评估，并明确挑战早期现代科学的基础，那么就应该把怀特海、达尔文和迈尔的哲学放在一起讨论，让它们碰撞出火花。唐纳利特别指出，怀特海和达尔文的思维模式对人类和自然相互作用的哲学和道德探索，特别是对自然、价值和民主的相互关系的讨论做出了贡献。他们提出了生态公民和民主公民的概念，以及我们对人类社会和自然社会的最终公民责任。

比尔·维特克在文章的一开始，先对"知识"和"无知"这两个词语做了语源学的分析，随后重点描述了"快乐的无知"这种有意选择忽视显而易见的事物的状态或行为，即忽视那些人所共见或在眼皮底下的事物。他声称，快乐的无知是对显而易见、确凿无疑、稳妥可控和高高在上的权威的有意挑衅和反叛。他用奥尔多·利奥波德的作品来说明他所谓的一种更公民化的认知方式，或者说公民思维方式。在文章的最后，他为有兴趣推广这种认知方式的教育工作者和政策制定者提供了一些建议。

本书的最后一部分——"应用前景"——探讨了基于无知的世界观对公共政策、教育和日常生活的影响。

作为一位科学家，罗伯特·鲁特–伯恩斯坦的口头禅是"我不知道"。他表示，一位科学家的成功之处，不是对已知的事情有多确定，而是非常确定有哪些事我们还不知道。科学的目标不是寻找解决方案，而是寻找尚无答案的问题。因此，让他感到不安的是，我们对理科学生的教育，不经意间训练的是让他们回答已有现成答案的问题，而不是训练他们提出从未有人提出的、尚无答案的问题。为了纠正这一错误，他大致描述了一个可以用来教会学生如何提出有效问题的方法。他还讲了他自己职业生涯的一些趣事，用来说明他所倡导的方法是有效的。

玛丽斯·赫斯特·维特、彼得·克朗、迈克尔·贝尔纳斯和查尔斯·L.维特描述了自1984年以来，他们在亚利桑那大学外科学系设计和开设的一门医学无知（CMI）课程。该课程旨在帮助学生了解医疗机构中存在的各种形式的无知，并指导学生掌握适当的技能和采取适当的态度，以便在命悬一线的情况下权衡利弊，有效地处理无知。学生们了解到了合作，以及提出没有现成答案的问题有多么重要，同时形成了好奇、怀疑、谦逊和乐观的价值观。此外，他们逐渐意识到，随着知识的积累，问题也成倍增加。正是问题而不是答案，为学习、发现以及医学的进步提供了动力。

经济学家赫布·汤普森老拿新古典经济学开刀，特别是在他的课堂上。新古典经济学积极推崇他所称的"无知的平方"，即有意把经济从混乱又复杂的社会文化政治环境中剥离出来，并用数学模型和理论结构（市场、理性消费者、成本效益分析）来蒙蔽学生，让他们看不到那些经济学所不知道的东西。经济学课程充斥着太多概念，让学生没时间反思，也没时间培养自己的观点，无法提出相反意见，也无法了解其他学科产生的知识和无知。经济学的这种状况，在许多其他学科中也不少见，但经济学的状况尤其令人不安，且危机重重。汤普森提出了一些另类教学策略，给经济学的学生提供足够剂量且有效的无知。

乔恩·詹森为三个根本性问题提供了一些基于无知的世界观的潜在答案：教育的目的是什么？在一种文化内，以及某个地理范围内受教育的人，怎样为世界性的工作做好准备？我们在致力于创造什么样的人？詹森承认，基于无知的教育观念是反直觉的，而且也很容易被危险地误解为我们不应该重视教育。但同时他也表示，通过这一世界观帮我们反思教育思想的时机已经成熟，且前景光明。这样的反思对我们文化的健康，以及生物圈的健康而言都是至关重要的。詹森以教育为背景解释了无知的含义，并提出了一些教育改革的建议。这些改革可能有助于我们培养出与以往不同的、对未来抱有新愿景的毕业生。

乔·马罗科将一种基于无知的世界观应用到气候变化中，对其进行了检验。以弗朗西斯·培根关于知识本质的言论为背景，马罗科向我们证明，气候变化问题的核心在于，环保主义者坚持认为这是一个只能用老办法来解决的新问题。他们并不认为这是一系列复杂的、相互作用的问题和关系的总和，需要多种观点和技术的配合才能解决。他对基于知识的环保主义的主题表示怀疑，并提出了一个广泛的、基

无知的美德

于无知的应对气候变化的替代方案。

本书由克雷格·霍尔德雷格的文章压轴。克雷格·霍尔德雷格是一位教师和科学家，他请我们摒弃那些我们认为理所当然的抽象概念，改用全新的眼光去看待世界。作为主观感知者，我们既能感知这个活生生的自然世界，也能与之互动，然而却有层层阻隔把我们与自然世界分开。当我们撕开这些阻隔时，就能重新看到这个世界，我们与我们所看到世界的联系也恢复了。霍尔德雷格的观察和个人经验将为读者提供一个重返这个生机勃勃、不可预测的世界的途径。

结论

总体说来，本书的文章严肃地指出，半个世纪以来支配西方文化的、基于知识的世界观不仅有缺陷，而且很危险。在这些文章中，作者们分析了当前社会和环境的挑战，批评基于知识的世界观给人类当下造成的窘境，读者还将读到定义和看法，其他选择和乐观主义。不可否认，将来要发生什么越来越难以预料。但本书的所有作者不仅批判了我们以知识为导向的科学、经济和技术范式，而且提出了实际的概念和见解，告诉我们基于人类根本的无知和局限的世界观是什么样子的。换句话说：如果我们做的每一件事和进行的每一次对话，都带着一种谦卑的假设，即人类的理解受到无知的限制，再多的信息也无法减少这种无知，那么人类的文化会怎样？我们在这个世界上的互动又会有什么不同？我们教育儿童的方式，以及我们从事科学研究的方式会不会有所改变？我们会不会更加谨慎及更乐于倾听他人的意见——不仅仅是倾听其他人，而是与我们周围的一切进行完整对话？本书的文章正是这种类型对话的开始。

无论是可持续发展、公民科学、预防原则、生态经济学、自然系统农业、工业生态学，还是其他任何新方法和新概念，人们越来越一致地认为，西方世界需要反思诸多主要公理。本书的价值在于，它触及了这些公理的共同核心：一种像《圣经·创世记》中亚当和夏娃窃取禁果的故事那样古老的信仰。希腊人宣称理性使人类成为万物的尺度。这正是这一信仰的体现。到了欧洲启蒙运动时期，这一信仰得到新的提炼：人类自由最终被政治、科学、技术和经济大规模革命无限释放。这一信仰最终战胜了自然世界、原住民文化，以及一般来说更弱势、更不显眼的文化，也就是社区文化、手工艺术、地方知识、民俗知识、口传心授的传统与节俭美德，并把这些文化边缘化。幸运的是，已掌握这一信仰体系，并在其中受益最多的那部分人，也开始身受其害。假如这一信仰走到了尽头，现在被认为更危险而不是更实用，被认为更狂妄自大而不是坦白诚实，而且完全无法兑现它所承诺的财富、自由和对大自然的支配，那么难道不应该问一问，我们下一步该怎么办吗？

我们相信，本书的文章所讨论的严肃问题，以及具有启发性的观点，不仅点明了基于知识的世界观的误导性，而且提供了取代这一世界观的选择。我们希望这些文章能够提高一些认识，并使读者深入思考"仍然不那么可爱的人类心灵"（利奥波德语）是如何认识世界的，以及在我们试图改造世界时，首先要如何武装我们的头脑，给世界一个喘息的机会。

　　　　　　　　　　　　　　　　无知的美德

注释

1. 我们在这里引用的资料：Robert Costanza et al., "The Value of the World's Ecosystem Services and Natural Capital," *Nature* 387, no. 6630 (15 May 1997): 253–260; and Gretchen Daily, *Nature's Services: Societal Dependence on Natural Ecosystems* (Washington, DC: Island, 1997)。
有人提出反对意见，认为这些杰出的男女提出的思维方式与我们当前的掠夺性经济的思维方式没有什么两样。我们觉得反对者不无道理。但事实上，特别是过去 25 年来，越来越多的人坚持认为，生态系统提供的服务，如用于灌溉的雨水或杀死害虫的霜冻，以及人力资本的价值都要计入所有政府和企业的资产负债表。

2. John Maddox, *What Remains to Be Discovered: Mapping the Secrets of the Universe, the Origins of Life, and the Future of the Human Race* (New York: Martin Kessler, 1998).

3. 我们意识到，这里的问题并不仅仅是生态系统。比如，人类永远不会完全理解神经系统的实际作用，更不用说人体其他部分的所有反馈回路的性质，以及各种交叉变量。这些实在太复杂了。

4. 查尔斯·沃什伯恩是杰克逊的朋友。

5. 第一届梅特菲尔德格林对话的主题被称为"论界限的分类"，第二届的主题即本书主题，预计第三届的主题是"作为真实和概念工具的生态圈"。

6. 这间教室原属梅特菲尔德格林公立学校，该校于 1973 年关闭，并于 1993 年捐赠给土地研究所，用作文化和教育活动中心。

7. 更多信息请见 http://www.landinstitute.org。

8. 本文引用的"历史"可在（注释 7）土地研究所网站的"关于我们"链接下找到。

第一部分

初步认识

面向一种基于无知的世界观

韦斯·杰克逊

启发我产生基于无知的世界观这个想法的，主要是两个来源。最早的一个就是来自温德尔·贝里的这封信：

肯塔基州，罗亚尔港

1982 年 7 月 15 日

尊敬的韦斯：

前几天我们谈到了我正在思考的关于随机性的想法，现在我打算把这个想法完善一下。

启发我的是汉斯·珍妮在《土壤资源》第 21 页的最后一段话（*Jenny* 1980）：

"雨滴以随机的方式穿过森林树冠上方想象的平面，又被树叶和小树枝拦截，顺势而下形成各不相同的森林空间模式，即直穿雨滴、树冠雨滴，以及顺着茎流淌而下的雨滴。土壤表面作为接收器，把'雨的信息'向下传输。但因为底层土壤里并没有设计流动方案的动力源，所以雨水往往以随机的方式离开生态系统，就像它们以随机的方式进入生态系统一样。"

我的问题：在这种（或任何）情况下，"随机"描述的是一个可验证的条件还是认知的局限？

我的回答：它描述的是认知的局限。这当然不应该是一个科学家该给的答案，但很可能任何人都无法提供一个科学的答案。我的回答基于这样一个信念，模式可以通过有限的信息来验证，而验证随机性所需的信息却是无限的。就像在我们的谈话中你所谈到的那样，在信息有限的情况下被认为是随机的事情，可从更大范围来看可能是某个模式的一部分。

如果是这样的话，那么准确地说，珍妮博士应该说，雨水以某种模式从神秘流回了神秘。

如果在做这样的描述时，有必要（实事求是地说）用到"神秘"这个词，那么现代科学项目对人类状况的认知和古人的认知就没有丝毫差别了。如果在使用"随机"这个词时，科学家的意思只是"在我们所能了解的范围内的随机"，那么我们就又回到了要讨论《圣经·约伯记》的年代。有些真理可以眼见为实，而有些则不能。我们迎面碰上的是神秘。把神秘称为"随机"、"概率"或"侥幸"，就是在帮那些不承认模式的人找到把握神秘的方法。把未知称为"随机"，就是通过给未知插上殖民旗帜来占领和利用未知。（我们的朋友珍妮博士当然没有这样说，她也不会容忍这种说法。）

如果要给未知取一个恰如其分的名字，那么"神秘"就是在暗示，我们最好尊重这样一种可能性，即存在一个更大的、看不见的、有可能遭到破坏或毁灭的模式。这个更大的模式是由一些更小的模式组成的。

要尊重神秘，显然多多少少会跟宗教扯上关系，而且我们现代人还通过把它交给宗教专家来与神秘划清界限。因为我们对这一领域漠不关心，宗教专家就可以声称他们对此了如指掌。

然而，让我印象深刻的是其中始终隐含着某种实用性。遇到神秘时，我们只敢做最保守的假设。现代科学项目认为，我们的行动必须建立在知识的基础上，而知识的影响实在太大了，因此我们假设知识是充足的。但面对神秘，知识就显得捉襟见肘了。古人才是正确的，他们以无知为基础采取行动。然而矛盾的是，基于无知的行动所需的正是要知道和牢记一些东西，比如，存在失败的可能性，存在出错的可能性，以及第二次机会是可取的（所以不要把所有希望都寄托在第一次机会上），等等。

我认为，你、我以及其他一些人正在研究的是给农业下定义，以对抗神秘和基于无知。我想我们都相信这样下定义是很有必要的，就像我觉得我们相信，基于知识的、依赖随机性的农业，必然会造成各种破坏一样。这样的农业可以类比古人的项目，或者那些被认为是邪恶或狂妄的项目。希腊人和希伯来人都告诫我们，要当心那些假定他们已经建立了所有模式的人。

贝里对无知的实用价值的解释是在土地研究所的阳光农场项目中提出的。这是一个由已故的马蒂·本德指导的为期十年的研究项目。这个项目旨在确定，如果农场只靠农场作物和光伏板所获得的当前阳光,那么农场生产的粮食有多大比例可供出口。公平地说,我们需要估算的是 210 英亩[①] 土地上,生物性和非生物性设施所代表的能量,包括拖拉机、光伏板、挽用马、鸡、螺栓、围栏、牛群的药物等。马蒂遇到的一个重大难题是,要在哪里划定界限,以区分哪些属于农场外的能源支出。我们意识到,我们没有办法划定这样的界限,以多高的确定性来划定都行不通。我们对此一无所知。

很难找到这类无知的实用价值。毕竟,如果我们在分析一个问题时,能就在哪里划定界限取得一致,那么无论是划定时间界限还是空间界限,无数的争论都可以避免。有些人认为,随着石油产量峰值的到来,我们进入了无法因为储量丰富而任意挥霍的历史阶段。这最终将迫使我们把能源的使用列入预算,因为能源的过度使用正导致快速的气候变化。然而,作为记账员,我们对于界限的了解还是小学生水平。从历史上看,记账需要一定程度的民主评议和独裁命令。我们知道,在家庭和政府中,这是必要的。但思考的界限要比因果关系的界限狭窄得多。生态资本赤字一直是常态,而且这个问题几乎很少受到关注,可能是因为我们并不打算直面这个难题。

我们理所当然地认为,文明自带了脚手架,但如果我们想知道某种人造物代表了多少能量,以及修复这种人造物需要多少能量,就必须思考搭建文明所需的这套底层结构。当我们思考是什么让我们建立新项目(我们称为"文明的进步")的时候,当我们思考是什么满足了我们的需求的时候(我们的基本需求,如衣物和住所、过剩的食物,

---

① 1 英亩 ≈ 4 047 平方米。——编者注

以及那些我们想要或认为我们需要的小东西），我们意识到，这一问题的答案任何会计账簿都写不下。

这让我琢磨起这样一个问题：自狩猎-采集时代以来，我们的农业和文明有没有不抽取地球资源存量的时候？想象一下，观看一部一小时的电影，讲述人类自农业开始以来的一万年的旅程。想象一下我们的粮食供应，以及在背后支撑作物的那些富含能量的碳库。我们在这部电影里会看到，在这一万年里，我们不断地从一种能量丰富的碳库转向另一种。先是土壤碳库，然后是森林碳库，然后是煤炭，然后是石油，然后是天然气。影片将显示，随着农业的扩张，大多数农业用地在没有来自其他方面补贴的情况下，碳的补充能力已经衰弱。如果我们想要，并能够把这些成本记录下来，那么会让我们对效率和进步的概念有完全不同的看法。然而与之相反，一大批狂热分子所做的，不是忠实记录，而是遮掩粉饰和一笔勾销。从我们深刻的无知角度来看，这些已经成为搞笑剧或讽刺剧的灵感来源。

这一切确实让我有所收获。它是一个假设：自农业开始以来，人类从未能在不消耗地球资源存量，在不减少地球生态系统的净初级生产量的情况下，只利用当前的阳光，产生任何技术产品或工艺流程，包括我们的作物和牲畜。简而言之，我们不可能比大自然做得更好。

当然，到细胞出现的时候，甚至在更早的时候，地球上的生命就像已知宇宙中的所有其他事件一样，必须在熵增原理（热力学第二定律）的约束下运行。对一些人来说，这就像说重力存在一样无须赘言。但我们需要提醒一下，因为在我们的计算中，常常会忽略伟大的物理学家马克斯·普朗克所说的话："我发现热力学第二定律的意义在于，在每一个自然过程中，参与这个过程的所有物体的熵之和都会增加。"（1968，18）我不是物理学家，也不是自然科学家，但在与物理学家的无数次讨论中，让我感到欣慰的是，他们中的许多人都承认，在整个物理学领域，熵既是最难理解的，也是最基本的概念。

如果我们思考普朗克的理解，关于资源存量减少的假设就有了这样一个必然的结果：达尔文提出的选择压力将贯穿细胞、组织、器官、有机体、生态系统和生态圈的所有结构等级。把所有方面考虑在内，最优的或接近最优的效率通过整合得到了实现。在我看来，这样的"熵之和"是在变小的。系统中的所有有机体都承受着选择压力，我们尚未理解的基础结构也承受着这样的压力。更重要的是，我们永远无法理解的基础结构也一样——谢天谢地，多亏我们不需要理解。承认我们是无知的，我们就认识到有必要保护野外生态系统的完整性，因为人类对这个系统的破坏最少。这种完整的生态系统应该是我们的标准，因为生态圈拼图的任何一块，都是最佳效率的榜样。（请注意，我并没有称之为生物圈，因为可能让人产生偏向有机体或生物体的误解。）自然生态系统的净初级生产量一般高于农业系统，即使农业获得了化石碳补贴（Field 2001）。

这个假设可能是不可证伪的，因此违背了卡尔·波普尔关于这类假设成立的必要条件，但可以认为它具有探索意义。

以知识为主导的技术派的常见论点是，我们能否超越自然取决于具体的技术。他们的说法是这样的："是的，人类的确造出了推土机和炸弹，但也发明了节能窗啊。"这样的窗户可能确实可以节能，但整个底层结构、文明的脚手架，包括推土机和炸弹在内，都为这种窗户做出了贡献。支持窗户制造的基础设施来自文明本身，但付出的代价是，生态圈的某个地方，甚至很可能是许多地方的效率整合被瓦解了。我们无法确切计算出生态圈的成本，即使是一瞬间的成本也不行；我们也无法计算出生态圈的自我修复要花多少时间，或者如果它可以修复，也无法计算出生态圈达到之前的净初级生产量水平所需的时间。从树上掉落到森林地面上的小枝杈和树叶，以及最后的树干和树枝，其分解的速度比同等重量的铁快得多。对森林或草原来说，循环再生的过程是一个短循环。与之形成对比的是，从矿石中收集铁原子，把它们变成有用的东西，再给它们加上防止生锈的防护，或者送去垃圾场回收利用，是一个很长的循环过程，将消耗大量能源成本。森林生态系统的循环只需当前的阳光就足以支持，因为大自然的经济体系能够在没有我们的情况下自行运作。即使我们并不了解每一个细节，也可以在无知中享受安逸。但是，制造一段铁轨的技术基础设施，需要以掠夺生态圈为代价。自我修复是有可能的，但生态圈的自我修复速度远比文明对它的掠夺速度慢得多。

这一假设令人沮丧，但如果认真想一想，它在我们这个必须把技术评估放在我们的文化中心位置的时代是很有意义的。气候变化正在迅速向我们逼近，现在这一观点已被广泛接受。我们看到人口增长曲线在上升，我们正在逼近石油产量峰值。在不远的将来，意想不到的困难肯定会出现。如果技术评估是基于一个假设，即我们人类在创造性、技术性、知识性方面都比自然做得更好，这就意味着我们不会抽取地球资源存量，那么决策的标准将大大不同于与此相反的众多假想。

让我们想象一下，如果甲理念的核心是我们可以做得比自然更好，乙理念认为我们没法比自然做得更好，而丙理念是不可知论——"我们有时候能做得更好，有时候不能"。假设所有三种理念都可以使用所有技术，拥有完整的工具包。甲和乙的假设出于信仰，而丙依靠的理念是，知识只够让我们知道我们什么时候能做到，什么时候做不到在不消耗地球资源的情况下，制造和使用哪怕是一件小小的工具。

谈到这里，我已经描述了我们如何试图估算某个物体或某项技术所包含的能量，以及如何在这一过程中意识到，我们正处在一条荒芜的无知小径上。不过，这并不是完全的无知。我们可以列出祖先和我们消耗地球资源的许多方式：被侵蚀的土壤，能量丰富的土壤碳库，无法恢复元气的被砍伐的森林，变成木炭以冶炼钢铁和建造船只的树木，工业革命所需的煤炭、石油和天然气。在这一万年的旅程中，我们眼看着能量丰富的五大碳库被挖掘、焚烧或浪费，生态系统的整合被瓦解。我们也许对细节一无所知，但我们知道结果：大自然生态系统的净初级生产量被削弱。我们确定某个特定技术产品成本的能力可能是零，但地球所贡献的资源、生态圈和地球生态系统所提供的服务，这些代价加在一起却清楚地提醒我们，自农业开始以来，我们的生活方式一直在依赖资源的消耗。

温德尔·贝里有一次曾对我说："我们从来都不知道我们在创造什么，因为我们从来都不知道我们在破坏什么。"当我们慢慢开始认识到，我们是根植于生态圈的，我们才明白，支撑我们的不是耀眼的工业产品，而是一些我们还不太了解的东西。回顾我们不知不觉积累知识的过程，我们终于认识到，能决定我们生存环境的是对生态的理解，而不是发展工业。工业正是我们这个时代的主要破坏力量。

当我们审视这种破坏的背景时，我们意识到，正如温德尔·贝里所说，我们能提出的解决办法没有几个能"与我们的问题相抵"，而"大问题需要的是许许多多的小办法"。当我们失去小农场和小农庄时，我们失去的是文化信息、文化能力，以及更多依靠太阳能维持生计的实际经验，而这些经验在生态拼图上是均匀分布的。如果要依靠工业方法来纠正对生态的破坏，也必须用同样的思路。这里我们要转入生态学了。组成地球的拼图——土壤中的矿物、降水、温度范围、风，所有这一切，以及这些生态系统中的所有有机体，构成了一个集合，其特征是依靠当前的阳光进行物质循环和流动，这个过程已经持续了亿万年。由于我们对其内部运作的无知远远超过对它的了解，生态系统就成了帮助我们了解如何与这个世界相处的最佳概念工具。对生态系统的研究迫使我们把非生物和生物看作一体。只看结构等级中的某些层次——有机体、器官、组织、细胞、分子、原子——是不够的。正是在我们所生活的这个更大的时空，也就是这个生态系统中，虽然大部分计算已经做完了，但我们仍然不了解生态圈和它的会计核算系统。在这里，我们的知识永远赶不上无知。

重申一下，请原谅我的啰唆，以上这些讨论都不是反驳对节能技术的传统理解。提到节能窗，我只是想说明，即使最有效的节能技术，也要消耗生态系统所需的资本，从而使碳固定最大化。生态系统往往会积累生态资本，而文明只知道大手大脚地花费。在文明的手里，资本贬值幅度巨大，然而却从不把制造节能窗和其他文化产品主要靠什么计算在内。也就是说，这些"节能"技术是不是真的节能值得怀疑。一切基础设施，无论是建造光伏板、风力发电机、平板集热器，还是核电站，大部分都要从五大碳库的一个或多个中抽取资本。[1]

地理学家卡尔·萨奥尔曾指出，工业革命是通过耕种世界的温带草原实现的（见 Saucer 1981, 357）。人们将新开垦的肥沃草原上出产的谷物以极低的价格输出到新兴的工业中心。这些工业中心主要在西欧。人们没考虑过要维护提供如此丰厚出产的土地，更不用说提供造船的木材和制造钢铁所需的木炭的森林了。要么是我们不幸对这一现实一无所知，要么是我们根本不在乎。很可能，二者皆有。

在美国大量开垦土地时，生态学和进化生物学都还没有成为成熟的学科。达尔文的《物种起源》于 1859 年出版。[2]他在这部伟大著作的结尾处提到，相互关联的物种组成了"树木交错的河岸"，这就是我们现在所说的生态系统。达尔文最初是一位地质学家，但他也十分钦佩地理学家亚历山大·冯·洪堡。他已经完全有能力提出对栖息地的想法，同时结合他的生物、物理和化学知识。而那些草原上的农民，收购他们出产粮食的商人，以及几乎所有其他人，都没有能力进行这样的知识整合，因为这种整合已经被耕田的犁头犁得支离破碎了。对他们来说，重要的是工业革命释放了肥沃土地的生产力，以及生态系统经年累月积累的利益。随后，煤炭、石油和天然气掩盖了自然肥力的下降，却增加了农业产量。人们很少去注意，营养物质、有机物和水的可持续管理遭到了严重破坏。

　　　　　　　　　　　　　　　　　　无知的美德

地质时代作为养分和健康的主要来源的作用

我们的土壤中有 20 多种养分能进入生命体。植物需要通过这些养分从大气中获取生命的其他四种必需元素——碳、氢、氧和氮。通过风、水、重力和地质活动（如山脉的形成）的共同作用，植物才能获取陆地上的基本元素。美国上中西部的土壤形成主要靠的是另一种地质活动，即 170 万年冰期的冰川活动。

我强调这些元素资源是由地质时代提供的，是因为要说明，大自然生态系统所面临的挑战——如何使这 20 多种土壤元素触手可及，并且有效地管理它们。土地的保护必须双管齐下，上面要有植被覆盖，下面要形成生命网络，也就是各种根系。我们可能并不确切知道这些运作的细节，但我们大体上知道，地面之上和地面之下的物种多样性是可靠的化学元素来源。在鲜为人知的、纷繁拥挤的地下世界，细菌、真菌和无脊椎动物繁衍生息，依靠的是地面绿色分子设置陷阱，捕捉太阳赞助的光子。如果我们可以把眼睛的分辨率调到比电子显微镜还大，那么我们会对这个离子交换场景惊叹不已，这看起来像超现实宇宙。在这个宇宙中，水分子成了统治者，胶质黏土层被有机丝状分子锁定。这些丝状分子其实有更大的用途，但看起来只是无数微小的无脊椎动物的又一顿美餐。当根系腐烂，地面上的枯枝败叶分解时，释放出的养分从土壤的地下墓穴中滚滚而出。循环再度开始。我们这些站在地面上的人，若有所思地一边闻着泥土的气息，一边查看从手指间滚落的新鲜泥土，并把所有这些数不清的过程提炼成一个概念：土壤的健康。随后，也就到此为止了。

当历史学家谈到一个即将衰落的文明时，很少有人会提到支撑这个文明的土壤自然肥力也下降了。埃及拥有悠久的文明，这应该并不奇怪。大量营养物质从埃塞俄比亚的山脉，沿蓝尼罗河顺流而下，与携带着中非湿润丛林有机物质的白尼罗河交汇一处。我们可以这样说，是洪水携带的营养物质建造了金字塔，人类只是媒介而已。但还不仅仅如此。说起来十分荒谬，这些金字塔背后的大量事件可以追溯到大爆炸，甚至牵扯量子物理学。但我们需要知道，在这个旅程的每一步和每一个转折点上，有大量我们永远无法理解的活动。

我们不必非得追溯到几十亿年前的大爆炸。值得反复强调的是，增加固碳潜力的矿物补充，通常发生在数百万年前的地质时代，既不是1万年前的农业时代，也不是250多年前的工业时代。农业时代的开始，紧随石器时代的结束。大约1万年前，在人类信用卡的关联银行账户中，大部分存款来自地质活动在地质时代的积累。作为狩猎-采集者，我们或多或少还能量入为出。一旦我们踏上了农业之路，以地质速度获得的自然肥力存款，很少跟得上我们对土壤资源的挥霍，这就和挥霍银行账户的存款没什么两样。这是一个我们早已承认的老问题。为了纠正这种挥霍行为，个人和社会已开始尝试在实践中效仿自然。休·哈蒙德·贝内特是美国水土保持局（SCS）的创始人兼主席（1935年）。他在1958年的一次采访中说："我们试图效仿自然。我们遵循以下基本物理事实：由于土质、坡度、气候和植物适应能力不同，各地的土壤状况差异很大；土壤的处理必须依据其自然肥力，以及由于人类使用所造成的土壤条件；坡度、土质和气候在很大程度上决定了在各种情况下，合适的保护措施是什么。但最重要的

　　　　　　　　　　　　　　　无知的美德

是，我们要尝试效仿自然。"（Martin 1958，48）

除了这些话，贝内特没有详细说明他所说的"我们要尝试效仿自然"到底是指什么。在他的时代，他还拥有这样一些思想盟友，如，利伯蒂·海德·贝利、J. 拉塞尔·史密斯、阿尔伯特·霍华德爵士。他们都清楚地认识到有必要向自然学习更多东西。温德尔·贝里曾写道（见 Berry 1990），他们是一批传承了文学以及其他方面传统的知识分子祖先的当代后裔。他们都明确指出了效仿自然的必要性，并倡导他们尝试过的方法。

不幸的是，粗略回顾一下过去 60 年的农业史就会发现，认为有知识就够了的观念成了工业化农业的主要基础。贝内特的追随者以及几乎所有同道的努力都被弃置一边。这都是因为化石燃料。化石燃料之所以令人瞩目，是因为它已经与依赖指数级增长的经济捆绑在了一起。基于化石燃料的肥力能够抵消自然肥力的下降。看起来，只要引入更多的化石燃料，农业的进步就很容易实现。随着时间的推移，大多数地方都很难达到这样的要求，因为在管理微观的营养物质和水这件事上，人类的表现很差劲。作为人类，我们不得不在宏观尺度上进行操作。此外，在粮食生产方面，至少在最近一段时间，无论是美国农业部（USDA）还是土地授予系统，都没打算把显而易见的地下现实情况作为行动的依据——自然界最主要的"自然"：多年生根系混合物。土地研究所土壤专家杰里·格洛弗称之为最精妙——"精确到毫米和分钟"——的营养物质和水的微观管理。因此，我们在贝内特时代及之前的前辈们所推动的是一种无法持续的农业。无法持续是因为占最大耕地面积的主导高产作物主要是一年生和单一作物。带状种植，或在同一海拔高度种植一年生作物，有助于减少土壤侵蚀，但这还不够。带状种植的一年生品种多样性，和草原上或森林里那种多样性不是一个概念。在美国水土保持局创始人接受采访近半个世纪以后，土壤侵蚀仍未停止。自基于知识的绿色革命技术付诸实践以来，我们又给地下水和土壤添加了严重化学污染的问题，还造成墨西哥湾出现死亡地带（世界上150个已认证的死亡地带之一）。不论是知识还是实践都不足以阻止这种破坏。一年生作物目前的普遍现实，已经没有办法在伦理范围内进行有效管理。贝内特和他同时代的人一样，不具备有效实施以"自然为尺度"的手段。如果多年生作物成为主导作物，并效仿天然草场植被的混合物种结构，那么土壤的保护就能成为粮食生产的结果，这也将是粮食生产史上的首次。而如果像现在这样，过去也一直如此，只有一年生作物，那么只有减少产量才谈得上保护。因此，我们眼下面临的就是一个破坏性的二元论制度，今天的美国农业部就是它的体现。自然资源保护服务致力于保护水土，而农业研究中心则一心要提高产量。

考虑到生态系统的复杂性，只是通过把一年生作物变为多年生作物和实施多样化种植这两种改变就可以产生如此之大的影响，似乎颇为讽刺。正是多年生植物根系结构的多样性提供了至关重要的物理多样性网络。在这样的网络中，生命不得不进行生存竞争。根系的世界实际上可以和我们创造的世界相互渗透，可我们对那个世界一无所知。正是那个世界决定了我们未来的可能性。那个世界为什么在很大程度上被忽略了呢？这可是个大问题。下面黑黢黢的，对某些人来说，不仅黑，还很脏，因此这整个世界都被认为是藏污纳垢的地方。即使我

无知的美德

们天天都能看到那个世界，也只是雾里看花，因为我们永远没法理解维持我们生存的复杂性。不过，我们也没有必要去理解，就交给无知来主宰吧。

基于无知的知识实践

我属于乙理念那一派，也就是认为我们永远不可能做得比大自然更好。尽管如此，我们可以做得比现在更好。在人类历史上，我们第一次把这样的思想寄托在某几种作物上。在贝内特的时代，科学家们还不知道如何进行一年生和多年生作物的广泛杂交。当时也还不存在胚胎拯救。现在，在我们小且简陋的实验室里，胚胎拯救是我们土地研究所科学家的常用手段。我们现在认为理所当然的一些基因组知识，以及遗传学的某些更深入的知识，在我 20 世纪 60 年代中期学的遗传学课程里还没有。对基因组的了解在将来有普遍的用途。我们现在可以使用分子标记了。只要有需要，或者只要我们愿意，就可以给染色体上色。当然，贝内特的时代也没有我们现在司空见惯的计算能力。

贝内特没有提到作物多样化。如果我们要在国内建设粮食生产大草原，就需要把多种作物种植组合在一起。我们不需要等到生态学发展更成熟时再采取行动。如果我们能把多年生作物种植的项目运作起来，就可以派上用场，这门学科现在已经足够成熟了。在过去的 80 多年里，生态学和进化生物学两门学科发表的研究成果一直有资金支持。但还有大部分研究被束之高阁，等着发挥作用。

我们面前还有许许多多问题。我们还不知道，国内的粮食生产大草原需要多少种作物才能有效发挥作用，但多年来，我们确实收集了很多有意义的数据。这样的系统需要多少冗余还不得而知。即使是最重要的功能性作物品种，如春夏季和秋冬季的野草、豆科植物、向日葵等，所需的数量现在也只能靠猜测。我们所知道的是，正是这些作物的相互作用决定了土壤的健康和系统的稳定。这些相互作用，既有水平方向上的，也有垂直方向上的，既包括地表以上，也包括地表以下。而且，尽管我相信，所有这些技术进步和经验积累都有赖于文明的底层结构，但它们可以用来缓解对生态圈的破坏。

　　人们很难保持乐观。未来50年，我们可能会像之前的半个世纪一样，给这颗星球增加很多人口。半个世纪以来，通过化石燃料补贴，包括绿色革命在内，使我们的粮食供应增加了一倍多。想要再增加一倍，看起来要侵占更多荒地。人类的"足迹"，主要是农业生产的结果。它正在导致越来越多被称为生物多样性的危机。保护地球生物多样性的前景看起来十分暗淡。市场机制并不鼓励保护野生环境。农业资本的回报也微不足道。有悖常理的补贴导致了生产过剩和过度开荒，而用来保护的资金却非常有限。越来越多的土地并不由生产者直接拥有，因此保护土地的动力也越来越小。生物多样性最丰富的热带雨林遭大规模砍伐，而同时农业向着集约型发展。兼并在加速，而政府却愈加腐败。研发的重点是寻找生产单一商品的简化模型，而不是创造多种类协同效益。现在发生的这一切并不受农业从业者的欢迎。这说明情况已失控。所有这些问题都是依赖知识，却不承认是巨大的无知造成的结果。

　　　　　　　　　　　　　　　　　　　　　无知的美德

如何保护我们所需要的荒野，如何把对荒野的保护作为评判农业实践好坏的标准？对农业不感兴趣的生态学家可能倾向于建议加强农业用地的投入，以避免侵蚀野生生物的多样性。生态学告诉我们，地球没有缝隙，地球上的一切在时间和空间上都是相互联系的。格陵兰冰芯中有罗马帝国铁器时代的记录。造成墨西哥湾死亡地带的源头在1 100英里（约1 770千米）外。农业是渔业消亡的主要原因。以工业方式强化农业来保护生物多样性可能会适得其反。

保护生物多样性的有效战略必须同时兼顾荒野保护区和现有农业用地。保护区是维持基因库的关键。但它们无法把迁徙物种也包括进去，而且它们很容易受到毗邻农田的侵害。外来作物可能会取代本地作物，政府也可能为了给饥饿的人民提供更多耕地而减少自然保护区的面积，就像英国人离开印度时所发生的情况。要使生物多样性保护区发挥作用，就必须建这样的农场：既能与当地生态系统兼容，又能保持足够的生产力和资源效率来长期养活大量人口。

在土地研究所，我们相信向生物多样性农业的转型，能够在50年内实现全球推广。北美第一座以多年生谷物混合种植为特色的农场很快就要出现了。如果制订一个50年的农业计划，配以五年生的作物品种，关键里程碑目标可以五年为间隔设定。生态学家和农学家必须紧密合作，才能使转型顺利进行。有理想的生态学家和肩负责任的农学家，没有理由不精诚合作。他们必须合作，因为这两种文化间的差别之大，远远高于C.P.斯诺（1993）所说的那种文化差距[①]。

---

① 英国物理学家和小说家C. P. 斯诺曾说，一个非科学家不知道热力学定律，就如同一个科学家从未读过莎士比亚。——译者注

我们生活在一个依赖知识之树的堕落世界里。从有限的意义上说，自1万年前第一批种子播下以来，已经实现了一次"伟大的进步"。如果没有当初播下的这批种子，以及种植它们的土壤，就不会有金字塔，不会有帕特农神庙，不会有特奥蒂瓦坎古城、故宫、沙特尔城、旧金山、堪萨斯，也不会有约伯、亚里士多德、维吉尔、但丁、莎士比亚。此外，如果没有后来的化石燃料补贴，再加上我们的土壤和谷物，科学革命就会停下脚步，也就不会有爱因斯坦的方程式，不会知道DNA，没有哈勃望远镜，不知道构造板块和大陆漂移，不懂得地质或宇宙时间，也不会把我们的知识扩展到上至宇宙尺度，下至原子内部的程度。所有这些都是文明"伟大进步"的一部分，需要土壤和种子。

农业社会以前的人所创作的洞穴壁画令人惊叹，也许没形成文字的口传心授传统也同样让人赞叹，但除此之外，我们是宇宙中唯一知道我们是由超新星通过至少两次循环的星尘形成的物种。意识到我们的星球起源应该是一个信号，说明我们能够吸取地球生态系统的重大教训，然后将这些教训应用到农业上。我们所追求的农业，将像生态系统那样，以物质循环为特色，以星球放射出的光芒为依靠。通过实现农业可持续发展的目标，我们将迈出第一步，不再让人类的进步通过掠夺式经济来实现。我们能完全独立于这样一种经济模式吗？也许要等到文明消失的那一天。然而，我们可以做得更好，好得多。我们可以延缓这一切，问苍天再要一万年。

艾略特《四个四重奏》之四《小吉丁》（1942）最后一首的四行诗，给了我们最有希望的结果：

　　　　　　　　　　　　　　无知的美德

我们将不停止探索，

而我们一切探索的终点，

将是到达我们出发的地方，

并且是生平第一遭知道这地方。（Eliot 1980，145）

除非我们承认自己的无知，并基于我们深刻的无知采取行动，否则就不会有第一次认识。这要求我们承认，仅靠知识不足以管理这个世界。我们的挑战是，当传统思维方式又出现时，我们能够在承认无知的前提下采取行动。

注释

1. 地中海、墨西哥湾以及其他地方的营养沉积物被耕犁震松，又在重力的作用下被风力发电机和核电站等送回遥远的山坡上。我们的粮食供应或多或少因此能够保持稳定。
2. 我忍不住要在这里插一句，就在同一年，德雷克上校在宾夕法尼亚州钻出了第一口油井。达尔文关于自然选择的进化论的部分观点源于煤炭和英国的森林的支持。由于这些资源的支持，英国得以在打败西班牙无敌舰队后称霸海上。如果没有维持达尔文所处环境的资本存量的赤字支出，他也不可能形成独到见解。此后的大多数现代科学家对他见解的调整，受到的是石油和天然气提供的支持的影响。

参考资料

Bailey, Liberty Hyde. 1915. *The Holy Earth*. New York: Scribner's.

Berry, Wendell. 1990. "A Practical Harmony." In *What Are People For?* 103–8. San Francisco: North Point.

Berry, Wendell. 1997. *Home Economics*. San Francisco: North Point.

Cohen, Joel E. 1995. *How Many People Can the Earth Support?* New York: Norton.

Eliot, T. S. 1980. *The Complete Poems and Plays, 1909–1950*. New York: Harcourt, Brace.

Field, Christopher B. 2001. "Sharing the Garden." *Science* 294, no. 5551 (21 December): 2490–91.

Hong, Sungmin, Jean-Pierre Candelone, Clair C. Paterson, and Claude F. Boutron. 1994. "Greenland Ice Evidence of Hemispheric Lead Pollution Two Millennia Ago by Greek and Roman Civilizations." *Science* 265, no. 5180 (23 September): 1841–43.

Jenny, Hans. 1980. *The Soil Resource: Origin and Behavior*. New York: Springer.

Hillel, Daniel J. 1991. *Out of the Earth: Civilization and the Life of the Soil*. New York: Free Press.

Howard, Sir Albert. 1956. *An Agricultural Testament*. 7th impression. London.

Martin, Santford. 1958. "And History Is Already Shining on Him—Some Impressions of Hugh H. Bennett." In *Better Crops with Plant Food*, 43–55. Washington, DC: American Potash Institute.

Miller, G. Tyler, Jr. 1971. *Energetics, Kinetics, and Life: An Ecological Approach*. Belmont, CA: Wadsworth.

Planck, Max. 1968. *Scientific Autobiography, and Other Papers*. Translated

无知的美德

by Frank Gaynor. New York: Greenwood. Originally published in 1949.

Rabalais, Nancy N., R. Eugene Turner, and Donald Scavia. 2002. "Beyond Science into Policy: Gulf of Mexico Hypoxia and the Mississippi River." *BioScience* 52, no. 2 (February): 129–42.

Sauer, Carl O. 1981. *Selected Essays, 1963–1975*. Berkeley, CA: Turtle Island Foundation.

Smith, J. Russell. 1950. *Tree Crops*. New York: Harper & Row.

Snow, C. P. 1993. *The Two Cultures*. Cambridge: Cambridge University Press. Originally published in 1959.

无知——内心的洞见

罗伯特·佩里

让我们停下来想一想，作为人类，我们需要和什么进行对抗，尤其考虑到，从最广泛的意义上讲，我们对自然世界如何运作一无所知。

从人类集体来看，我们已经积累了大量信息，特别是在 20 世纪。然而，这并没有减少人类整体的无知。这主要是因为，信息一般以无数新信息碎片的形式出现，数十亿事实没有被很好地整合到一个更大的理解框架中。即便如此，考虑到人类文化和历史的深度，我们也确实发现了一种几千年流传下来的信息综合形式：文化知识。如果思考得再深入一点，就会在文化知识中找到一些不仅帮助人类生存下来，而且帮助人类自我提升的元素。这样，我们就发现了高度综合的第三层知识形式：智慧。

我用了三个不同的术语：信息、知识和智慧。我们可能希望，信息的积累会带来知识，明智地运用知识会带来智慧。确实会。从分散的信息到知识，再到智慧，这个过程的每一步都需要经过特殊的提炼。一旦达到一定程度的智慧，就可以指导知识的运用，甚至信息在经过开发、获取或积累之后，还能指导更深层知识的形成。

我说这些是为了表明，人类并不是绝对和完全无知的。但其实我们和这个状态也已经相差无几。当今的智者告诉我们，我们几乎什么都不知道，因为我们的知识非常不完整。与我们可能了解到的无数宇宙奥秘相比，我们收集和掌握的数十亿事实和信息碎片几乎不值一提。

第一阶段思考：行为要领

难以置信的无知是我们共同的国度。而且，由于我们都生活在同一个黑暗的竞技场上，我们发现无知也有不同的类型。例如，有事实的无知，比如不懂科学，不懂语言，不知道热带生物，不懂解剖学，不知道恒星有哪些种类。还有关系的无知，比如，对感情的无知。此外，还有精神的无知。但"精神的"是什么意思呢？我指的是了解，或者也许仅仅是意识到，宇宙存在的理由和原因。最成功的社会似乎总是优雅地屈从于人们的无知。这主要是因为人们善于运用故事、神话来解释万事万物，即使他们实际上对这些事情基本一无所知。然而，还有一些社会认识到，帮助其取得长期成功的是能够接受他人的能力，也就是与其他人、其他生命形式，以及所谓的无生命世界甚至是更广阔的宇宙产生关联的能力。这是一种爱的能力：扩展个人的存在，使其能够包容不断扩大的他者的存在。

笼罩在无知巨大的阴影之下，人类该如何行事呢？要回答这个问题，我们应该先看看一个人在不确定的情况下会怎么做。例如，在一个没有光、漆黑一团的房间里，有好多孩子睡在地板上，你应该如何移动呢？显而易见，你必须非常小心。幸运的是，人类在完全不了解全局的情况下，有一种生存方式既有利于长期生存，又有利于健康幸福，即具备高度敏感性。也许这就是为什么许多宗教，特别是那些神秘的分支都会提到对涉及一切事物的关心、包容。因为在极度无知的情况下，这是唯一的成功途径：小心翼翼地移动，并意识到，在一个地板上睡满了孩子的房间里，如果我们不管不顾，会造成多大的伤害。

观察一下父母怎么抱刚出生的婴儿。他们对婴儿生理学一无所知。这小东西是什么感觉，在想什么，是什么创造和维持了他怀里的小生命，对这些他们都一无所知。在这种面对婴儿的极度无知的情况下，采用非凡的敏感和温柔的动作，显然是最明智的做法。

如果人类最终有一天能够洞悉一切，可能会得出这样的结论：我们采取行动时必须万分小心，无比温柔地行事。这一结论，实际上和几千年来精神导师的建议不谋而合。换句话说，基于无知的世界观给我们提示的行事方式居然与全知的世界观的行事方式完全一致，人类必须尽可能敏锐地感知彼此（以及其他的一切）。

第二阶段思考：一般行为建议

也许有必要细察一下在极度无知的情况下，我们可能想怎么做。全球正在发生的很多变化，正是我们在无知的情况下莽撞行事的结果。这时候来思考这个问题是非常合适的时机。

虽然我们要反思，但我们也注意到，无数代人——数十亿人——几千年来一直生活在无知中，也以某种方式活了下来。他们当中少数拥有智慧的人能够看出，他们生活在一个巨大的无知国度里。

因此，他们以敏感、谦逊、谨慎的态度行事（也敦促其他人这样做），而且往往还怀着敬畏之心。因为他们明白，如果他们太想当然，或者凭借自以为知道的东西就认为自己大权在握，将不可避免超越界限，并招致不幸，甚至可能是彻底的灾难。现在人类发现，他们再度陷入这种境地。过去的一个世纪，人类积累了大量知识，但非常片面，导致人类多灾多难。因为人类在获得知识时，没有怀着应有的谦逊和敬畏之心，然而这却是人类彼此互动，以及与整个地球生态系统互动必不可少的。

也许我们最大的问题之一是我们时常忘记我们知道的多么有限，以及我们必须忍受因此带来的痛苦。然而，眼下承受人类无知后果的不只是人类，地球上几乎所有生命形式也都跟着遭殃。

让我们用一个例子来说明，我们在极度无知的情况下可能会如何选择。孩子的好奇心与大多数人一样，但他们知道自己知道的实在太少。尽管如此，他们仍通过我们称之为"成长"的一系列伟大实验不断进步，同时在这个过程中进行学习。顺便说一句，我们不应该停止学习的脚步，不论是个人，还是人类整体，因为学习永远都不会白费。童年、青春期和青年的早期构成了较长的试错学习期。科学的学习过程也与此类似，不过更正式，有很多规则需要遵循。有些人颇有见地地说，科学不过是小孩子的游戏。他们说得没错，而且，如果他们以严肃的态度说出这样的话，还显得他们很有智慧。

当孩子们意识到自己的无知之后，他们会这样做：仍然好奇，仍然渴望知识，因此不断实验和尝试。这是一种谨慎、敏感地获取知识的方法。有时，这种方法也会造成伤害，比如当一个孩子把手指放在炽热的火炉上"看看会发生什么"的时候。成年人也会做这样的事，却没有孩子那么谨慎，更多是自大和傲慢。比如，引爆一枚原子弹看看会发生什么。它会点燃大气吗？会穿透地壳吗？从抽象意义上来说，这些确实发生了。为了创造我们所认为的"真实"现实，每个人都看到物质中蕴藏了多少纯粹的能量。这种理解会让很多人停下来，因为这让他们想明白了一个基本事实：尽管外表形态不同，但在我们的物理现实中，除了能量，不存在什么真正的东西。人把手放在炽热的火炉上看看会发生什么，结果只会被严重烧伤。在那之后的一段时间里，再做什么都会加倍小心。但现在，火炉已经成倍增加，且无处不在。部分原因是人们忘记了——或者从来没有理解过——"物质"不受控制地转化为能量会产生什么后果。我们在以惊人的无知蒙着双眼前进。

　　火炉边的孩子和面对原子能的人类都需要采取谨慎态度，这既合理也必要。但面对我们的无知给生态造成混乱的速度，仅有谨慎还不够。生物学家们越来越强烈地意识到地球的各种生命形式所遭受的伤害。应对无知的行事方式组合中，还需要另一个成分：尊重，甚至也可以说是一种深深的爱，因为如果人类的实验精神（或者更糟的，有知识就够了的想法）取得统治地位，这种爱可能会消失。这就是要改变实验程序理念的原因，也许也是一般伦理学要发展得如此深入和复杂的原因。当人们开始假定他们知道什么"正确"，什么该做时，他们往往是错的，所以逐步发展出了法律来约束个人和集体行为，特别是考虑到人们通常情况下有多么无知这样的事实。目前，这种更广泛的理解正得到更多人的认同，并在处理人类事务时采取"预防原则"。这是一个绝妙的好办法。

因此，鉴于人类的极度无知，人类应依照以下方式改变自己的行为：

- 承认自己对几乎所有事情都无法充分了解和掌握，并且放慢速度。
- 鼓励好奇心，以及个人或机构对好奇心的表达（试错学习、科学、宗教）。只要能把得出的任何结论当作试探性的，就应该鼓励。也就是说，虽然知识确实建立在先前知识的基础上，但原始前提或基本前提经常需要修正。因此，任何以此得出的结论都应视为主观意见，不应给予事实地位。科学事业的核心接受了这种理解，宗教也应效仿。
- 要明白，人类是一个更大整体的一部分，我们并不独立于宇宙的其他部分存在，因此人类如何行事至关重要。人类应该具有敏感性，以谦卑、尊重和爱的态度对待所居住的星球，也包括星球上的所有居民。
- 要告诉自己（尤其是自己的孩子），除了我们声称知道的东西外，还有什么是我们不知道的。人类现在以为已经了如指掌的东西，将在未来的几千年里发生巨大变化。把人类的成就置于一个更大的、综合框架里来审视，可能有助于减少人类的傲慢。

第三阶段思考：个人行为的细节

思考人类无知／行为问题，唯一恰当的语境是在智慧的范畴里进行。地球上的生灵中只有少数拥有伟大的智慧。拥有智慧的人真正懂得事物为什么而存在，他们能意识到人类和非人类长期生存的环境。然而他们内心的发展和思考无法（至少不容易）迁移到其他人身上。不过，他们仍然能够极大地激发他人。他们的头脑不是被无数事实、数据或信息碎片所填满，相反，他们思考的是行为——自己的以及他人的行为。他们关心的是如何把内心的理解与行动结合起来，也就是说，在一个更大的理解框架内，应该如何行事，如何生活。我们可以通过观察有智慧的人如何行事获得有用的经验。

第一，对他们来说，创造力极为重要。因此，他们要花大量时间创造——不仅仅是传统意义上的艺术创造（音乐、舞蹈、雕塑、建筑、绘画），而且是用有益全人类的高尚理念、思想和愿望充实他们的内心。因为他们明白，他们与其他人类（事实上，与一切存在）是不可分割的，所以，他们的思想和行为很少只表达自己，而更多的是代表全人类。

第二，他们致力于让自己消失。这意味着他们不在乎是否被人注意，不在乎"引起轰动"，也不在乎推进个人计划。这种平和从容让别人很少能注意到他们，尽管他们高效、合作、可靠、专注，且乐于助人，因此颇受赞扬。他们的出现是为了完成工作，一旦完成，他们就继续下一项必要工作。

第三，他们不浪费时间。对他们来说，没有什么是不重要的。大部分的事情都被他们视为同等重要，不论是给一块胡萝卜地除草，还是帮助产妇生产。他们非常专注，即使在非常平静的时候。而且，尽管他们表现得波澜不惊，但在采取行动时往往迅速而果断。他们每一刻都全情投入，即使是在休息，或者观察一只在牡丹花瓣上爬行的蚂蚁。

第四，动植物、土壤和石头对他们来说也是极其重要的东西。他们把动物视为小兄弟，把植物看作世界的肺。一切都是构成地球独特指纹的伟大生命之河的一部分。无论是土壤、哺乳动物、草药，还是昆虫，一切都值得尊敬。

第五，他们非常关心孩子的教育：孩子的体验、学习、感知和想法。对他们来说，孩子是未来的眼睛、思想和行动。如果孩子的早期体验粗陋随意，缺少爱和关怀，没有被教导心怀敬畏并扩大视野，那么我们人类的未来将再度面临挑战和限制。

第六，这样的人生活简单朴素。他们的需求都是最低限度的。只需满足最基本需要即可，这能使他们保持警觉和效率。因此，这类人通常不会受到不安、恐惧、沮丧和情绪波动的困扰。他们很爱笑，那是真正快乐的表现，别无他意。

那么，一个有智慧的人，一个完全接受自己无知的人会如何行事呢？答案是，谨慎、敏感、单纯、好奇、冷静、专注、善意，以及对一切存在心怀敬畏。

人类的无知以及派不上用场的历史

理查德·D. 拉姆

首先请允许我在文章开始之前声明一下，我认为历史对人类智慧，以及指导人类未来管理方面的作用已大大降低。我相信许多关于历史重要性的伟大且明智的言论，虽然仍然适用于人类事件，但在我们面临重要的环境公共政策挑战时，已经无法再提供指导了。比如，桑塔亚纳的名言，"那些忘记过去的人注定重蹈覆辙"（见 Santayana 1905，284）；或者杜鲁门的名言，大意是未来唯一的新鲜事就是你还不知道的历史。在我们面对下一代公共问题时，这些言论还可能非常危险。从某些方面来说，历史已经变成陷阱，因为它没法使我们认识到新问题的严重性。一个旧世界正在消亡，一个新的、历史作用有限的世界正在挣扎着诞生。这听起来是异端邪说，但下面请让我来做出详细说明。

历史确实教给我们很多关于人性的东西，关于人类的雄心壮志、残忍、愚蠢，以及权力、财富和欲望的诱惑。我们通过学习历史扩充了知识，丰富了灵魂。

但关于大自然母亲的事，历史并没有教给我们多少；历史并不能帮助我们正确评价全球变暖、环境恶化或人口增长所带来的问题。我们很可能正在进入一个追求可持续发展的新时代。研究历史并没有让我们预见到文艺复兴或工业革命的发生，那么对我们探寻新的、可持续发展的世界，或者发现石油峰值论[①]背后可能存在什么，也不会有多大帮助。

历史对新问题没有多少指导意义，原因有二：其一，我们正处在一些前所未有的危险曲线的上波峰处；其二，我们面临着一场没有先例可循的生态危机。

我们忽略了阿尔·巴特利特的名言：人类最大的弱点是我们不理解指数函数的作用（Bartlett, n.d.）。事情的发展速度令人瞠目结舌。现代的每一年都相当于历史上的几十年。我们时速 80 迈汽车的前灯，比我们父母时速 40 迈汽车的好得多。但即使车灯再好，变化速度之快仍然使视线一片模糊。我们很难找出模式，也很难再用上平静的年代的模式教给我们的东西。我们被毫无方向且不连贯的变化所淹没。

但更重要的是，我认为，接下来人口和环境影响的几何级增长是不可持续的，因此，这种情况显然也是前所未有的。面对无数生态挑战，历史先例再也不灵验了。历史只告诉我们，人类是有局限性的，但没有告诉我们自然也有局限性。对于一个需要从"增长"转型为"可持续发展"的世界，历史无法给我们什么指导。当然，的确有一些指导，但不是在真正重要的方面。我们正航行在一片未知水域中。

---

① 石油峰值论是对石油产量的一种预测。石油峰值源于 1949 年美国地质学家哈伯特提出的矿物资源"钟形曲线"规律。——译者注

我相信，我们周围有越来越多的证据表明，我们看待世界的老办法存在根本问题。昨天的解决方案已经变成今天的问题。这些问题的规模与从前不同，发展速度也越来越快。让我们创造财富、减少贫困、提高生活水平的增长模式正在过时。那些能让我们战胜冰期、打败老虎、战胜熊的人类特质，那些在地球还是蛮荒一片的时候帮助过人类的特质，在地球已经不再蛮荒时却仍在发挥作用。

在《基因中的灵魂》（1999，257）中，雷吉·莫里森认为那些拯救了我们整个物种的基因现在正在毁灭我们。我们与生俱来的求生特质，现在却让我们万劫不复，除非加以控制。进化的速度太慢了，以至于无法解决过去缓慢的发展带给我们的进化困境。

地球正在变暖，森林面积在缩小，地下水位在下降，冰盖在消融，珊瑚正在死亡，渔场正在崩溃。水土流失，湿地正在消失，沙漠在被侵蚀，而我们对有限的水资源的需求却越来越大。我怀疑，这些是我们的世界接近其承载极限的早期迹象。我们无法凭借历史教训来帮助我们评估这些问题的严重性，因为这些问题的模式是全新的。从生态学角度说，我们在一片未知水域航行，但前进速度却前所未有。我们把锚弄丢了，导航设备都是过时的，而我们要去的却是一个完全陌生的目的地。

我们的过去没有提供任何可用来解决当前环境问题的经验。我们无法靠增长来解决这些问题。人口增长和经济增长都可能是问题，而不是解决办法。人类在地球蛮荒时期的生存经历留给我们的是错误经验。我们还在努力"多产、繁衍和征服"一个现在需要拯救的地球。当代生活就像一块从山上滚落而下的巨石，正在加速。它

　　　　　　　　　　　　　　　无知的美德

给我们带来了一系列有关自然界的问题，而历史往往只会给我们帮倒忙。

肯尼思·博尔丁说，现代人类的困境在于，所有经验都是应对过去的，但所有问题的挑战都来自未来（见 Boulding 1974）。我们过去的经验教训不但没有帮上忙，在解决可持续性问题时还会适得其反。我们不能用增长来摆脱增长造成的问题。我们的标准经济模式在生态方面已经不可持续。我们面临的问题相当于真的要在全球建复活节岛。可叹孤立的例外情况很可能成为普遍规则；这是一个全新的世界，需要新的、不同以往的价值观、习俗、传统和生活方式。

人类在整个历史中似乎一直是贪得无厌的。现在也没有理由限制"更多"或"更大"或"更快"或"更富有"。如果我们现在还没有达到地球的承载极限，那也只是时间问题。

著名的《里约环境与发展宣言》明确指出："人类处于普受关注的可持续发展问题的中心。他们应享有以与自然相和谐的方式过健康而富有生产成果的生活的权利。"[见联合国环境与发展大会（United Nations Conference on Environment and Development），1992，原则 1]这些话打动了我的心，却没有打动我的头脑。在我看来，在一个有限的生态世界里，似乎不可能让每个人都享有健康而富有生产成果的生活。人类必须适应生态环境。我们希望我们的子孙后代，以及他们的后代，能以某种方式神奇地在有限的生态中安然无恙，这个希望似乎太过渺茫。我意识到我也许错了，我们是用自己的双眼观察世界的脆弱的人类。但我只是在这里复述联合国、美国国家科学院和英国皇家学会的话而已。所有这些机构都警告，人口和消费不断增长，可能超过地球生态的承载能力［见英国皇家学会和美国国家科学院 (Royal Society and National Academy of Sciences), 1997 ］。社会成长和发展方式的大部分历史很可能已过时，如果是这样的话，我们的车正开着远光灯超速驶向毁灭。

我们不可能既是增长最大化主义者，又是生态现实主义者。《里约环境与发展宣言》写得很漂亮，我也希望它的设想能够实现。但在我看来，你不可能同时最大化等式中的所有变量，因此，我们不太可能既切实地确保人类满足当前的需要，又不妨碍子孙后代满足他们的需要。

我们不能用更多的增长来解决增长制造出的问题，必须转向可持续性发展。大自然花了 10 亿年甚至更长时间，才创造出有限的石油和矿产资源。最近，人类又凭借现代技术和他们的聪明才智学会了如何开发利用它们。但现在我们正在挥霍这笔一次性继承来的财富，曾经是廉价的、唾手可得的能源。300 多年来我们煞费苦心发展起来的这一模式，曾为我们创造了更多就业机会及更多商品和服务，而现在必须进行重大调整。

我们怎么办？首先，我们必须更加谦逊，尊重我们不知道的东西（无知），并发展一种有限文化。美国西部就是这样诞生的一个新世界。在石油峰值的"钟形曲线"下滑之时，我们需要这样的新世界。随着知识或无知产生的困境，西部已经有了它自己的文化冲突：无限文化和有限文化之间的冲突。

文明在西部取得了胜利，因为它拒绝接受限制，也克服了无数障碍。我们的祖先发现了沙漠，并把它变成了一个大花园。无限文化告

　　　　　　　　　　　　　　　　　　　无知的美德

诉我们,知识、创造力和想象力可以战胜任何困难,而且它们都是无限的——缺的只是创造力。

这里是西部的灌溉渠、跨山改道渠、喷灌机和其他改造项目。这些项目不仅可以让我们生活在半沙漠里,还能享受绿色的草坪和经济的繁荣。无限文化表明,未来是过去的逻辑延伸,所有问题都有可实现的解决方案:"去吧,去繁衍生息,征服大地吧"以及"年轻人,到西部去"。

这是"不要担心:上帝给了人两只手,却只有一个胃"式的乐观。它反映了一种虔诚的信念,相信经济的发展进步和人类生活条件的改善是无限的。正是绿色革命的世界给了我们消除饥饿的可能;有人说,正是技术推翻了供求规律,发现了无穷无尽的财富。这是为无节制的人——贪得无厌的消费者——建造的世界。

无限文化的支持者要么是现代先知,要么是现代炼金术士,但到目前为止,他们声称他们在解决人口问题和贫困问题上取得的成就是惊人的。而且,在他们看来,他们的方法还会继续取得成功。知识胜过一切!干旱可以通过海水淡化来解决,财富(计算机芯片)可以从沙子里制造出来。

还有一种文化是有限文化。美国西部同时也教导我们必须适应自然,并敏锐地意识到它的变化无常和局限性。它教导我们要保持谦逊谨慎,还教导我们有一种东西叫承载能力,我们必须尊重土地和环境的脆弱性。这种有限文化说,大自然告诫我们,永远不能也不应该依赖知识或现状,气候是严酷多变的,生存要付出的代价是不做过高估计,并时刻做好准备,认识到我们永远无法预料大自然为我们准备的所有惊喜。有限文化对人口或经济增长能够永远持续表示怀疑。这是一个保护区、国家公园、荒野立法、作物轮作、计划生育、马尔萨斯和埃克森公司"瓦尔迪兹号"油轮的世界。有限文化是世界著名生态学家贝里的愿景："地球和人类社会被困在同一条单行道上。"有限文化倾听以赛亚的声音："祸哉！那些以房接房，以地连地，以致不留余地的，只顾自己独居境内。"（见 Berry 1990, 150-158）

我们的工业文明建立在这样的假设之上：不存在限制，技术永远能解决我们的问题，我们永远都不会达到某种承载极限。它假定资源无限，稀缺只是由于缺少知识和想象力。世界上大多数文明都支持这种无限假设。

有限文化的追随者少得多，但也充满激情。有限文化的追随者认为，第一种文化做出的是掏空地球的假设，因此无法持续。他们指出，我们知道的越多，我们不知道的就越多，技术的傲慢对我们的未来极度危险。他们希望现在就采取行动，稳定美国人口，减少能源消耗，并帮助世界其他国家也这样做。

最终，有限文化的追随者认为，我们不能也不应该让一个拥有 3 亿多人口的美国继续这种消费式生活。他们认为，我们生活在一个历史的转折点，社会必须改写整个剧本。如果他们是正确的，那么我们对生活、宗教传统和经济的基本假设，在概念上就已经过时了。到目前为止，还在唱这首老歌的都是失败的先知。

然而如果——仅仅是如果——无限文化所取得的胜利只是暂时的呢？如果最终得胜的是自然呢？如果我们在一个降水量高达 13 英寸（约 330 毫米）的地方学到的是，限制可以被推迟、被扩大，但不会永远消失呢？如果热带雨林、濒死的珊瑚和不断上升的气温实际上是在告诉我们什么呢？

我与西部有着长达 50 年的感情，根据我的经历，我支持第二种文化。1957 年，我来到科罗拉多州驻防，立刻爱上了这里的沙漠、山峦和动人心魄的美。西部会因为你是什么样的人接受你，而不是因为你出生在哪里。西部用它的沙漠风光改造了我，在它无限的美中，我发现了有限。我相信，我们应该把社会从一个消耗地球的技术文明转变为一个可持续发展的良性文明。奥尔多·利奥波德的"土地伦理"让我印象深刻。它告诉我们，人类的命运取决于我们能在多大程度上改变整个社会的基本价值观、信仰和目标（见 Leopold 1986）。我相信世界的命运取决于我们能否知道什么时候该放弃无限文化转向有限文化。要是等得太久，我们也就完了。但也有人会说，要是我们转变得太快，我们会牺牲掉很多乐趣和开心的事啊。我宁愿我们转变得快一点，因为我们没有机会再拖拖拉拉了。最后，让我引用前桂冠诗人霍华德·奈莫洛夫的诗句作为结尾：

> 对发明轮子的人，应赞不绝口，
>
> 为那勇往直前的热情；
>
> 但对超前思维，发明了刹车的人，
>
> 看在那可怜灵魂的份上，
>
> 我一句好话也不会说。（Nemerov 1991）

我们的社会需要的是刹车片，因为我们完全不像我们想象中那么聪明。所有自命不凡都会走向反面。我们不是历史的孩子，而是自然的孩子。我们与自然血脉相连。

参考资料

Bartlett, Al. n.d. "Arithmetic, Population and Energy: Sustainability 101." University of Colorado at Boulder. Videotape. Available through www.cubookstore.com.

Berry, Thomas. 1990. *The Dream of the Earth*. Reprint, San Francisco: Sierra Club Books.

Boulding, Kenneth E. 1974. *Collected Papers of Kenneth Boulding*. Boulder: University Press of Colorado.

Leopold, Aldo. 1986. *Sand County Almanac (Outdoor Essays and Reflections)*. Reissue ed. New York: Ballantine.

Leopold. Aldo. n.d. *Sand County Almanac Fact Sheet*. Available at www.aldoleopold.org/About/almanac.htm.

Lovins, Amory B. 2004. *Winning the Oil Endgame. Snowmass*, CO: Rocky Mountain Institute.

Morrison, Reg. 1999. *The Spirit in the Gene: Humanity's Proud Illusion and the Laws of Nature*. Ithaca, NY: Cornell University Press.

Nemerov, Howard. 1991. "To the Congress of the United States, Entering Its Third Century." *Trying Conclusions: New and Selected Poems*. Chicago: University of Chicago Press.

Royal Society and the National Academy of Sciences. 1997. Joint Statement on Population Growth, Resource Consumption and a Sustainable World. Available at www.nasonline.org.

Santayana, George. 1905. *Life of Reason, Reason in Common Sense*. New York:

无知的美德

Scribner's.

United Nations Conference on Environment and Development, Rio de Janeiro. 1992. Rio Declaration on Environment and Development. Available at http://www.unep.org.

Youngquist, Walter. 1997. *Geodestinies: The Inevitable Control of Earth Resources over Nations and Individuals.* Portland, OR: National Book Co.

无知与技能

康恩·纽金特

燃料和预言

为了证明无知，我们当然不得不从我们认为我们知道的事开始。经过 30 年各种书籍、论文和演讲的浸润，加上一般观察，我想我对碳燃料及其后果有了一些了解。

我知道，现代社会完全依赖碳燃料。我同时也相信，这些燃料的消费在未来几十年里还将持续增加，它们的价格和成本或多或少都将稳步上升，而且这样的价格和成本，最终将影响到今天规模如此之大、生产能力如此之巨的经济体的运作。我想人们还不知道，在 21 世纪该如何以我们现在已经习惯的购买力去支持数十亿人口的消费需求。我们太无知了。

因此，我提供了一些平淡无奇的预测。它们虽然没有那么耸人听闻，但也都是有理有据的。事实上，我愿意在这些预测上下大赌注。每一个预测都附有一个说明，我相信，这些说明正确的可能性更大。对它们，我愿意下额外的赌注。

必然发生。全球对石油的需求将会增加，最后它的价格至少是现在的两倍。

可能性很大。考虑到通货膨胀因素，石油价格可能达到如今的三到四倍。我们无法开发出像汽油或柴油这样又高效又方便的替代性燃料，也无法开发出有吸引力的石油替代品作为塑料的原料。亚洲增加的需求将抵消欧美国家节约出来的部分。

必然发生。全球的石油需求量年复一年地增加，毫无疑问将超过供应量，时间不迟于 2025 年。到 21 世纪末，超过 90% 的可开采石油储量将被消耗殆尽。石油的价格会高得离谱，甚至汽油、柴油和其他石油燃料将作为小众商品被出售，就和 1900 年时的情景差不多。

可能性很大。从廉价石油到昂贵石油的过渡期将比最近一些关于石油峰值到来的预测时间更长一些。石油价格的攀升刺激了新储量的勘测（主要是深水油气），这让开采迄今为止被认为不值得麻烦的油页岩（艾伯塔和奥里诺科盆地）变得更加经济了。新的开采技术将得到推广，从前认为不再有开采价值的油井将重新焕发生机（俄罗斯和墨西哥的油井）。但石油储量仍是有限的。石油供应可能目前还没达到峰值，但从这些迹象里，你可以肯定地看到峰值即将到来。到什么时候石油价格会变得不可挽回的昂贵，也就是说，是现在的四倍？我赌 2040—2060 年，下同样大的注。

必然发生。天然气的总体发展轨迹将与石油基本一致，但价格上涨速度明显低于石油。

可能性很大。天然气枯竭的速度将比石油晚大约 30 年。由于农业是经济中天然气的用量大户，而且政府可能会补贴粮食生产，因此其他行业部门使用的天然气价格将面临巨大的上涨压力。在那些努力达到防治污染标准和减少二氧化碳排放的国家，通过天然气发电的需求仍然很高。

必然发生。未来一百年，全球对煤炭的需求量将增加。

可能性很大。就像1800—1920年一样，煤炭又成了世界的主要燃料，这在很大程度上是由于发展中国家电力需求的不断增长。

必然发生。更多的煤将被液化和气化。

可能性很大。随着石油和天然气变得越来越昂贵，煤炭将被改造以便提高其效率。但这种替代过程不会很快发生，因为液化和气化煤的效率仍然比不上石油和天然气，其排放水平也更高。如果要净化煤排放的有毒物质，把二氧化碳"隔离"，以减轻燃煤对气候变暖的影响，那么煤以及液化煤和气化煤都会变得十分昂贵。要是让煤炭保持低价，那就会加速自然界的毁灭。要是让煤变清洁，又会使它变得太昂贵。

必然发生。非化石能源——主要是核能和太阳能——在全球能源供应中的份额将增加，但它们之中没有一个能完全取代化石能源。

可能性很大。许多富裕国家将效仿法国模式，把核能作为电力的主要来源。风力涡轮机和光伏阵列将为那些对核能感到不安，但致力于降低二氧化碳排放的国家做出重大贡献。生物燃料在热带地区能发挥的作用有限。

必然发生。在未来25年里，地球总温度上升速度会加快。全球变暖趋势至少还将持续60年，在此期间，地球的年平均温度至少上

无知的美德

升 4 华氏度（约 2.2 摄氏度），海平面至少上升 3 英尺（约 91 厘米）。越来越多的个人和公共开支将用于应对气候变化对人类活动的影响。

可能性很大。气候变暖对不同地区的影响大相径庭。俄罗斯和北美北部的生长季将延长，因此这一带的许多地方的植物生长将更加繁茂。但总体来说，负面影响将远超正面影响。"极端天气"将增加。低纬度地区的农民将长期受干旱折磨，尤其是非洲地区。沿海地区将遭遇更多洪灾。低洼地区的定居点，因过于贫穷而无力建造海堤的话，将被尽数摧毁（密克罗尼西亚及孟加拉国大部分地区）。热带疾病也会蔓延到曾经较凉爽的地区。农业扩张和环境被破坏将使人类和农场动物接触到新的病原体。

必然发生。由于高投入农业向发展中国家更多地区推广，未来 25 年全球粮食产量将增加。因此，水土流失和土壤退化也会加剧。化肥地表径流造成的氧缺乏将在每个大陆海岸的近海水域形成广泛的"死亡地带"。蓄水层将枯竭，水源将盐碱化。对灌溉权的主张将引发国内和国际争端。

可能性很大。至少暂时，绿色革命式的创新将有助于农业生产跟上人口增长的步伐。政府对粮食生产的补贴，将推迟天然气价格上涨对使用化肥的影响。对粮食生产的最大威胁来自现代农业耕作方法必然造成的生态退化，尤其是当这种方法应用于原本就很贫瘠的土地时。高投入农业的良性替代品——比如，免耕多年生谷类作物——最早要到 2020 年才能进行商业性推广。

我们的黄金时代

所有陆生物种都需要注入新鲜的碳才能生存。我们总是在寻找碳源。在人类历史的大部分时间里，我们的物种都通过食用或多或少的动植物来获得碳。大约一万年前，人类发明了驯化动植物的方法，可以有组织地寻找碳。因此，人类形成了规模更大、更少迁徙的人群，能够产生盈余，足以支持不需要生产粮食的阶层的出现。这样的粮食生产能力，是以长期的水土流失和其他形式的自然资源退化为代价的。韦斯·杰克逊说，"这不是农业遇到的问题。这就是农业本身的问题"。

在过去的两百年里，人类获取碳的能力呈指数级增长，因为他们学会了利用蕴藏在数亿代动植物遗骸中的能量（即"化石"燃料）。新增加的碳使生产有了巨大增长，不需要生产粮食的人口比例也大大增加了，但同时也加剧了环境恶化。这就是工业化，以及后来的农业工业化问题。

煤的广泛采用标志着化石燃料时代的开始。但最具社会变革意义的发展也许是 1859 年在宾夕法尼亚州钻探的第一口取得商业成功的油井（与《物种起源》的出版同年）。煤炭大王花了大约 50 年的时间才让位给石油大王，但从此以后，石油就统治了全世界。它的普及程度仍在以惊人的速度增加：有史以来消耗的石油中，有四分之一是 1994 年以后烧掉的，有一半是 1980 年以后。

我们对石油最大的依赖性，来自便携的石油燃料。我们如此依赖的原因是其妙处太多。

以汽油为例，它是石油最精炼的产物，安全性很高。在自助加油站，即使由新手操作也没有危险。汽油被有效地浓缩：一盎司汽油比一盎司任何其他化石燃料所含的潜在能量都高，因此，能为乘客和货物腾出更多车辆空间。汽油便于储存和运输，不需要再填充、重新组合或添加别的什么东西。燃烧后，其最有害的排放物可能通过廉价的催化转化器变得相对无害。汽油是迄今为止最方便的燃料。

汽油（以及柴油）使大众的出行更加方便。事实证明，大众出行的诱惑在每一个买得起汽油的社会中都难以抗拒。只要我们重视运输，不管是为了运输商品，还是运送我们自己，就会购买汽油，除非油价高到自己无法承受。在某种程度上，高油价有可能让我们转向其他类型的汽车动力，我们甚至可能会选择减少出行。但价格信号必然是显而易见和确凿无疑的。汽油实在是太好了。

天然气也是一种便携燃料，但与汽油不太一样。不过，天然气用途广泛，是使用方便的燃料。天然气密度很高，燃烧相对清洁。它可以以气态通过管道输送，也可以以液态装在储罐中运输。它可以为汽车和发电机提供动力，可以为建筑物供暖；最重要的是，天然气是农业工业化依赖的化肥的原料。

事实上，现代农业已经落入廉价石油和天然气的网里，无法脱身了。农民需要从农场外输入碳来制造氮肥，以弥补每年损失的土壤肥力；农场外的碳为种植、开垦和收割机械提供动力；农场外的碳用于生产除草剂和杀虫剂；农场外的碳还被用来将农产品运输给消费者。这个体系在增加粮食供应方面非常成功。但在农场外的碳价格高涨，或土壤退化，任何类型的农业都无法进行的情况下，这个体系也无法再发挥作用。

很难找到任何一个不受石油和天然气价格大幅上涨影响的行业。仔细观察现代经济中的一个片段，你会发现，物质基础以及人类的基础设施——建筑物、机器、物资、交通、工人的生活保障——都是通过燃烧碳燃料创造的。如果碳燃料价格昂贵，这些基础设施的建设和运营也都会变得昂贵。农场和工厂是如此，办公室、学校和家庭也一样。

最近有一些有趣的尝试，即量化日常用品和行为中含有的材料和能量。最有名的要算碳足迹了。这是由加拿大科学家设计的一种计算方法，用来测算典型的北美消费者二氧化碳排放量。大致估算一下制造某个产品用了多少碳，以及运输、使用及最终处理该产品消耗了多少碳。比如，你的早餐麦片需要消耗 x 数量的碳来种植谷物（化肥、拖拉机、联合收割机、燃料），y 数量的碳用于加工（卡车、卡车的燃料、磨坊、包装），以及 z 数量的碳用于运输到超市，然后送到你的餐桌，最后运到垃圾填埋场。某些活动的碳足迹，例如吃饭和通勤，会因为个人习惯不同而不同，比如在哪里购物，是否乘坐公共汽车上下班。其他类型活动，如乘坐喷气式飞机旅行，碳足迹就基本固定了：一旦你决定要飞到某个地方，你的碳消耗就没有多少可调整的空间了。

然而研究表明，在某个领域碳足迹少的家庭往往在另一个领域产生大量碳足迹。至少，在当前，在这片大陆上，一个家庭的碳足迹量与它的总体支出直接相关。花钱，你就会消耗碳；花得越多，你消耗的碳也就越多。以计算机为基础的服务型经济仍然是以物质为基础的。

但这是一次很棒的探索，不是吗？廉价的碳排放让 10 亿人过上

　　　　　　　　　　　　　　　　无知的美德

了 200 年前只有最稀少的上层社会才有的生活。当代大多数人获得了食物、住所、交通工具、物资和医疗保健，但只需要每天付出大约四分之一的时间和一点身体的代价。祖父辈是农民和面粉厂工人，孙辈已经可以在郊区拥有迷你凡尔赛宫式的奢侈享受，不过管道设施可比凡尔赛宫好多了。对我们这些出生在战后美国中产阶级家庭的人来说，这种生活水准一直保持得很稳定。今天那些幸运的、雄心勃勃的青少年也能享受到这样的生活。跳进全球资本主义的洪流正是时候，也许不是最好的时机，但是也相当不错了。你和你的家人可以比你的父母辈寿命更长，吃得更好，财产更多。青少年也知道，石油是有限的，并且必将更加昂贵。但他们更愿意以富人而非穷人的身份面对这种不幸。当然，我们现在还生活在黄金时代。

我们的后代

现在我们已经了解了一些即将到来的、子孙后代物质世界的大转变。但他们能应付吗？他们有足够的知识来管理吗？

美国人很重视知识，尤其重视那些能扩大生产能力的知识。运用这些能力，也就是让知识运转起来，我们称之为技能。我们赞扬知识，但我们更珍视技能。事实上，对与技能无关的知识（"纯粹的知识"），我们不是一笑置之，就是公开表示怀疑。我们还认为，我们知道什么样的知识能最有效地转化为我们最看重的技能。我们往往会推崇和奖励这类知识，最近又打着"让我们的孩子在全球经济中竞争做好准备"的旗号。

但我相信，我们是因为无知才这样做的。我们很无知，天真而一厢情愿，甚至把技能的特点和价值都归于它能否提供廉价的碳。而现在我们认为至关重要的那些技能的价值，将随着碳成本的上升而贬值。其他类型的技能反而变得更有价值。

这不仅仅是风力涡轮机需求上升和 V-8 发动机需求下降的问题。在一个需要从遥远的地方获得廉价能源的国际体系中取得成功所需的普遍技能是一回事，而在一个基于昂贵能源的本地体系中取得成功所需的技能就是另外一回事了。大规模菠菜种植的农场主了如指掌的那些东西，阿米什农场主却一无所知，反之亦然。当代的普遍文化技能假定条件对大型菠菜种植更有利，然而现在却发现这些条件都是暂时的。突然显得阿米什农场主明智之极，因为他们所拥有的技能对一个自给自足、不需要大量外购碳能源的社会非常有用。我并不怀疑，我们后代的大部分粮食将来自装备了计算机和拖拉机的大农场。那时候最有价值的技能可能是传统知识和超现代知识的混合体。但今天庞大的高投入农场，其未来的盈利能力可能会越来越差，现在被推崇的那些技能也将越来越派不上用场。

随着石油和天然气价格的上涨，大量依靠运输的产品将处于不利地位，生产本身依赖高碳能源投入的工厂也将失去竞争力。与供应商和市场相距遥远的企业需要进行调整。本地低投入的生产商将对新市场产生吸引力。随着这一趋势的发展，还可能发生的是，相对于今天，富裕国家中将有更多人口从事商品生产，更少人口提供服务。如果是这样的话，发达国家迄今为止不可阻挡地向服务型经济模式发展的势头将发生重大逆转。服务型经济模式是 40 年前由丹尼尔·贝尔首次

　　　　　　　　　　　　　　　　无知的美德

提出的。我担心的是，我们过于无知，无法应付这种变化。

首先，我预计，以人均购买力来衡量，大多数消费品的成本将高于目前水平，就算没有别的原因，仅原材料和能源成本的普遍上涨就足够了。我还预计，我们后代的社会很可能至少在一开始，没有这样的文化能力来应对购买力的下降（无论降幅多么微不足道），也没有能力振兴以及管理地方和区域经济。一个基本难题是，廉价能源时代让昂贵能源时代的技能荒废了。就像在谷登堡之前，学者们拥有印刷时代所没有的超强记忆和背诵能力。石油和天然气时代之前的农民所掌握的农学和机械系统知识对他们的后代来说有如天书。但在开发2030年最佳工具箱（即新旧结合耕作法）时，这样的技能很可能用得上。新环境将青睐那些曾经在困难时期蓬勃发展，但近年来被丢弃的手艺和态度，比如，会自己修修补补之类的。

好吧，我们现代人说，我们是失去了一些古老的技能，而实际上我们没有失去，更像是把它们封存了。但总的来说，这是公平的交换，我们也知道了一些我们祖先连想也想不出来的事。

但也许我们低估了古老技能的价值，以及让这些技能重新在民众中普及的难度。曾经常见的高水平技能变得罕见或一文不值，历史上不乏其例。研究古地中海的伟大学者 J. B. 伯里说，一个民族只需花三代人就能使一门手艺失传。又或许，我们高估了当代技能的实用性。我们大多数人都能意识到，交通出行要靠碳燃料，大多数人也能意识到，碳燃料为工业提供了动力，但很少有人发现，我们的知识结构也根植于廉价的碳燃料，在另一种能源环境中，这些东西很可能派不上用场。在未来的时代最有优势的，很可能是一个令人讨厌的 19 岁的人，一边开着装满电线和机器零件的小皮卡，一边心里想着下个星期要把这些零件装配起来试试。用今天的眼光来看，他是一个没有前途的辍学生，也不具备我们所说的在全球经济中的竞争能力。可后来，他却成了一个最有用的人。

地球上最重要的问题

当我与非专业同事谈到这些燃料和粮食问题时，他们的反应往往倾向于一种人性乐观主义。不用太担心。不要低估人类的创造力和人类精神。科学和技术将以一种我们无法想象的方式挑战我们有限的想象力。别告诉我，你是那种新马尔萨斯主义者。

是的，人类的创造力既强大又惊人。1900 年的预言家很少能预见到飞机或抗生素。但新技术和新能源完全不同。我们可以被各种新机器和新工艺弄得眼花缭乱，甚至被它们改变，但这些东西所依赖的能源形式，却通常都是老面孔。全新的、变革性的能源并不经常出现。汉斯·贝特曾经指出，没有一种能源——从挽用马到煤炭、石油、核能——能在不到 50 年的时间里变成普通技术的燃料。贝特说，21 世纪上半叶将由 20 世纪下半叶的科学家所熟悉的能源提供动力。冷聚变，有人听说过吗？

我担心 2030 年以后的世界对数百万人来说将极度艰难。气候变化，加上生态系统的破坏、土壤退化，再加上高价燃料和化肥，持续的人口增长，这看起来像是一张饥荒和瘟疫的配方。但如果对枯竭资源的竞争没有酿成或推动战争、土匪活动和各种社会动乱的话，那才是意外。

这并不是说，世界上每个地方的每个人都会受到威胁，更不是说会有不适感。富国和富有的人会保护自己。金钱将比以往任何时候都更有用。我预计，今天发达国家的中产阶级所享受的生活方式将至少保持几十年，甚至可能更长。如果我们国家的政府能抵制使用武力来确保能源供应的诱惑，如果政府和我们能够管理好我们的财政和经济事务，避免突然陷入新的大萧条，如果天气还没有完全失控——一些大胆的假设，那么大多数 21 世纪的美国人的生活，可能会像今天一样令人满意，但也一样悲惨。这本身并不是物质的问题：人们曾过着健康而复杂的生活，人均消耗的能量只有我们目前的十分之一，因此现在也应该做得到。这更多的是，我们的社会和个人如何应对新的昂贵能源环境的问题。化石燃料价格上涨会缩小服务型经济的规模，减少航空旅行，限制消费者的选择吗？会的。那时的新房子会像今天的新房子一样大，像今天的供暖和空调成本这么低吗？不会。我们的海滨别墅会被冲毁吗？有可能。我们还会拥有笔记本电脑和 iPod 吗？会的，而且比以往的更好。会有更多的人被"扔回"（他们的原话）从前那种靠自己动手，也许还靠邻居帮忙的时代，也就是需要自己栽种、制作和修理的时代吗？是的，但可能并没有那么糟。

这样甚至可能更好。少数人发现，对幸福的追求已经让其走上了另一条路，一条以节约能源、食用本地食物和普遍关注自然世界为标志的道路。我所指的不仅仅是绿色反主流文化——尽管它当然也算，也包括各种各样的人：被农村生活和农业价值观吸引的新传统主义者、开创新旧技能融合的网络迷、节能城市社区的定居者、在芝加哥和瓦哈卡两头跑的墨西哥工人。就像我们可以预见全球经济的巨大飞行机器行将起火崩溃一样，我们也可以预见，美国人将学会适应，甚至繁荣发展。

我可以想象，某个联邦政府会加快可再生能源的发展，把它作为我们这个时代伟大的公共工程项目来实施。太阳能列车用不到15个小时就把你从纽约飞速送到奥巴马城（从前的旧金山）。所有的新建筑都配备了光伏阵列。达科他州生产出了一种高产作物，叫路德会的暴发户。我还可以想象，北美的农村重新焕发生机，人丁兴旺。我可以想象一个由重要的本地机构组成的新联邦，将托克维尔提出的唯意志论，与活跃在我们自己时代的普遍人权理想结合起来。

我更担心的是穷国里的穷人。他们没有软着陆的机会，没法通过勒紧裤腰带锻炼意志。我最担心的是，由于化肥价格高涨、水土流失和气候变化的不利影响，在21世纪前三分之一取得成功的热带农业战略将遭遇产量的大幅下降，而且恰恰是在全球人口超过90亿之际。

穷人和我们所有人一样，基本需求都是食物。贫穷的农民几十年来所需要的，我们其他所有人迟早也会需要，也就是一种不依赖农场外能源和肥力的高产农业。人们会以为，主要研究机构正在认真研究这个课题。但事实并非如此。目前还没有一种大规模研究项目致力于研究只依靠当前阳光就能运作的农场管理体系。只有少数科学家——植物学家、植物遗传学家、植物育种家——在研究地球上最紧迫的问题：我们能否发展出这样一种粮食生产体系，既高产，又能让肥力自给自足，自己维持土壤，还能应对病虫害，而且只借助自然生态系统的自我恢复能力？

　　　　　　　　　　　　　　　　　　　无知的美德

这个最紧迫的问题可以引出最重要的问题：我们能否设计出一种支持系统，为我们提供食物和住所，促进人类健康和延长寿命，提供充分的自由表达机会，而又不会耗尽人类共有的自然资源存量？或者就像安格斯·赖特说的那样：我们能不能创造一个把保护作为生产结果的世界？

第二部分

抽丝剥茧

优化不确定性

雷蒙德·H. 迪恩

我们都有调整我们界限的本能，扩大界限会暴露出新的选择，缩小界限会剔除一些较差的选择。随着界限扩大，信息量也随之增加，因此复杂性也变高了。在理解这种更高的复杂性时，我们尤其必须谨慎。当界限再扩大，超过我们的理解范围时，危险也相应增加。

理性告诉我们要设定界限，这样我们只要理解界限内的信息就足够了。界限太模糊，或距离太远，我们接触到的信息量就会增大，这超出了我们的理解消化能力。消化不良的信息是反常的无知。随着界限的扩大，反常的无知会发展成怪异的现实扭曲——这种扭曲可能诱使我们犯下严重错误。[1]

当发现缺少界限时，自然和文化会通过建立新的界限自动做出反应。除非我们在操纵自然世界时约束自己，否则这个世界及其内部的社会、政治和经济世界就会把界限强加给我们。

把握形势

科学发展改变了人们对人类处境的思考方式。哥白尼对行星运动的描述打破了人类处于宇宙中心的幻想。一个世纪后，艾萨克·牛顿提供证据，证明了可知的宇宙是有序的。但两个世纪后，达尔文的生物变异理论，以及量子力学固有的不确定性又把这潭水搅浑了。随后，我们开始认为，我们所看到的有序模式是从随机中产生的。这种思维方式还渗透到生物学、生态学、社会科学和通信领域。

在这个发展过程中，我们发现一些数据和一些高能粒子拥有一个共同特性，称为熵。这个共同的熵的概念为不同科学和文化领域间的类比建立了基础。[2]此外，香农、奈奎斯特，还有其他人各自独立发现了一个重要的信息处理原理，称为采样定理。为了忠实地重建原始信息，输入数据接收器的采样速度不能低于数据流通过的模拟滤波器带宽的二分之一。采样率过低，原始信息就会产生怪异的变化，就像是摇滚音乐会上频闪灯造成的效果，或者就像我们时常会有的错觉，汽车的车轮正在往相反的方向转。[3]换句话说，如果我们的思考界限（采样率）低于我们的物理界限（滤波器），我们的理解就不仅仅是不完整的或被随机噪声干扰。它被扭曲成具有欺骗性的怪异模式。

到 20 世纪末，我们开始注意到，还有许多其他被认为是随机的现象实际上并非随机。介质是相互关联的。更早的介质积累了更多的相互连接，现在我们看到的是以嵌套模式出现的、优化了的互联网络[4]，看上去就像分形[5]，即很多模式聚集在一个相对较小的空间中，并且在不同尺度上重复这些模式。

因此，我们先是有了确定性的命题，然后是随机的反命题，然后又把它们综合起来看。在综合之后，我们看到，其中的无机世界和有机生物以复杂的方式相互连接，并介于有序和无序间的不确定状态。

其很自然地在没有选择（信息太少）和过度混乱（信息过多）之间寻找平衡。[6] 这种平衡正是对可能的机会和威胁的正确认识——经过优化的信息。

然而，许多人会说，与其花力气优化现有信息，不如尝试最大化信息。他们认为，最大化可用信息也能最大化控制。但我们有时容易忘乎所以。我们发明了火药、炸药和原子武器。我们灭绝了物种，耗尽了数百万年积累的自然资源。我们冲走了用来种植粮食的土壤，污染了我们的饮用水和我们呼吸的空气。

尽管造成了这些负面影响，但我们对技术的笃信——"现代乐观主义"——依然保持不变。我们相信，只要继续我们一直在做的事情——收集更多的信息，使用更快的通信技术来传播，依靠自由企业生产出最好的产品，我们就会拥有一个无与伦比的世界。快速的通信技术和廉价的石油使在世界偏远地区雇用到廉价劳动力变得容易，各国政府也消除了贸易壁垒。托马斯·弗里德曼说，现在的世界是"平的"。[7] 平并不是物理上的平。它的意思是一个公平的竞争环境，级数更少的扁平制度，每个人都能够进入其他人的领域。这增加了局部的选择，但同时也降低了局部的稳定性。

平的世界的辩护者声称，失去局部的稳定性在道义上是合理的，因为它增加了平均财富。它能"水涨船高"。他们凭借科学知识的增长与全球财富增长之间的历史关联，来证明教育、通信和经济发展是合理的。知识和财富之间可能存在某种联系，但许多平的世界的拥护者似乎忘记了，两者的增长都是以快速消耗古代化石燃料、核燃料，牺牲生物多样性和优良土壤为代价的。当这些资源耗尽时，平的世界中的经济动荡可能会使所有船只倾覆，而不是让所有船只"水涨船高"。

与其用弗里德曼简单的"平"比喻来形容世界的现状，不如把世界看作一系列相互连通的气球集合。一个气球是人类及其人工制品，一个是其他动物，一个是植物，还有一个是微生物，另外一个是化石燃料和核燃料等。太阳给植物气球充气，让它膨胀起来。对我们其他人来说，植物是"主要的生产者"，因为植物把太阳的电磁能转化为其他生物可以吸收的化学能。动物通过吃植物或其他动物来获得能量。微生物和地质活动将死去动植物体内的一些能量转化为煤、石油和天然气。人类通过其他这些系统组件获取能量。

为了增加进入人类气球的空气，人类在自己的气球上戳了很多洞，以增加与其他气球的连通。这些洞使人类气球的压力变小了，也把其他气球里的空气引入了人类气球。由于无限制地获取知识支持增加连通以及戳洞的做法，使人类气球能从世界所有的其他部分汲取能量。

当"平的世界"的拥趸说"平的世界"增加了平均财富时，他们假定人类经济学是财富的充分保证。但是，说到自然资源，人类经济学只知道开采需要成本，却忽视了资源本身的固有价值。当我们认识到这种无知，而不是把人类视为财富创造者时，我们将看出，人类是有限公共资源的最大消费者。然后我们还将看出，知识和财富都依赖能源消耗。当世界上的其他气球在漏气时，我们现在所在的这个气泡也将化为泡影。

平的世界的鼓吹者鼓励我们随波逐流。但是假如你不喜欢未来那个漏气的气球怎么办？自进化发明了真核细胞（所有高等生命形式的

　　　　　　　　　　　　无知的美德

细胞）以来，已经有 20 亿年了。你可以向 20 亿年来的生物学习。真核细胞本身含有被包裹的核，以及细胞器。外面的包裹膜通过限制能量、物质和信息的流入来提高生物的适应度。[8] 同样，你可以通过将自己包裹在一个叫"约束"的气球里，限制你控制的这个世界的能量、物质和信息流入，以提高适应度。这将使你生活得更优雅从容，也会让整个世界更稳定。

限制混乱

物理界限和思考界限提高了稳定性，这样人们就值得为工具、技能和关系投资了，就像植物值得为根、叶、种子，以及共生关系投资一样。你会希望你的物理和思考界限的大小和能力都恰到好处。如果你的物理界限小于你潜在的思考界限，你可能会错失自己潜在的发展机会。如果你的物理界限大于你的思考界限，你就会做出错误的判断，犯严重的错误。如果这两个界限都很小，那么你用来生存和处理不可预见事件的资源就会有限。如果这两个界限都太大，你会四处碰壁，永远处于黔驴技穷的状态。想一想，母狮是怎么捕猎的。当她遇到一大群羚羊时，她是不是打算把整个羊群都搞到手？不会。她只会挑出几个，然后认准其中一只，对那一只穷追不舍。

在哪里设定思考界限要根据环境决定。假定你正驾驶着一艘 33 英尺（约 10 米）长的帆船独自横渡大西洋。现在是上午 10 点。海浪有 4 英尺（约 1 米）高，30 英尺（约 9 米）长，而且浪都来自同一个方向，吹着 10 节速度的稳定的风，天气晴朗。你在想，接下来的几个小时该做什么。你的问题非常容易回答（简直小菜一碟！），因为你的思考范围相对较小，在这个范围里没有任何需要担忧的事。你决定接受你对地平线那边那个世界的无知，坐下来享受你的惬意时光。

6个小时后，云层出现，风向发生了变化。新出现的200英尺（约61米）长的巨浪告诉你，地平线上的某个地方有一阵狂风正向你袭来。而你面临的是12个小时的夜间，要穿过繁忙的航道。你的问题难度突然增加了，因为你的思考界限无论在空间上还是时间上都更大了，其中包括了一些需要担心的事。现在你最终决定，通过找一份天气预报来减少你的无知。

午夜时分，狂风袭来，漂浮的碎片把你的船击穿了一个洞，船开始下沉。现在你必须收集120天的淡水、食物和其他补给，然后在一艘开放的小橡皮艇上漂流1 500英里（约2 400千米）。你得赶快把那艘小橡皮艇推下水。你原来的保护性物理界限（你的帆船）正在消失。你的问题现在难对付得多了（太难了！），因为你的思考范围（一块遥远的陆地）非常大，里面包括的东西太多。为了控制自己的恐慌，你决定忽略大部分忧虑，把注意力集中在眼前的任务上：往橡皮艇上装物资，让橡皮艇下水。换句话说，你有意缩小了你思考的范围——接受更多无知——使你的混乱可以承受。

界限在进化中也起着重要作用。以达尔文雀族为例，这是查尔斯·达尔文研究过的加拉帕戈斯群岛上的鸟类的统称。当这些鸟的祖先从南美洲迁徙到这些岛屿时，这些岛屿和大陆之间的地理距离使它们与祖先群体隔绝。[9]这片开阔水域的界限使这些鸟对遥远大陆上的潜在伴侣一无所知。生殖隔离使岛上相对较小的先锋种群的遗传特征

无知的美德

通过变异和选择适应当地生活条件。最终，这些变化形成了一个新物种。这丰富了世界的生物多样性。

人类个体为了最大限度提高适应度，也和达尔文雀族一样，自然而然地专注于与他们个人最相关的知识。重要的不是所有人类知识的整体，而是人类小群体所拥有的单个知识集。这些单个的知识集只限少数人掌握。影响加拉帕戈斯群岛雀族进化的基因也只由少数鸟携带。同样，决定我们孩子未来的人类知识，也只是那些只有少数人掌握的知识。让我们从一个人能感知到什么开始说起吧。

感知周围的世界

请看图 1，粗虚线圈代表你。白色区域代表你的系统，即你可以接触到的东西、生物和信息。它需要能量来生产和维持你系统（也包括你自己）中的许多事物和生物。由于界限不可避免有渗透性，你系统中的信息会随时间改变，因此必须一直进行采样，以保持信息的时效。这种采样活动也要消耗能量，因此需要一个能量流来支持你系统中的一切，包括你和你接触的信息。这个能量流含有一种特殊的动能，经典力学称之为位力[10]，所以你也可以把白色区域看作你系统的动能。

浅灰色区域标识了你可以接触到的事物和信息与你无法接触到的事物和信息间的界限。如果你的信息采样率相对于界限范围足够高，那么当你看到界限时，只会看到一面白墙，你会想，"这里是我不知道的了"。这是良性的无知。如果你的信息采样率相对于界限范围过低，那么当你看到界限时，会看到墙上画满了奇形怪状的图像，[11] 这

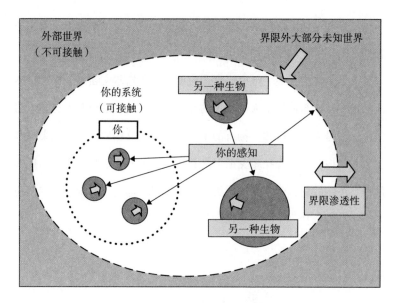

图1　个人感知范围示意图

页面所在平面是现在，页面白色区域上方的空间是预期的未来，页面白色区域下方的空间是记忆里的过去。现实中典型的界限并不是像图示那样的平滑曲线，而是不规则的分形，但这些分形仍然包裹着界限内的区域。

些图像会干扰你的思维。这就是反常的无知。图1中的深灰色区域代表你无法理解的事物和信息。灰色填充箭头代表你无法感知的力量。

把图1中的椭圆想象成一个垂直于页面所在平面的第三维度。这第三个维度就是相对时间。[12]页面所在平面是现在，它上方的空间是未来，下方的空间是过去。页面上方的那个半球充满了对未来可能性的连续概率估计。下方的那个半球充满了记忆中离散的历史事件。把这张图上的椭圆想象成一个体积固定的气球截面。[13]你可以通过把气球压扁（也就是让你的世界变平）扩大纸面所在平面的大小，但同时也使垂直于纸面的距离缩短，也就是缩短了你的时间范围。因此，让

　　　　　　　　　　　　　　　　　　　　　无知的美德

世界变平也就缩短了你的可用时间，你也就没有时间获得之前在工具和关系上的投资收益，而且也会迫使你的行为变得低效。[14]

你能感知的东西，包括一部分你的外部世界，也包括一部分你的内在自我，尽管向外看比向内看更容易，因为更大的界限（虚线）通常比更小的界限（实线）更具渗透性。你可以感知社区里的其他成员，你可以与他们互动。你可以感知一部分自我，而且你可以感知和（或）控制这些部分。但另一方面，你对这些部分的内在却一无所知，比如你的潜意识。你也对社区里其他成员的内在一无所知。基本上你对社区之外的东西也一无所知。不过，真正的界限都会有一些缺口，灰色的填充双箭头表示感知到的能量流穿过系统界限的已知缺口。

现在看一看你的物理系统和思考系统（白色区域）以及外部世界（灰色区域）之间的界限。你可以通过扩大或缩小界限调整你的系统，以纳入更多或更少的其他生物、无生命实体和思想。你也可以通过改变界限的渗透性和强度，改变与外界的交流。这些可以改变你的系统稳定性和寿命。充足的平静期——日程上的一些空闲时间——是健康的一个重要方面。比如，我们都需要睡眠。

减少与外部界限的渗透性，你就能得到更多的空闲时间，因为与外部世界的沟通减少了。如果界限范围更小，你就能更快达到平静状态，因为系统内的复杂性降低了。因此，如果你想更好地了解你的同伴，完善工具，提高技能，你需要的是一个相对较小、渗透性不高的界限。然而，如果界限太小，你也不会有足够的同伴、工具或技能来满足你的需要。

因此，你应该调整物理和思考界限，尽可能把可用时间内你能开发和使用的一切都包括进来。一方面，你可以通过设定界限使你的系统小且简单。在这种情况下，你的系统可能，而且必定很快就达到极限。另一方面，你可以设定界限，让你的系统庞大且复杂。在这种情况下，界限的强度必须足够大，以便给你的系统提供足够的时间，把其全部能量释放出来。事实证明，如果问题难度很大，介于完全没有办法和有太多可能选择之间的关键区域就会非常狭窄。[15]因此，对于难度大的问题，设定你的物理和思考界限时必须非常精确。

应对不确定性

当你的环境改变时，最佳的物理界限和思考界限也将随之改变。要解决一个问题，你需要扩大或缩小你的思考范围，以便找到那个关键区域，看起来里面包含了若干解决方案，也就是说，解决方案不止一个，但数量也不会太多。然后，在"框框里"的思考和"框框外"的思考交替进行。跳出思维框架的思考通常会产生过多的解决方案，分散你的注意力，但过一段时间，你可以做出筛选，回到思想框架内，最后得出合理数量的可行方案。当你交替地扩大和缩小物理和思考界限时，就形成了一个循环。图2就是这个循环过程。

图2中的虚线代表扩大和缩小了的物理和思考界限。不同的虚线类型表示界限在扩大时更为开放。纵轴和横轴上的变量——"方法"和"应用"，表示人类解决问题时的两个互补属性。[16]"可用时间"超出纸面以外。图中白色虚线椭圆，以及你的时间构成的椭圆体之内的范围表示你所知道的一切。在此之外的灰色空间表示你所不知道的

一切。把界限向外、向上移动，就是放松了限制，通过增加方法数量和应用数量来增加可选项。选项增加的同时，也增加了你必须考虑的信息量。最终，可能增加产生混乱和犯下重大错误的风险，让你达到无法承受的程度。

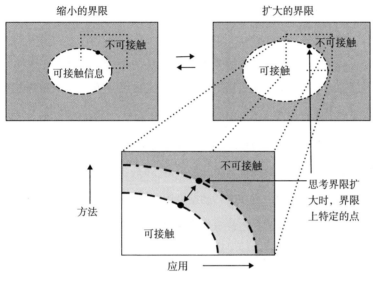

图2　调节物理和思考界限

　　振荡点代表界限上的一个特定的点，它随界限的扩大和缩小移动。"方法"表示解决一个特定问题，可能性相等的替代方案数量；"应用"表示能够以特定方案解决的问题数量；"可用时间"超出纸面以外。浅灰色区域代表不确定性。

　　这张图与教育有什么关联吗？教育是不是在不断把界限向外推？界限外推是不是会不断带来更多供思考的可能性？但最终，纯粹的数据获取会适得其反，因为这样做也增加了混乱程度。我们还需要巩固和整合。换句话说，我们最终必须缩小我们的思考范围，重新聚焦。这就要淘汰较差的想法，挑选出更好的想法。这种筛选过程能加深理解并解决问题。好比灵光一现时，我们会说："对！就是它！"

这种循环的例子在人类历史上也很常见。比如，法国和俄国革命就是两个交替缩小和扩大界限的例子。在国王（法国）和沙皇（俄国）的统治下，界限受到严厉压制，在随后短暂的混乱时期，界限被放宽。接着，在拿破仑（法国）和列宁（俄国）的治理下，界限再次被严厉压制。

这类循环不仅仅是文化现象。在所有生命系统中，这类循环都会通过进出系统的能量流自动诱导出来。[17] 这也是进化的一个重要方面，体现在多样化和繁殖（界限向外扩大）与筛选（界限向内缩小）之间的不断切换。例如，鱼在大量产卵并使卵受精时，是界限的扩大；当少数受精卵得以孵化和存活，并产生自己的下一代时，是界限的缩小。因此，自然和文化一直在进行动态平衡，一方面通过多样化（增加图2中的"方法"数量）和繁殖（增加图2中的"应用"数量）[18] 增加选择，另一方面通过筛选（缩小图2中的白色区域）提高质量。

这是不可避免的。如果界限范围太小，自然和文化就会自发地放宽界限。如果我们过于僵化，必受其害。另外，如果界限太宽松，自然和文化也会自发地收紧。如果我们不约束自己，那么就会被迫受到约束。

与同事合作，与陌生人互动

尽管合理的界限很有价值，但现代乐观主义者却希望消除界限。他们希望最大限度地增加每个人的机会，依靠全球经济生产出最多最好的产品。但这项事业的代价太过高昂，且不可持续，因为它极度依赖和快速消耗长时间积累起来的资源——土壤的积累花了数千年，化石燃料花了数百万年，核燃料则需要数十亿年。此外，由于平的世界缩短了每个人的时间范围，现代乐观主义促使人们放弃长期合作，倾向于采取只顾眼前的贪婪行为：攫取第一个可利用的资源，稍加利用之后就把它扔掉。比起重复利用之前开发的工具、技术和关系，这种行为本质上更加低效。为了可持续和高效生活，我们需要更多的物理和思考界限，比现代乐观主义者愿意接受的还要多。

然而，界限很少是绝对的，大多数界限都是可突破的。所有有生命的系统在界限上都必须有缺口，以吸收营养物质（能量、原料和信息）并排放废物。通过界限上的这些以及其他缺口，组织的成员以及整个组织能够与同行、下属和外部组织互动。现在让我们来思考这些互动的两个方面，这两个方面都会影响到任何系统中所有成员的适应度。其一，与同事合作；其二，与陌生人互动。我们要回答的问题是：我们应该如何看待这些互动？我们又应该如何参与其中？

首先，让我们来思考与同事合作。局部系统的合作增加了该系统中个体的适应度。因为这种合作曾帮助他们的祖先、人类以及其他物种进化出了支持局部合作的倾向和行为模式。[19] 这包括接受集体习俗的倾向，愿意为集体做出牺牲，愿意接受惩罚集体中不合作的人所带来的危险，愿意帮助集体抵御外部攻击。当一个局部群体内存在有效合作时，这个群体就成为一种超有机体，向外界呈现统一的面孔。

这样的组织可以与其他组织共存于某些更大的系统中，如图 3 所示。请比较图 3 和图 1。在图 1 中，粗虚线代表个体。而在图 3 中，粗虚线代表一个组织。图 3 的基本结构与图 1 的基本结构相同。对信息系统、生态系统和热力学系统所做的类比也适用于图3，就像适用于图1一样。和图1一样，在图3中，思考界限应该一直大于物理界限，以避免当两个界限不匹配时产生反常的无知。图2所示的调整效应同样适用于图3。换句话说，这些现象是分形的。在很多不同的维度上，它们一次又一次地出现：在微观层面、个人层面、社区层面、国家层面，且在某种程度上，甚至出现在整个地球层面。

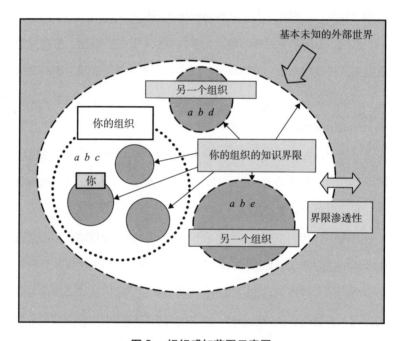

图3　组织感知范围示意图

如上文图1所示，页面所在平面是现在，页面上方的空间是未来，下方的空间是过去。新增加的字母 *a*、*b*、*c*、*d*、*e* 表示五种不同的行事风格。

当然，随着规模扩大，这类特性（以及其他）的新形式会出现。例如，一旦我们超越有机体的个体层面，多样化的机会就增加了。除了个体拥有的知识形式多样性之外，还有个体自身的多样性。从更大范围上说，还有组织的多样性。图 3 中黑体小写字母分别代表了一种特定的行事风格（"方法"）。在这个简单化的例子中，每个组织都含有三种行事风格。如果三个组织的三种行事风格都一样，那么即使三个组织组合起来，其行事风格也还是只有三种。然而，通常情况下，行事风格的数量会随着规模扩大而增加。[20] 在图 3 中，每个组织都有一种行事风格是独特的（风格 c、d、e），因此，总共有五种不同的行事风格（风格 a、b、c、d、e）。如果让三个组织组合在一起，其行事风格就有五种了。组织的差异促进了专业化，这给三个组织的组合提供了额外优势。

现在再来看图 3 中的白色区域，也就是组织的知识范围。这些知识是一种管理上的黏合剂，它将组织内的 a、b、c 三种行事风格联系起来，并与其他组织的行事风格相关联。白色区域的外缘代表你的组织所在系统的外界限。组织知识的广度大于个人知识的广度，但组织知识的深度却很小。例如，一个人了解一部分自己内心的情况，但一个组织只能知道其个体成员向它展示的那一部分，也就是说，组织只能看到其成员的外表。因此，个体在图 3 中所扮演的角色，相当于图1 中个体所扮演的角色。

在任何特定层面上，组织的知识都不会超过各部分的总和，甚至不等于各部分的总和，而是远远小于各部分的总和。这是因为你所隶属的组织不可能知道你所知道的一切。不管组织喜欢与否，一个人总是拥有自己的私人生活，这是其组织永远无法真正接受的。因此，一个组织的知识总是大大低于该组织所有个人知识的总和。在人类文化中，一个组织的知识就是该组织领导人头脑中的知识。在生态系统中，则是食物链顶端捕食者所拥有的知识。在个体有机体中，它是神经系统的网络，或者免疫系统所积累的信息。在工程系统中，它是最高级别的控制，就像飞机的自动驾驶仪。

组织的嵌套模式在世界上许多不同维度一再出现。在图 3 中，缺口更多的外界限表明，随着规模扩大，界限渗透性也更强。把世界压得更平，就增加了界限在所有尺度上的渗透性，倾向于使一切都变得更加同质。这将减少方法数量的增加幅度，降低方法随规模增加的速度，并减少方法总量。然而，不考虑扁平因素，随着规模的扩大，白色区域（管理知识）相比它周围的灰色区域，逐渐萎缩成一个很小的圆。[21] 最终，当规模非常大时，相对于大片的无知区域，管理知识就会变得微不足道。

管理层面的无知是不可避免的。随着组织规模扩大，管理者能否认识到个人能力的有限变得越来越重要。在理解力有限的情况下，管理者应停止外推自己的物理界限，而要去授权。在组织层面，良性的无知肯定比反常的无知好，甚至往往也比更多知识好。一个有效的组织之所以能够为了其个体成员的利益统一行动，正是因为它只了解其成员是不是合作这一个方面。一个有效组织的有效成员，通常会压抑和隐藏他们个人知识中对组织合作没有帮助的部分。这对所有成员都是好事。为鸡毛蒜皮争吵不休，不会提高组织有效性。

在同一个系统内部与其他个体合作，能提高个人的适应度。与外界保持良好的关系也能提高个人的适应度。贾雷德·戴蒙德的《崩溃：社会如何选择成败兴亡》[22] 所考虑的五个因素中，有三个至少部

　　　　　　　　　　　　　　　无知的美德

分是外部世界因素：贸易伙伴、敌对的邻国和气候变化。因为它们属于我们无法了解的范围，所以我们不可能真正理解这些因素。

我们应该如何处理与未知的外部世界因素的关系？它们可能是和我们一样的生物，也可能是与我们不同的生物，也可能是生物组织，还可能是无生命的物质或力，或者是所有这些东西的结合体。因为我们是人类，我们像人类一样思考，所以在我们与其他生物和其他实体的关系中，增加了一个固有的限制。"像你希望别人对待你那样对待别人"的金科玉律是智人的一条合理规则，但这当然是以人类为中心的，也很可能带有种族优越感，也可能是以你自己的个人态度为中心的。设身处地为他人着想是好事，因为它能让你意识到另一个人的内在价值和潜在能力，但如果你试图用它来预测另一个人的实际行为，就非常危险了。假如对方是一个不那么熟悉的人，或是另一种生物，或是一个古怪的组织，那么这个规则就更加危险。对于了解像海上风暴这样的元力量，这样的规则完全不起作用。

那么，你应该如何处理不可避免的、你对外界的无知，以及对所管理的一切的无知呢？关键在于要保持合理的界限。采取尊重的方式[23]，以欢迎的态度对待未知，同时还要保持警惕。不要做可能会给未知带来问题的事情。要为对抗做好准备，但在对抗真正来临、在怀疑被证实之前，应该尽可能往好的一面想。不要虐待弱者，因为有朝一日他们也可能会变成强者。要谦恭有礼、乐善好施、慷慨大度，但不要想当然地认为，你比别人更清楚他们最需要什么。换句话说，不要强行打破界限，撕开别人的保护壳。

缺乏对未知事物的尊重、过分自以为是，会降低我们系统的安全性，从而降低我们的适应度。另外，如果我们把与未知事物的互动保持在必要和有益的范围内，适度地管理这些互动，将增强我们系统的强度，同时也会提高我们的适应度。

结论

我们今天缺乏约束的平的世界，增加了每个方面可选项的数量，但同时也降低了局部稳定性，减少了全球可选项的总量，既代价高昂，也不可持续。扁平化过程，拉长和削弱了所有尺度上的物理界限，增加了物理界限和思考界限之间的不匹配程度，也增加了各种尺度上的反常的无知。热力学定律和沟通原则告诉我们，这种情况不可能永远持续下去。自然和文化最终会做出反应，通过建立新的物理界限来逆转这个过程。如果我们不克制自己，当逆转发生时，其他力量会把限制强加给我们。最好的策略是为我们的物理和思考界限找到最佳位置，在不确定性的灰色区域内，共同调整我们个体和集体理解边缘的这些界限。

注释

1. 温德尔·贝里对当界限过大或太模糊时可能发生的扭曲和错误提供了一个简洁的分类。
2. Philip M. Morse, *Thermal Physics* (New York: Benjamin, 1965), chap. 17, "Entropy and Ensembles."
   如下确定信息熵 (S)：

$S=-\Sigma f_i \log_e(f_i),$

其中 $f_i =$ 当 S 在约束下最大化时，找到特定信息集 i 的概率

$\Sigma f_i = 1,$

$\Sigma f_i U_i = U,$

其中 U_i 是特定信息集的有用性或"效用"，U 是平均效用。将 f_i 的最大值代入最大化方程并重新排列，产生涌现性质，

$T=(U-U_0)/S=$ 每单位信息的平均净效用。

热力学熵是相同的，除了 S 乘以玻尔兹曼常数之外，U 是能量，T 是绝对温度。对生态系统可以重复这个计算过程，$f_i =$ 找到一个特定物种组合的概率，而 $U_i =$ 该组合中物种的丰富度加权等级，这就使 T 成为多样性的一个内涵指标——一个相对独立于系统规模的指标。

3. Simon Haykin, *Modern Filters* (New York: Macmillan, 1989), 42. 最低采样速率被称为奈奎斯特速率。这种失真被称为混叠现象。混叠不是随机噪声，而是采样和滤波之间关系的伪影，通常看起来像一个合法信号。

4. Stuart A. Kauffman, *The Origins of Order: Self-Organization and Selection in Evolution* (Oxford: Oxford University Press, 1993); Per Bak, *How Nature Works: The Science of Self-Organized Criticality* (New York: Springer, 1996).

5. Heinz-Otto Peitgen, Hartmut Jürgens, and Dietmar Saupe, *Chaos and Fractals: New Frontiers of Science* (New York: Springer, 1992).

6. Seth Lloyd, "You Know Too Much," *Discover*, 28 April 2007, 53.

7. Thomas L. Friedman, *The World Is Flat* (New York: Farrar Straus Giroux, 2005).

8. 我们通常认为，核膜保护细胞核内染色体不受核外胞质溶胶细胞成分的干扰。但是 William Martin and Eugene Koonin ［2 "Introns and the Origin of Nucleus-Cytosol Compartmentalization," *Nature* 440, no. 7080 (2 March 2006): 41–45］表示，核膜可能已经进化到提供另一个方向的

保护，防止加工只完成一部分的 RNA 分子过早从细胞核释放到胞质溶胶中。暴露于这种"半生不熟"的介质中，会造成胞质溶胶的严重破坏，使细胞功能失调。

9. 在《物种起源》（1859）一书中，达尔文总结了这一影响（在题为"地理分布"的两章中的第二章最后一节）。他说，"我们可以理解为整个生物群体……不应该出现在海洋岛屿上，而最孤立的岛屿应该拥有自己独特的物种"［*The Origin of Species by Means of Natural Selection; or, The Preservation of Favored Races in the Struggle for Life* (New York: Modern Library, 1998, 548)］。换句话说，一个小岛上的物种数量要比一个大陆上的物种数量少得多。但是，不同岛屿拥有独特物种，增加了全球物种的总数。也就是说，如果把所有岛屿连接成一个大陆，物种数量可能不会更多。关于这一现象的定量研究，参见 Stephen Hubbell, *The Unified Neutral Theory of Biodiversity and Biogeography* (Princeton, NJ: Princeton University Press, 2001)。

10. 可参考，例如, Herbert Goldstein, *Classical Mechanics* (Cambridge, MA: Addison-Wesley, 1950)。位力是有界系统中的平均过量动能（超过平衡）。当存在摩擦耗散时，位力可以仅用非摩擦界限力和位置来表示，但必须保持另一单独的能量流来抵消耗散。

11. 奇形怪状的图像是对注释 3 中描述的信息"混叠"的比喻说法。

12. 添加时间维度可以创建一个三维气球，其体积以"作用"为单位，即能量乘以时间。在经典力学中（见 Goldstein, *Classical Mechanics*），汉密尔顿原理表明，一个动态系统自发地通过时间，以最小化总作用的方式，使三维气球尽可能小。海森堡不确定性原理说，这个总作用永远不会小于普朗克常数。但是，在人类的尺度上，采样率的限制使得最小的总作用要大很多个数量级。有限的采样率会产生量子力学失真（反常的无知），但经典力学会自动将其过滤掉。

13. 信息是信息流量率的时间积分。知识是信息的时间积分。如果你的思考界限小于你的物理界限，你的知识只是你智力气球的一部分。剩下

无知的美德

的部分是伪信息时间积分—— 你反常的无知，或者你犯破坏性错误的能力。

14. 计算机科学密切关注算法的"计算复杂性"，也就是解决问题所需步骤的数量。一般来说，效率越高的算法越难实现。例如，假设你想从1 000个项目中找到最佳方案，可以采用（a）"随机"算法：你可以从集合中随机选择一个，并与你手上已有的进行比较。如果新的那个更好，就保留它；否则就保留你现有的。这就是进化原理。这种方法很简单，但也很慢。你差不多需要5 000个步骤以及99%以上的信心，才能找到价值最高的那个。（b）"贪婪"算法：你可以按顺序一个一个检查集合中的每一个项目。这保证了在经过恰好1 000步之后找到价值最高的那一个。（c）"协作"算法，你可以设置一个被称为"堆"的装置——一个二进制树形结构。其中每个子级都小于其父级。这样价值最高的那个总是被放在堆的顶端，你只需要一步就可以找到最高价值。但是，你也要承担重建堆的道德义务，这样下一个用户就可以享用同样的效率。但重建堆会多出10个步骤。不过，这仍然是一个合算的交易，因为11个步骤的效率几乎是1 000个步骤的100倍，但是，我们需要一个非常稳定的系统执行道德义务，保证每个用户都能在得到他想要的东西之后重建堆。

15. Dimitris Achlioptas, Assaf Naor, and Yuval Peres, "Rigorous Location of Phase Transitions in Hard Optimization Problems," *Nature* 435, no. 7043 (9 June 2005): 759–764.

16. 在生物学和物理学中也有与这两种属性类似的属性。方法（做某事的方法的数量）类似于生物多样性，或者物理学里的压力或温度。这是一个"内涵"变量。应用（复制数量）类似于生物种群的大小，或者物理学里的区域或体积的大小。它是一个"外延"变量。

17. Harold J. Morowitz, *Foundations of Bioenergetics* (New York: Academic, 1978), 187.

18. 方法和应用可以同时增加，或者一个先于另一个增加。在教学或管理、稳定选择或工程操作之类的情况下，内涵变量优先增加。在学习或发明、形成物种或制冷这类情况下，外延变量首先增加。

19. Richard E. Michod, *Darwinian Dynamics*: *Evolutionary Transitions in Fitness and Individuality* (Princeton, NJ: Princeton University Press, 1999).

20. 这一说法基于 Olof Arrhenius 所提出的物种与面积的关系，［"Species and Area," *Journal of Ecology* 9, no. 1（1921）: 95–99］:
（面积 2 中的物种数）/（面积 1 中的物种数）=（面积 2/ 面积 1）^{Z物种数}，其中 0.1<Z 物种数 <0.4。假设单位面积能量与面积可比，小到氢原子的电子能量和表面积，大到地球总生物质能和表面积，即 Z 能量 / 面积 =0.16。由于物种与物种面积是不可比的，因此用 $\log_e(2)$=0.693 来划分能量 / 面积是比较合适的。这表明平均来说，Z 物种数 = 0.16/0.693＝0.23，这个值与生态指标是一致的。

21. 白色区域和包围它的灰色区域都是分形，但白色区域的指数更小。Iain D. Couzin, Jens Krause, Nigel R. Franks, and Simon A. Levin, "Effective Leadership and Decision-Making in Animal Groups on the Move," *Nature* 433, no. 7025 (3 February 2005): 513–516.

22. Jared Diamond, *Collapse: How Societies Choose to Fail or Succeed* (New York: Viking, 2005).

23. Paul Woodruff, *Reverence: Renewing a Forgotten Virtue* (Oxford: Oxford University Press, 2001).

无知的美德

与生态对话的艺术

史蒂夫·塔尔博特

这只小山雀对周围的一切漠不关心。要不是它那么纤弱，它的动作几乎堪比一台机器了：只管一心一意地啄种子。它挑中一粒，徒劳地啄几下就扔掉；又挑中另一粒，啄啄啄，再扔掉，然而又是一粒……这只毫不光鲜、羽毛凌乱的小鸟，在笨手笨脚地松开一粒种子之前，几乎从未啄开过种子的壳。我从后面走到它的喂食栖息处，轻轻地用手指拨弄它尾巴上的羽毛。它没理会我。

我想，我那时的行为是一种侮辱，尽管我只是同情这小生物——同情它沉浸于绝望中，把它推向衰弱状态。几年前的那个冬天，我的喂食器里有几只生病的小山雀。我开始明白为什么有些人把喂食站视为对大自然的侮辱。喂食器吸引了很多鸟类的光顾，使其"不自然"地聚集到这个小区域中。这不仅助长了疾病的传播，也会诱发某些在人为干扰较少的栖息地可能不会见到的行为模式。

而且，如果喂食器有问题，我该如何看待自己长时间坐在室外，用手喂鸟的习惯呢？尤其是在冬天最冷的时候，以及下大雪的时候。有时我会被一大群争抢食物的鸟儿围住。不同时间其组成也不同，不仅有山雀，还有银喉长尾雀、红白胸裸雀、毛啄木鸟、金翅雀、雪雀、蓝鸟、红雀、各种麻雀，还有一只红腹啄木鸟。尤其让我高兴的是，有那么几只警惕性不太高的鸟，会停在我的肩膀、鞋子、膝盖上，以及我的帽子和我的手上。

但我有什么权利鼓励野生生物的驯化呢？这个经典问题必须涉及我们该如何评估我们对自然的影响。对此有两种观点。如果我们为了论证，把这两种观点推向极致，就可以方便地构建起一个辩论框架。

一种观点认为，考虑到全球生态系统遭到的破坏，我们可以简单地让自然完全摆脱人类的影响。唯一的理想是原始、原生态的荒野。人类被视为生物圈内的一种病原体，应尽可能隔离。我们称这种观点为激进环保主义。

另一种观点认为，受我们先进的技术能力进步的鼓舞，可以利用科学管理的优势来解决目前对自然的各种威胁。这种观点告诉我们，更高产的转基因蔬菜、水果、谷物、牲畜、鱼类和树木——以工业的精确程度，集中种植单一品种——可以用更少的土地满足人类需求，同时减少对环境的影响。克隆技术不但可以拯救濒危物种，甚至还能使已灭绝的物种复活。对大气进行巧妙的化学实验，可以改变全球变暖或臭氧耗尽的状况。

对许多环保人士更有吸引力的管理策略还包括，重新引入当地灭绝的物种，圈养野生动物，以进行追踪和研究，由人类进行有控制的捕杀，以及广泛使用鸟类筑巢箱。这些做法曾经使一些濒危物种得到恢复，即使它们现在的生活必须遵循完全改变的模式。

科学管理的问题是，它建立在成功预测和控制的希望上，而复杂的自然系统已被证明是出了名的难以预测和控制。杰克·特纳在《抽

　　　　　　　　　　　　无知的美德

象的荒野》一书中写道，生态学家们一直"把希望寄托在更好的计算机模型和更多信息上"。但这样的希望是渺茫的："从利奥波德开始的，'通过管理来保护'的传统已经终结，因为没有理由相信专家们会对自然做出什么明智的长期决策……如果生态系统不能用科学数据来了解或控制，那么为什么我们不能停止谈论生态系统的健康完整，干脆老实承认，这只是公共政策问题而不是科学问题呢？"他补充说，"我们的知识局限性应该决定实践的局限性。"我们应该拒绝扰乱荒野的安宁，出于同样的原因，我们也应该拒绝超过一定限度地扰乱原子，或者 DNA 的结构。"我们并没有那么聪明，我们也不可能有那么聪明。"（Turner 1996，122-124）

特纳对科学管理理想的批评与我不谋而合。但是，就像对立阵营之间通常都会有的激烈论战，我们要真正解决激进环保派和科学管理派之间的争端，必须抛弃双方共同的假设。毕竟，特纳为什么要同意对手的观点，即对生态系统可以接受的"干扰"必须建立在成功预测和控制的希望上？

当然，一旦我们做出这种假设，我们可能要么接受这种经过计算的控制，把它作为我们的技术向自然领域延伸，要么干脆拒绝它，认为这不可能。然而，当我和小山雀坐在一起，干扰它们的栖息地时，感觉并不像是预测和控制。我只是想认识这些小鸟，理解它们。也许这确实会造成某种影响。

"我们的知识局限性应该决定实践的局限性"，从某种意义上说，这当然是实情。但我们需要严谨一点。如果我们没有完全掌握知识，就永远不采取行动，那么我们可以通过什么实践来扩展我们的知识呢？

我们的无知无法回避，这要求我们非常谨慎——这是我们的社会一直不愿接受的事实。然而，我们不能把任何谨慎原则视为绝对。如果医生把"首先，要不造成伤害"的格言视为确凿无疑的绝对规则，就无法采取任何行动，因为只有完美的预测和控制才能保证不存在伤害。我们敦促采取预防措施的人，绝对不能在我们试图粉碎的技术偶像面前低头。我们永远不可能完全知道我们行为的后果，因为我们不是在和机器打交道。我们呼吁要生活在知识和无知之间，把无知作为极端不作为的借口，就像把对完美知识的鼓吹作为行动的理由一样危险。

除了理想的预测和控制之外，还有一个选择。这个选择有助于认识到，科学管理派和那些把人类"入侵"看作邪恶的人之间是有共识的。两大阵营都认为，自然是人类无法有效参与的世界。对于崇尚原始蛮荒的人来说，自然是人类不可染指的，是不可侵犯的，而且大体上是不可知的"他者"；对于未来的管理者来说，自然是一系列的目标，没有灵魂、与我们毫无关联，因此我们可以把自然当作纯粹的、对我们技术创造力的挑战。这两种立场都剥夺了我们与养育我们的世界进行深入交流的机会。

我自己把对未来的希望寄托在第三种方式上。我们没有注意这个希望，也许是因为它跟我们的距离太近。我们每个人都参与了至少其中一个领域，我们给予"他者"自主权和无限价值，同时也采取大胆行动，去影响，有时甚至重新安排"他者"的福利。我指的是人际关系的领域。

无知的美德

我们不能因为同伴有自主个性、不可预知，就不去影响他们。但我们也不会仅仅把他们当作一种技术控制的对象。

我们该怎样对待他们呢？我们把他们引入对话。

我们通过交谈成为自己

我想我们所有人，无论是激进派还是管理派，真正想知道的是如何与生态进行对话。我们既无法预测或控制确切的对话进程，也不觉得有此必要——至少如果我们想要的就是一次愉快的交谈的话。交谈中的发现和惊喜就是最大的乐趣，我们不想要可预测性，我们要的是尊重、意义和统一性。令人满意的谈话既不是严格限定的程序，也不是杂乱无章的胡言乱语；它介于完全的秩序和完全的意料之外之间；我们要找的是一种创造性的张力，在逐步深化的相互理解中，一种我们正在获得有价值的东西的感觉。

变化是关键。这就是为什么我们在奥尔多·利奥波德的名言中找不到永久性结论："一项行动如果有助于保护生物群的完整、稳定和美感就是正确的，否则就是错误的。"（1970，262）

完整性和美感是没错的，但稳定是在什么意义上的呢？稳定不仅是静止，利奥波德也知道这一点。自然界就像我们一样，其存在，也就是保护其完整性，只有通过不断自我转变才能实现。如果只有保护，就会冻结世界核心的一切存在，否定有创造的破坏，拒绝自我超越。另外，科学管理不尊重他者的独立性，武断地减少进化和演变，而独立性是所有不可或缺的变化的基础。

特纳将利奥波德的规则应用于过去，因此指出，"过去一万年的历史只有邪恶"。（1996，35）他在文中捍卫道德判断和激情的重要性。无论如何，我们在应该感到愤慨的时候愤慨，而且，天知道，有很多情况确实应该感到愤慨。但是，一万年的历史仅仅是邪恶吗？当你把稳定原则绝对化，把对话和演变排除在外时，常常会得出这样的结论。

治疗特纳立场（他自己不断超越的立场）的良药是思考，如果请大自然参与相互尊重的对话意味着什么。我们可以大胆地进行一些合理且直接的观察。

在任何谈话中，首先，通过向他者提出谨慎的问题来弥补自己的无知是非常自然的。每一种实验性的园艺技术、每一种新工艺、每一种不同的鸟类喂食器都是向大自然提出的问题。而且，正是因为我们试图弥补无知，问题本身有可能总被证明是不得体的，或者有时甚至是在制造麻烦。（我的鸟类喂食器是一个错误的问题，因为它会助长疾病的传播。你有充分的理由质疑，在安装第一个喂食器之前，我应该对问题和风险进行更彻底的调查。）

在相互尊重的对话中，这样的错误会不断出现并被接纳，因为增加了相互了解，这样的错误会成为更深入的相互尊重的基础。认识到我们是在向大自然提出问题，而不是进行鲁莽的控制，能鼓励我们在行动之前预判他者的可能反应，并体谅其实际反应，然后在这样的反应出现时，调整自己。

这已经触及交谈的第二条原则：在谈话中，我们总是在弥补过去的不足。每个学语言的学生都知道，一个后出现的单词可以调整前面单词的意思。从这个意义上说，过去是可以被改变和救赎的。我们都

　　　　　　　　　　　　　　无知的美德

有过因为脱口而出不明智、不可挽回的话而痛苦的经历，但我们也都知道忏悔和赎罪的疗愈效果。

这反过来又向我们指出了第三个关键的事实。在谈话的任何一个阶段，都不会有唯一正确或错误的回答。把谈话引向任何健康方向都是合理的，每个方向在含义和重要性上会有一些细微差别。

此外，我要做出什么反应，并不是从已经存在的，从已经被当前交谈状态固定下来的一系列方案中挑选。我的责任是进行创造；存在什么选择，在一定程度上取决于我能带来什么新选择。甘地创造了非暴力抵抗的可能性，而在他那个时代之前，这种做法并不为人所知；太阳能电池板的开发者为我们的家园提供了新的取暖方式。如果我们确实有什么义务是"固定"的，那就是有义务不保持固定，自由地超越自己。

因此，所有的谈话都是创造性的，不断摆脱之前的限制。不幸的是，我们的现代意识想要将自然实体化，想要明确地弄清楚这个"东西"是什么，这样我们才能保护它。在定义什么是自然时，也就是定义我们需要保护什么时，我们遇到的重重困难并非偶然。世界上没有一种叫自然的东西，能够完全独立于我们的保护（或破坏）行为。你不可能只针对自然界中的某一种生物定义生态背景，尤其不能仅针对人类定义生态背景。如果一种生物成为这种生物是因为它所在的生态环境，那么反过来说，它所生活的生态环境也正是因为该生物的存在而成为这样的生态环境。

对于环保人士来说，这可能是一个难以接受的事实，因为我们通常都在为拯救"它"而奔走，不管"它"是什么。拿谈话来说，"他者"并不独立于谈话存在。我们无法试图去保护"它",因为根本没有"它"存在;我们要保护的只能是对话的完整性和统一性。在谈话中,它和我们都在不断改变自己。实体化永远是一种侮辱,因为这将他者排除在谈话之外,使"它"成为一个具体的对象,否认"它"有生命、能改变外表、有对话能力。

最后,谈话又总是具体的。我无法和一个抽象或刻板印象交谈,一个"民主党人"或"共和党人",一个"实业家"或"活动家",或者就我们的话题而言,一个"激进派环保主义者"或"科学管理派"。我只能和一个具体的个体交谈,我在他身上每贴上一个标签,他都会在标签上面留下改写的痕迹。同样,我也不能和一块"湿地"或一个"濒危物种"交谈,我可能确实会用这样的抽象概念来思考,但这种思考并不等于谈话,就像如果我谈到我的孩子,并不等于在和我儿子谈话一样。

许可和责任

那么,我们该怎么做呢?我们有很多在不同的情景下行之有效的经验法则。但我相信,在推广应用的压力下,最终都会集中到最可怕的那个原则上面,因为这个原则最重要。这个原则是由我自然研究所的同事克雷格·霍尔德雷格提出来的,尽管还是带有一些不安:"你可以做任何事,只要你承担责任。"(personal communication 2001)

可怕?是的。大多数听者都首先因为那个不可能的"什么都可以做"而动容。有哪个环保主义者敢在美国工业企业家大会上说出这样的话来？

但请等一下，这个原则怎么听上去像不负责任地放任呢？可是它的全部目的是以责任为前提给予的许可啊。显然，责任的概念没有给我们造成什么压力，可这不恰恰证明，我们已经习惯了在技术操纵的背景下，而不是以负责任的对话为背景谈论自然吗？我们必须向管理派的思维定式投降吗？

如果我们真的把责任当回事，那么我们就必须习惯它。这意味着责任在很大程度上取决于我们，也意味着巨大的滥用权力在我们手上。霍尔德雷格的原则恰恰具有任何正确原则都必定会产生的结果，也就是灾难性误读的可能，而且是在两个截然相反的方向上都可能产生误读。我们既可以理解为可以不负责任地任意行事，也可以将责任理解为对许可的否定，但两种误读最终的结果都是灾难性的。要达到行为的平衡原则，使任何原则成为有机的整体，唯一的方法就是与它展开对话，防止其随意解释而跑到相反的方向，但同时通过我们自己灵活的思维，允许其形成自己的动态格局，成为一个有张力的统一体。

"你可以做任何事，只要你承担责任。"对这句话进行恶意和片面解读，无疑会使其成为无须承担责任的单纯许可。但是，我们也已经看到，承担责任又得不到许可（"首先，要不造成伤害就是说，在任何情况下都不可以，试也不能试"）会使我们精神紧张。

许可和责任必须能够相互作用。当我们否定许可，费尽心机地为不负责任设置障碍时，我们也在为承担责任设置障碍。生态思想家的第一个原罪是忘记不存在绝对的对立面。要是没有衰退，也就没有增长，同时，没有增长也就没有衰退。因此，如果不冒不负责行为的风险，负责任的行为也同样没有机会。

"但这难道不是让我们全无方向地在相对主义的海洋上，危险地随波逐流吗？我们需要的当然不仅仅是对责任的一般呼吁！如果我们不理解这个世界，不通过这样的理解来制定指导方针，又如何负责任地为自己指引方向？"

是的，理解才是关键。我们需要通过理解制定指导方针。但绝对不能因此冻结我们的对话。在所有人际交往中，这都是再明显不过的。无论我对他人的了解多么深入，我都必须对他（和我）可能的进一步发展，也就是谈话可能的发展方向保持开放的态度。在健康的体验中，这并不会让我们迷失方向，或晕头转向。这一事实证明，一种动态（而不是静态）的完整性，一个有机统一的原则，是我们生命的基础。

在所有原则中，只有这一原则是在我们试图理解周围世界时必须寻求的。我工作的自然研究所就在一座生物动态农场所在的牧场上。该牧场上的奶牛都没有被去角，这是生物动态农场的原则之一。最近，我问霍尔德雷格，他是否认为，我们可以负责任地给牛去角，因为这几乎是美国农业中的普遍做法。

"奶牛会怎么看待去角这件事？这是你首先要问的。"他回答说。他接着说，当你观察反刍动物时，你会发现，它们都没有上门齿，它们又都有角或多叉的角，有四个室的胃，以及偶蹄。"如果你仔细观察这些动物，你开始感觉到这些元素的相互联系，并且它们的联系非常重要，甚至在你还没有完全理解它们之间的关联时就能感觉到。它们似乎在互相暗示。你明白这种暗示的本质吗？因此，如果你想给牛去角，你的肩上已经先压上了一项义务，你必须先研究牛角与整个有

　　　　　　　　　　无知的美德

机体的关系。"通过他自己对奶牛的观察（Holdrege 1997），以及与那些关注有角和没角奶牛行为差异的农民的讨论，他都没有发现在保持奶牛健康的情况下，有任何令人信服的理由给牛去角。因此，霍尔德雷格得出结论："撇开异常情况不谈，我看不出我们如何能负责任地给牛去角。"

奇怪的是，这种立场似乎并不像是一个相互尊重的对话，这是一个结论，在一知半解的情况下做出的结论。但对我们来说，却觉得得出这样的结论很自然。有哪个艺术家会表现没有角的牛？（想象一下，著名的华尔街之牛居然没有牛角！）我们隐隐约约觉得，这些牛角，就"属于"这些动物。

生态对话要求我们做的是，尽我们所能把这种隐隐约约变成清晰的理解。什么东西是属于一种动物、一种植物，或一个栖息地的？这种问题问的恰恰就是关于整体性和完整性。这种问题对于传统思维来说，既显得陌生，又无从下手，因为我们早已不再开口这样问了。当我们开始给牛这类食草动物的饲料里添加动物遗骸，开始把鸡的喙砍掉，让它生活在电话簿那么大的空间里时，我们就不得不闭口不言了。

最具戏剧性的是，当遗传工程师借鉴从装配线上学来的经验，开始将有机体视为可互换零件的任意集合时，我们更不会这样问了。没有与随机组合的零件对话的道理。因此，即使在道德上说不过去，也不要求工程师站在那些命运被拨弄的动物立场来看问题，没什么可大惊小怪的。工程师不是在对话，而是在进行疯狂的、自由发挥的独白。

靠近神秘

我们拒绝生态对话的原因来自两个方面。首先，我们放弃谈话可能是因为假定任何通过他者代言的东西都是完全神秘的，超出了我们的理解范围。这个观点很容易转变为以积极的态度接受无知。

我觉得，如果能以真正开放的态度看待周围的世界，就会觉得神秘无处不在。敬畏神秘是获得一切明智理解的先决条件。但神秘并不意味着"不能靠近"。结婚 32 年后，我妻子对我来说仍然是个谜，从某些方面来说，神秘感还在加深。但她和我仍然可以进行有意义的对话，每年我们都能增进对彼此的了解。

世上没有绝对神秘的东西。几乎所有的一切对我们来说都是未知的，但原则上又没有什么是完全不可知的。任何我们想了解的事物都不会拒绝我们以对话为目的靠近它们。完全不可知的神秘事物也是完全看不见的，因此也无法把它看成是不可知的。

此外，世界本身也在向我们呼吁对话的必要性。我们避免毁灭地球的责任与我们维护它的责任是不可分的。如果我们对某个情境未来的变化没有期待，也就不可能拯救这个情境，未来只能变成从未有过的情境。我们的生命要表达的结果是不可避免的。

我们进行对话的第一个任务可能是承认神秘。但如果是出于你的原因导致神秘成为让整个地球陷入灾难的威胁时，你最好希望自己能找到一些有意义的词句来回应，哪怕只有道歉的话也好。你也最好了解一下你导致了什么样的情况，并开始向更积极的方向调整。

但声称听不懂他者的表达也不是扼杀生态对话的唯一途径，我们还可以从传统科学的角度否认存在任何能够理解的语言。我们可以这样说："根本没有这样的对象，自然界及其生物根本没有一个统一的、能代表它们说话的整体。大自然就没有内在。"

但即使这样也说不通。第一，我们自己就属于自然，我们当然可以彼此交流。因此，我们也很难说大自然就没有可以交流的内在。（忽视这一最突出的事实多么容易！）第二，我们也一直可能通过不同方式与各种高等动物交流。如果我们把这种交流理解为独白，而不是对话，那也并不是因为这些动物没有回应，而只是因为我们宁愿忽略它们的回应。

但是，除此之外，每当我们假设任何事物都是有机的统一体时，我们必然指的是某种非物质的"东西"，它代表了组成它的各个部分，要不然它们就只是一盘散沙。你可以把这种东西称为精神、原型、观念、实质、事物的本质、它的存在、使牛成为牛的东西（其中有些术语可能比另外一些更恰当）。但如果它不具有产生内在的能力，没有可以代表有机体整体说话的东西，也就是说，整体的所有部分都是整体性质的表达，也就没有一个有机体，一个有支配性的统一体可供讨论了，更不用说有谈话的对象了。

请记住：如果一门科学否认自然有内在，那么最终它也会按照这个逻辑，否认人类的内在（例如行为主义）。即使承认人类有内在，也只能是一个简化和荒谬的内在。这些否认都忽视了一种东西，即性质。无论是世界还是人类的性质，都是表达的载体。只要真正存在性质的表达，就有表达自己的东西存在。

霍尔德雷格在研究树懒时说："这种动物的每一个细节都在表达

'树懒！'"（1999，n. p.）当然，你不能强迫任何人看到树懒的统一体，看到什么东西在用统一的声音（相对于标准的进化逻辑），在通过所有细节表达，因为你不能强迫任何人都训练有素，能看到世界性质的实质。但有一点需要说明：一门很久以前就决定与性质分道扬镳的科学，也没有资格去告诉那些能看到性质的人，他们能或不能看到什么东西（我脑海中浮现的是一些牧师对伽利略望远镜的看法）。

那些乐于接受世界性质的人能看到的是一个可以对话的伙伴。

荒野在哪里？

否认生态对话的可能性，无论是因为他者的神秘而缄口不言，还是因为干脆否认他者和神秘的存在，都是要放弃讨论自然的完整性和我们的责任。这等于忘记了我们自己就是大自然的一员。像每一种生物一样，我们自己也为生态的完整性做了贡献。最突出的是，我们贡献的可能是我们有意识的理解，以及担负的道德责任。难道这是偶然吗？难道大自然已经开始意识到我们可能的贡献，因此把这副重担压在我们肩上？

雷蒙德·达斯曼将荒野地区视为"最后的野性，自由的人类精神"最后的避难所（引述 Nash 2001，262）。这句话太真实了，振聋发聩！但我们需要补充的是，人类的精神不是唯一带有野性的东西。它是，或者可以成为，一切有野性的事物的精神。每一种野生动物的生命活力都可以被人类的精神认识，并在人类的精神里上升到意识层面，在获得完全自我意识的情况下，野生动物的内在话语还可以在那

　　　　　　　　　　　　　无知的美德

里引起回响。

这千真万确，只因为我们虽然生活在我们的环境中，但我们并不完全属于它。我们可以与我们周围的环境拉开距离，并客观地看待它。这本身并不是坏事，但灾难性的是，抽离环境这一成就本可以有助于我们与环境的对话，可我们却没有用无私的和充满爱的对话来为这一成就加冕。只有遇到一个与我的自我不同的他者，我才能学会去爱。山雀并不爱它的环境，这是因为它本身就是它所在环境的充分表达，是比我们更充分的表达。

这种意愿和任性——野性——使我们与自然拉开距离，并"征服"自然的东西，也能让我们给自然一个发言的机会。无私可以创造奇迹，今天的人类可以开始通过无私学会"替环境说话"。这是一件多么了不起的事啊！这是我们破坏环境力量的另一面。因此，我们现在发现自己在一出严肃而引人注目的戏剧中扮演着角色，这出戏剧植根于我们自己本质的冲突，把地球悬在中间，岌岌可危。鉴于这一情况是不可否认的事实，否认这出戏在表达地球整个进化过程的终极目的时，又将其置于危险中，是轻率的。但接受我们被分配的角色，感受到我们几近毫无希望的局限，也是在向更高的智慧开放，使更高的智慧能够借由我们进行表达。

否认我们对自然负有重大责任所造成的伤害，与直接滥用自然所造成的伤害一样大。如果你指责我是人类中心主义者，我接受这个标签，尽管是以我自己所理解的方式。如果说有什么生物会错误地鄙视人类中心主义，那一定是人类。如果不从我们自己的中心出发，不从我们自己存在的最深层的真实出发，我们怎么行动呢？然而，让我们向他者开放的，正是我们内心的真实。自然界中，唯有在我们这里，向他者开放的意愿成为我们自己的生命基础必不可少的部分。

古典主义者布鲁诺·斯内尔曾经评论说，以拟人的方式体验岩石也就是以岩石的方式体验我们自己，在我们身上发现跟岩石相似的东西。这就是几千年来在大自然和语言天才的帮助下，我们发现世界的方式，这就是我们认识自己的方式。（用老生常谈的话来说）我们自己就是我们整个宏观世界的微观缩影。从历史上看，我们的自我意识是通过周围世界获得的，也就是说，世界是在我们的内心中苏醒，或者说开始苏醒的（Barfield 1965, 1977）。

总的来说，我对自然的观察将被证明是有价值的，例如，我能用拟人的方式体验山雀，也能用山雀的方式体验自己，我能平衡这两者。在真相乍现的时候，这两种体验合而为一。这反映了这样一个事实：我自己的内心和世界的内心最终是同一的。

想以生物中心主义取代人类中心主义是好意，但如果做得太过，就成了奇怪的悖论。生物中心主义诉诸人类特有的独特性，也就是人类能和所在的环境拉开距离，因此可以用他者的眼光来看待世界。这样生物中心主义就可以否认人类在自然界中有任何特殊地位。这要求我们为我们与其他物种没有决定性的区别的理念制定哲学和道德原则，但制定这一原则本身肯定也决定了我们不能对其他物种有这样的要求。

"独一无二的人类"这样的表述并不丢脸。如果我们不致力于了解世界上每一个有机体的独特性，就等于把这个有机体排除在生态对话之外。如果以这种方式把我们自己排除在外，我们说的话会变得不知所云，因为我们没有以自己为中心说话。

无知的美德

但这丝毫不意味着人类比其他生物拥有更大的"道德价值"（无论这意味着什么）。我们与众不同的地方不在于我们的道德价值，而是我们承担着道德责任这一事实。这一重负已经在自然界某处特殊的地方上升到了意识层面，这无疑对自然界的命运意义重大！当杰克·特纳说，过去一万年的历史"只有邪恶"时，他忽略了历史留给人类的礼物，人类因为这个礼物才能做出这样的判断。我们怎么能把我们特殊的礼物，知识和责任，所起的作用淡化呢？不然，我们怎么能给世界带来致命的后果呢？

承担创造的责任

我们创造，依据的是"我们被创造时的原则"（Tolkien 1947，71-72）。我们自己使用的创造语言是，或者可能是，来源于大自然向我们表达的创造语言。（还有其他可能吗？）这表明，实际上我们与每一种野生生物的关系都是亲近的。我们连说的话都是同一个来源。要不是发现大自然如何使用自己的语言，即通过惊人的多样性来表达自己，我们也不可能认识我们自己，也不可能通过我们自己的语言来了解自己。

每一种造物都是我们自己某个方面的体现。我们只有通过理解才能发现它们，并赋予它们生命。破坏一个栖息地及其居民，实际上是失去了我们自己的一部分，是某种记忆的丧失。温德尔·贝里所提的问题是对的："一个人的头脑可以丧失多少文化、与周围的关系和地理范围，丧失多少表层土壤、多少物种，而仍能称为头脑？"

（Berry 2001，50）加里·斯奈德说："我们头脑里的大自然正在被记录和登记，然后烧毁。"（引述 Nash 2001，263）

梭罗告诉我们，"野外是保存了世界天性的地方"（1947，609）。他所说的野外至少在某种程度上还是我们的野外。如果人类不能用其同情和理解去接受，也就是说，通过我们自己的存在去理解和接受每一个野外生物，那么在这个意义上，我们自己和这个世界都被贬低了。即使我们拒绝的结果最多是退出谈话，也仍然如此。

我们很少考虑到野外的他者，我们对人类社会关系态度与对人类与自然关系的态度不一样，就像我们对驯化土地的态度与对野外荒野的态度也不同。在他者方面，要我们同情和理解工厂化农场饲养的猪，其难度不亚于让我们同情和理解野外的鲑鱼；同情和理解司空见惯的山雀，并不比同情和理解灰熊更容易。我们在交谈的艺术方面是个门外汉。如果遥远的山野中失去了灰熊的踪迹，也许部分原因是我们看不到，甚至是贬低了家门前的山雀的野性精神。

如果我们真的相信野外有可取之处，就不会自动低估带有人类参与痕迹的栖息地。我们不会看不起这样一个农民：他爱他在土壤中遇到的他者，他所做的努力是在他的农场栖息地用智慧汲取土地蕴藏的丰富生产潜力。我们也不会因为在落基山脉发现美洲狮的踪迹而感到异常兴奋，却贬低欧洲被开垦的农场。至少，这也算是比原始的北方森林增加了更多野性的多样性。

重点不是评论哪一种方式更好，而是要问，它所代表的对话是否完整。我们都不希望看到整个世界沦为一个某种概念的大花园，我们也不希望看到世界上再没有人类心怀敬畏地照顾着他周围的环境

　　　　　　　　　　　　　　　　无知的美德

（Suchantke 2001）。我们不应该把真正的园丁的创造力和我们监管迪纳利荒野的创造力对立起来。它们是两种非常不同的对话，都应该是——能够是——有价值的野性精神的表达。

何须言语

在深冬或早春，随着鸟儿成双成对交配季的开始，经常光顾我的喂食器的山雀群开始解体。只剩下一对（还带着它们的孩子）占据着特定的领地。而到了夏天，即使像这样寥寥可数的客人也很少来光顾了。因为在夏天，周围的高级美食太多了。

经过了几个夏天，我决定不再保留喂食器，因为山雀们已经心有所系，几乎想不起这个老地方了。连我也几乎把它们完全忘记了。就在八月炎热的一天，我的心情格外烦躁。当时，我碰巧站在室外的一小片空地上。附近既没有灌木丛，也没有别的可能隐蔽小鸟的地方。突然，一只山雀不知从哪里冒出来，落在我前面四五步远的栅栏上。

我一动不动地站着，凝视了它好几秒钟。它也带着显而易见的强烈兴趣审视着我。然后，它没有像我预料的那样突然飞走，而是以轻柔、蹒跚的步伐朝我飞过来，以典型的山雀动作在我鼻尖前几英寸的地方刹住车，随后转向上，好像要在我的秃头顶上着陆一样。但是，它稍有犹豫，就好像是略一转念（那里没有太多可落脚的地方），越过我朝我身后飞去了。一个"失散多年的朋友"不期而遇的问候，相互认出对方的瞬间，勾起了我对从前对话的回忆。这深深地打动了我。这个生物给予我这次意外相逢的机会，它让我感到了一丝爱。我发现，我的痛苦得到了缓解。它的生命是如此自由，离我的烦恼如此遥远，但它却是如此宝贵……

"这的确很棒，但你真的要把这次相逢美化成一种有意义的对话吗？你相信小山雀是在回应你当时的内心感受吗？"

好吧，几乎不是。当我说，我们几乎没有学会与自然（或者，就此而言，也包括与其他人）交谈时，我是认真的，我认为自己的这项技能只排名最末。尽管如此，我们至少可以在这里看到对话的开端。

我们在对话中能够采取的第一个，也许是最重要的一个步骤，可能是承认我们迄今为止都未能采取一种尊重他人的对话立场。例如，我用手喂鸟的活动，有多少是出于自我为中心的愉悦而关注它们，又有多少是出于对它们是谁，以及它们需要什么的无功利心的兴趣呢？能问出这样一个问题，已经是从操纵者转变成倾听者了。

但是，不，我不会说栅栏上的山雀对我的烦恼感同身受。当然，由于我的无知，也由于山雀的出现是一种表达，我不能绝对地说，它在某种程度上的存在不是回应我内心的状态，也不能绝对地说，它不是某种荣格的"共时性"的媒介。但我持怀疑态度。这些事情无论如何都超出了我的认知范围，所以我到此为止。

但我能确信的是，十分明显、毫无疑问，山雀以其富有表现力的、山雀式的方式回应了我。这种方式对我来说是有些熟悉的，因为我曾关注过附近的山雀。即使出乎意料，山雀的这种行为对我来说并不完全算古怪。我可以说："是的，如果一只山雀要向我做出某种表示，这就是它可能会做的；这完全像一只山雀的做法。"而且，说到这里，我可以想起很多山雀向世界表达自己的方式。这反过来又给了我一些

　　　　　　　　　　　　无知的美德

回应的东西，一些让我尊重的东西，一些在这个世界上和我内心里都
会找到合适位置的东西。

是的，甚至可能通过专注、尊重的对话，把一些东西引向某些特
定的方向。我确实偶尔还会用手喂鸟。如果世界上没有人类，这样的
行为它们确实永远不会参与，但我还没有看出这种行为以任何方式贬
低了它们。我更倾向于相反的想法。山雀对其他生物的好奇心是出了
名的，尤其是对人类有特殊的亲近感。给其中的几只山雀一点空间去
探索这种亲近感似乎并不完全是坏事。

当然，也要有适当的界限。就我个人而言，当山雀试图用我的胡
子做筑巢材料时，我会划清界限。

参考资料

Barfield, Owen. 1965. *Saving the Appearances*. New York: Harcourt, Brace,
    Jovanovich. Originally published in 1957.

Barfield, Owen. 1977. *The Rediscovery of Meaning, and Other Essays*.
    Middletown, CT: Wesleyan University Press.

Berry, Wendell. 2001. *Life Is a Miracle: An Essay against Modern Superstition*.
    Washington, DC: Counterpoint. Originally published in 2000.

Holdrege, Craig. 1997. "The Cow: Organism or Bioreactor?" *Orion*,
    Winter, 28–32.

Holdrege, Craig. 1999. "What Does It Mean to Be a Sloth?" *NetFuture*, no. 97.
    Available at http://netfuture.org/1999/Nov0399_97.html#2.

Leopold, Aldo. 1970. *A Sand County Almanac: With Essays on Conservation
    from Round River*. New York: Ballantine.

Nash, Roderick Frazier. 2001. *Wilderness and the American Mind*. New Haven, CT: Yale University Press.

Suchantke, Andreas. 2001. *Eco-Geography: What We See When We Look at Landscapes*. Great Barrington, MA: Lindisfarne.

Thoreau, Henry David. 1947. "Walking." *In The Portable Thoreau, ed. Carl Bode*, 592–630. New York: Viking. Originally published in 1862.

Tolkien, J. R. R. 1947. "On Fairy Stories." *In Essays Presented to Charles Williams*. Oxford: Oxford University Press.

Turner, Jack. 1996. *The Abstract Wild*. Tucson: University of Arizona Press.

无知的美德

无知与道德

安娜·L. 彼得森

韦斯·杰克逊先生在本书的文章中向我们提出疑问，要正视政治、科学和其他许多领域的无知。他问道，既然相比于我们所知道的，我们的无知要多得多，那我们为什么不把它当作优势好好发挥呢？这个问题为很多学科和领域开启了新奇而有趣的可能性。我在这里将主要讨论对社会伦理学的意义。首先我要问两个问题。第一，我们关于做好事和做好人的想法，是基于我们知道的知识，还是基于我们以为知道的知识？第二，如果我们承认，我们知道的比我们想象的少得多，也就是说，我们所知道的总和，总是比我们不知道的总和少得多，而且也更加不确定，那么，这对于合乎道德的思考和行为意味着什么？在探讨了知识在若干伦理体系中的作用之后，我又研究了基于无知的伦理可能会有哪些模式。其中最有系统性的模式源于宗教，尽管也有一些源于世俗世界。他们的"无知"体现最明显的是在对人性和历史变化的想象上。在这种幻想中，对无知的承认不仅使他们愿意放弃知识本身，就连对手段目的的分析也放弃了。

对知识型伦理的批判

从表面上看，我们大部分人都认为，做好事和做好人是因为我们知道或我们以为知道的东西。我们认为，没有正确的知识，就不可能有道德的行为。这种知识可能是一般性的，比如说对人性的了解。例如，如果我们知道人实际上是什么样的，就可以通过适当的奖惩，鼓励道德高尚的行为。我们也可以预测在特定情况下一个人会做出什么事来。如果我们要寻求某种理想的道德结果或结论的话，这一点很重要。

道德行为也可能需要更具体的知识，比如，在特定情况下要遵循哪些规则，他人的意愿是什么，或某种行为可能带来什么风险。因此，要做好事，就要回答这样一些问题，比如：我们是不是有相关的历史经验和信息？我们知道有哪些利益相关方？我们对现状的评估和对未来的预测准确吗？如果没有这类知识，我们做好事的努力似乎注定要失败。如果我不知道别人会怎么做，或者我的行为会有什么后果，那我怎么能决定在特定情况下做什么呢？我所付出的努力和成功的可能性匹配吗？我努力做好事时，承担了什么风险？

这些问题让专业哲学家来提并不会有多大差别，他们对知识与道德关系的假设和结论也大致如此。如果我们看一下哲学伦理中最重要的两个模式，这一点就更明显了。第一，结果主义伦理学。在这种伦理学中，某个行为或决定是好是坏，取决于其结果。在这一伦理看来，结果比过程更重要，尽管在极端情况下，为达到目的不择手段比较罕见，但至少从哲学意义上讲是这样的。最著名的结果主义哲学是功

无知的美德

利主义，包括约翰·斯图亚特·穆勒和杰里米·边沁提出的著名模型。根据功利主义的思想，道德教育是要确保"尽可能多的人得到尽可能最大的利益"。尽管功利主义有许多类型，但它们在某些思想上是一致的。功利主义者假定，我们都"知道"所有人都是自利的，所有人都想获得相似的商品，避免相似的罪恶，也许最重要的是，特定的决定或行为会产生特定的结果。从这个角度来看，没有正确的知识很可能导致不良的结果，因此也会导致不道德的行为。

第二个重要的哲学伦理模式强调规则或法律。这种模式的经典例子是康德的"绝对命令"。这一伦理认为，人们应该根据他们所认为的普遍原则（康德称为"准则"）行事。对康德来说，一条规则或原则如果是道德的，就必须具有普遍性，不依主体的任何特殊环境或特征而改变。这一伦理的实例之一是人权思想。根据人权思想，不论环境、后果和个性是什么，人权就是道德。对于这类伦理学来说，最重要的知识是如何制定用来指导道德行为的规则或准则。要使一条准则具有普适性，它的措辞必须异常谨慎，就像康德的绝对命令的表述一样。

与功利主义和其他结果主义伦理模式不同，基于规则的伦理不需要了解有关后果的信息。对特定结果的希望，或产生特定结果的可能性都不应影响对规则的遵守。因此，例如，基于规则的伦理可能会断言，对囚犯实施酷刑总是错误的，即使严刑逼问可能获得至关重要的信息。再如，说实话总是正确的，即使会伤害别人的感情。规则型伦理也不需要了解具体情境的细节，因为一旦找到正确的原则，它就应该普遍适用。事实上，普遍适用就是原则是否"道德"的条件。这一类伦理学所需要的主要是关于如何构建恰当道德法则的知识。然而，对有些规则来说，进一步了解道德行为可行与否也是必要的。康德断言，我们没有义务遵守无法执行的规则。正如他所说，"应该"，意味着"能够"。这一指导方针似乎很有道理，但前提是我们能够以合理的确定性知道哪些行动和结果既是可能的，也是可行的。

结果型和规则型伦理通常被视为对立的两极：前者使道德依赖行为的结果；后者根据预先设定的原则来做道德判断，且故意忽略后果。尽管存在这些差异，但这两种方式都依赖对知识的主张。在这一点上，它们与一些宗教伦理有共同之处。然而，对于宗教伦理来说，良好品行所需的知识不仅包括人性、道德规则或某些行为可能产生的结果，还包括关于神的知识。这一点在犹太教、基督教和伊斯兰教的"伦理一神论"中尤为明显。在这里，知识和道德之间的联系至关重要，因为正确的行为通常被视为正确信仰的结果，而正确信仰基于正确的知识——或者更确切地说，是基于宗教人士声称他们知道的知识。

在这里我们遇到了一个难题：世俗哲学家，以及实际上的许多宗教信徒都同意人们拥有有关圣者的"知识"，例如，上帝的存在，或者奎师那神（又译克里希那神）的功绩，但很少能接受经验或历史的验证。这是信仰，而不是知识，这是大多数宗教伦理的基础。虽然信仰可以寻求理解，但如安瑟伦所说，理解或知识很少能成为信仰的起点。这说明大多数信教的人实际上确实声称"知道"某些知识，关于神的本质、圣人的行为或教义、创世世界的起源和命运，以及塑造道德行为的一系列其他问题。从这个意义上说，许多宗教伦理的确是以知识为基础的。一个信徒可能会说，我知道耶稣为我的罪而死，或者

无知的美德

四圣谛是千真万确的，或者穆罕默德是最后一个真正的先知，所以我知道我必须做什么才能成为一个好人。在这个意义上，有些宗教伦理并不依赖知识，就像有些世俗道德也不依赖对知识的主张一样。然而，如果一个宗教信徒的道德行为模式取决于她或他所声称的知识，那么即使这种"知识"在其他人身上无法得到证实，甚至可能明显是错误的，也不意味着它是一种基于无知的道德。重要的是，至少就本文的目的而言，其所声称的知识证明和指导了信徒的伦理，不是因为知识是经过实证的。

根据这个宽泛的定义，许多不同的宗教伦理也可以说是基于知识的伦理。例如，在基督教中，以托马斯·阿奎那自然法理论为基础的、占主导地位的罗马天主教。自然法理论假设人类在很大程度上知道上帝想要什么，因为人类的良知与生俱来含有上帝律法的知识。此外，在良知和实践理性的帮助下，人不仅能知道神的意志，而且能按照神的意志行事。阿奎那对知识极为乐观：他认为，凭借人类拥有的良知、理性，以及既定的法律，自然法在让我们获得神圣律法知识的同时，还让我们将其原则应用在具体情境中。[1]这些关于人类理性、知识和道德之间关系的假设，仍继续塑造着现代罗马天主教的思想。

新教拒绝认同自然法理论，认为这一理论既傲慢又有误导性。马丁·路德坚持认为，人类和上帝在知识和道德上的鸿沟非常巨大，人类永远不可能知道上帝的意愿，也不可能按照上帝的意愿行事。在路德看来，自然法理论的假设已经自以为是到了渎神的地步，人类居然能够推理出上帝的旨意。虽然历史上的新教看起来拒绝把知识作为道德的基础，但细加揣摩就会发现，知识仍然是路德和其他新教创始人

（包括约翰·加尔文）的伦理道德的核心。他们确实否认了人类理性能够了解世界运作的原理，也不赞成通过纯粹人类手段获得的任何知识具有最终道德价值。然而，有证据表明，主流新教信仰并不以接受无知为基础，而是基于另一种知识——通过信仰基督获得的知识。"认识耶稣"——以特定的方式，调和了特定假设和客观性的认识——既是获得拯救的关键，也是道德生活的关键。

尽管占主导地位的天主教和新教在教理上存在着分歧，但双方都同意，伦理行为，以及最终获得的拯救，都需要一些特定的人类知识，以及对这些知识的确定性。然而，这看起来没什么问题。我们为什么不能把道德行为建立在知识的基础上？为什么会有人想要建立在无知基础上的道德呢？我认为，把道德建立在知识基础上会产生一系列政治问题，以及真正的伦理问题，包括否定道德的多样性、过早封闭可能性，以及把紧要关头的道德问题和任何特定行为的后果过度简化。将伦理道德建立在无知的基础上并不能解决所有这些难题，但揭示知识型伦理的根本主张，探讨它的某些缺陷，可以鼓励我们进行必要的反思，思考我们通常觉得理所当然的原则和价值观背后是什么样的假设和后果。

知识型伦理的问题之一：如果遇到对知识型伦理的挑战，他们的知识不充分或不准确，就是最简便的反驳方法。这样的观点认为，"只要他们知道我们所知道的，他们就会转而接受我们的价值观"。这种观点假设，以提高知识水平为基础，从而得到道德上的提升是可能的。道德提升的顶点是我们自己的伦理观和价值观。这种观点否认聪明、知识渊博、善意的人可能与我们有不同的价值观。换言之，它否认道

　　　　　　　　　　　　　　　　　无知的美德

德多样性的现实。对道德多样性的否认指出了这样一个事实，知识型伦理的基础的知识不仅仅是具体内容，比如康德、法律，或神圣经文里说了什么。通常情况下，真正重要的伦理知识并不那么明显，也更笼统；它是一些关于人和世界"实际"是什么样的知识。例如，如果我们"知道"人们都是自利的，那么我们就准备好一整套主张。我们知道人们在特定情况下会做什么，那么我们就顺势而为。这种道德观需要否认我们不知道人们在特定情况下会做什么和想要什么；需要否认我们在这方面的深刻无知，否认这种无知不可避免。

这又联系到了知识型伦理的另一个问题，知识型伦理不仅封闭了人类多样性的可能，也封闭了人类和非人类的不可预测性。人类、其他动物、天气、整个自然世界，甚至人类的发明都可能让我们吃惊。他们并不总是做我们认为他们会做（或希望他们做）的事情。这是这个星球上包括人类在内的所有生物对生命的深刻无知的一部分。相比于将基本道德评价、决定和行动建立在正确知识假设的基础上，将可能性、意外和错误纳入我们的伦理更为现实。换句话说，我们的假设和预测很可能是错的，如果我们从一开始就认真对待错误的可能性，这样的伦理道德可能更好。

有一个例子能说明知识型伦理的一些问题。使用暴力最有影响力的道德依据之一，就是正义战争理论。传统上，正义战争理论列举了一系列条件。这些条件分为两大类。第一类涉及发动战争的正义性（开战正当性）。它所关注的是，发动战争是否最后的手段，是否已经穷尽结束冲突的一切和平手段，战争的原因是否正当，呼吁战争的领导人身份是否合法，以及己方是否有获胜的可能。第二类条件涉及战争过程本身是否正义（战时正当性）。例如，它关注所使用的武力是否与挑衅程度相称，囚犯和平民是否受到公平对待。如果所有条件（根据所采用的模式而有所不同）不能全部满足，那么一个国家或集团就没有理由拿起武器。正义战争理论已经成为西方基督教社会思想的一部分，受到圣奥古斯丁和托马斯·阿奎那的强烈影响，是当今评估基督教会武装冲突的主要方法。少数基督徒所采用的另一种选择是和平主义，它声称，通过有组织的暴力侵害他人，在任何情况下都是没有道理可言的。

正义战争理论是说明知识型伦理的一个绝佳实例，对这一模式详细审视就可以发现，知识型伦理的某些缺陷更具普遍性。虽然正义战争的模式各不相同，但其中有几种主张相同的知识。首先，通常假定哪些手段可能或不可能起作用。他们明确表明，我们能够知道什么时候已经到了"所有和平手段都已用尽"的程度。更明显的是，正义战争理论通常坚持把取胜的把握作为开战的先决条件。也就是说，假如你方看来注定要失败的话，世界上任何正义的理由都不能成为拿起武器的借口。这就将权力与正当性联系在了一起。但它同时，并非偶然忽略了一个事实：有时大卫是能够击败歌利亚的。[1]

当代著名的正义战争理论家让·贝思克·爱尔斯坦提供了一个充分说明知识型伦理陷阱的例子。爱尔斯坦的表述极为明确地表明，这种伦理模式依靠对知识的主张，或者，用她的话来说依靠的是"澄清

---

[1] 据《圣经·撒母耳记上》记载，歌利亚是著名的大力士，带兵进攻以色列军队，牧童大卫用机弦甩石打中歌利亚，并割下其首级。大卫日后统一以色列，成为著名的大卫王。——译者注

　　　　　　　　　　　无知的美德

事实"。[2] 她给那些观点与她不同的人——"和平主义者""战争反对者"——贴上无知的标签。这些人都不知道这个世界到底是如何运作的，而她爱尔斯坦知道。她进一步假设，卓越的知识不仅对人性和现实本身了如指掌，而且对具体行动，如军事干预，可能的结果也尽在把握。然而，爱尔斯坦还是遇到了一些问题。这些问题凸显了知识型伦理的一些更普遍的陷阱。她所声称的准确知识最后往往被证明缺乏根据，例如，她对入侵伊拉克前政府所了解的情况以及采取行动的描述。由于她坚持说她的伦理权威来自"事实"根据，当证明事实根据不充分时，她的伦理也就崩塌了。

对于知识型伦理而言，其道德权威的主要依据是卓越的知识，任何不正确或不完全的知识都会破坏伦理体系的基础。这种伦理学没有给意外、历史开放性、人类的错误或大自然的不可预测性留下空间。最终证明，知识给道德权威提供的依据十分脆弱。当第一次证明事实和宣传的不一致时，可信度就荡然无存。也许比可信度更重要的是，无法再激励和维持道德行动。如果"做好事"的动机建立在知识的基础上，那么这样的基础很可能是摇摇欲坠的。再回到冷漠态度，或者只把追求自身利益作为目的的诱惑力可能更大。这种基于知识的道德观强化了我们文化中的许多破坏性特征，包括试图控制天生不稳定和变化多端的现实，过度简化的驱动力，以及对他人所关心的事物和优先事项视而不见。在这个国家，主导政治和公共话语的知识型伦理有助于巩固现状、支持当权者。反过来它们无法培养我们迫切需要的品质，包括谦逊、好奇心和承担风险的勇气。

无知型伦理

无知并不是拒绝所有知识。无知其实是承认有多少东西是我们不知道的，并意识到我们声称知道的东西，也许特别是关于人类和非人类本质的东西，都只是片面和暂时的，这些东西总有需要修改的可能。（值得注意的是，这并不意味着基于无知的世界观及其相应的伦理必须走到某些后现代主义观点的地步，否认存在任何知识的可能性。）我们需要以谦卑的态度对待知识和由知识产生的行动，因为我们可能犯错。这一立场并不只是一种伦理相对主义，认为所有知识和所有行为在道德上都是平等的，因为我们无从判断是不是平等。我们拥有一些知识，但这些知识是有限的，随时可能变化，尤其这些知识还是片面的。我们可能掌握了某些更好和更糟的知识，但永远不会掌握完整、完美或终极的知识。而且，无论我们知道些什么，总是从一个具体的、局部的角度出发。这一想法从根本上塑造了我们的认知方式和认知内容。[3]

无知型伦理不仅承认不确定性，而且将其置于自身的正当性和伦理道德的核心。这不一定意味着顽固或缺乏容忍。相反，无知型伦理质疑所有声称完整、客观的知识，认为绝对正确的知识不可能存在，且恰恰把可能出错和可能出现意外作为其基础。这与其他各种伦理模式截然不同。其他伦理最终都相信，人类本质上是有认知能力的生物，正是他们的认知方式以及认知成果能够、应该和确实成为他们道德决策和行为的基础。这里所说的无知，类似于保罗·蒂利希[4]所说的"新教原则"，有预见性地抗议每个声称自己拥有神圣权力的人。

在蒂利希看来，极端观点必将导致偶像崇拜，"把某些有限变成绝对"。[5] 我认为这切中了知识型伦理的要害。把声称知道某些事情作为美好愿景的基础非常不可靠。在很大程度上，是因为这种知识往往会让我们自我感觉更加良好，并让我们感到必须坚持这种观点的紧迫感。正如经常发生的那样，如果证明知识是不完整，或完全错误的，那么我们要么被迫构建一个新的道德指南，要么更常见的是，找到新的"拥有知识"的理由（"橡皮人统治者"），然后一如既往地坚持这样认为。这里构成危险的并不是声称知道的某种特定知识，而是通过声称自己知道，让自己成为一种特殊生物，以特殊的方式与世界连接，并获得一种特权地位，把我们与其他生物区分开来，把我们与周围的环境分开。

无知型伦理有一个很好的宗教模式，即激进改革运动，或称再洗礼派运动。这个教派出现在 1517 年，马丁·路德发起新教改革后不久。再洗礼派信仰的核心是，相信上帝召唤基督徒是为了建立上帝在世间的统治，这一统治的价值观就体现在教堂里，并通过教堂体现出来。这项事业要求与世俗世界不可避免的腐败、冲突和暴力划清界限。用门诺派神学家约翰·霍华德·约德[6]的话来说，这种对"社会伦理王国"的承诺，可能就是再洗礼派的特征，也是使该教派区别于主流新教最明显的特征。再洗礼派从一开始就挑战了当权的基督教，说它屈从于宝剑之下，自鸣得意地接受了世界的罪恶，委曲求全地接受"公民和平"，并将上帝的统治丢进了神学垃圾桶。再洗礼派坚持认为，基督徒的责任不是和当权者达成交易，而是要活得好像上帝的统治确实就在他们中间一样。同时他们也承认，最终这一统治并不属于人类。

再洗礼派的信仰不是一个遥不可及的希望，期待有朝一日能实现上帝的统治，而是试图在当时当地实现这个目标，虽然会不可避免地出现偏差和缺陷。这一基督教派可能永远只是少数，甚至可以说只有残余，但这个事实丝毫不会削弱其义务的约束力。

再洗礼派的伦理把一种特殊的无知作为定义做好事和行动原则的基础。首先，它认识到确定性总是难以捉摸，也没有人可以无所不知。此外，这种无知型伦理模式不仅承认其缺乏某些知识，而且坚持认为，无所不知既无可能，也无必要。我们可以，而且实际上必须找到，在不完全了解人类、世界或上帝的情况下采取道德行为的基础。道德行为的基础，对门徒来说，源于一种充满希望的信仰，也就是说，上帝是存在的，上帝是慈悲的，号召人们生活在一个和平团结的社会中。按照神召唤的方式生活，不仅需要信仰，而且需要放弃知识，包括人们是什么样的，包括特定情景下可能发生什么。再洗礼派伦理因此挑战了传统基督教信仰与知识的关系原则。它既不是"通过理解寻求信仰"，也不是"通过信仰寻求理解"。这两种传统原则虽然只是颠倒了一下顺序，但仍然在知识和基于信仰的伦理之间建立了基本联系。

相反，在激进改革派模式中，尽管理解和伦理道德都有一席之地，但它们仍然是各自独立的：道德并不取决于理解或知识。再洗礼派相信上帝召唤基督徒在世间建立上帝之国，而同时又声称上帝并没有确定这个任务一定能实现。这是他们的伦理核心中的深层无知：信徒必须活得好像上帝统治的是一个真正的人类社会一样，好像一个真正的人类社会可以由上帝统治一样，他们并不知道这是否可能，也没有任何获得这种知识的可能性。如果知道了人类可以建立上帝的统治，将

　　　　　　　　　　　　　　　无知的美德

导致失去对上帝的顺从；如果知道人类不能建立上帝的王国，将导致失去对上帝的信仰。信仰和顺从是再洗礼派身份和生命的核心，而拥有这两者，就是认可了深刻和永恒的无知。

再洗礼派不是唯一一个把承认无知作为伦理基础的基督教派。比如，基督教存在主义就认为，知识和理性不足以解释世界，也不足以指导人类在这个世界上的行动。对索伦·克尔凯郭尔来说，这意味着基督徒或者说"信仰骑士"必须靠信仰获得的"飞跃"来生活，但并没有确定性或合理的证据。蒂利希在《存在的勇气》一书中升级了这一神学理论。他在书中指出，坚持所需的勇气，只有基于比"虚无"更伟大的东西才能维持下去。在蒂利希看来，正如克尔凯郭尔的观点，这种"存在的基础"是无法通过理性来理解的，只能是信仰的结果。蒂利希将之定义为"接受超越普通经验的存在"。[7] 这种基督教存在主义并不是非理性的：理性有它的地位，但也许更重要的是，理性也有它的局限性。基督教存在主义承认，完全的理解或完全的知识都是不可能的，就此而言，它和再洗礼派的信仰很相似。

在无知型伦理学中，如再洗礼派的模式，正确的行为往往比正确的知识更重要。再洗礼派不仅肯定"信心没有行为是死的"（来自路德所鄙视的《圣经·雅各书》）信条，而且相信没有正确信仰或知识作为前提的善行，也是有价值的。这表明，无知型伦理包含了一种新的原则，不仅包括知识，还包括行动。不像主流新教、自然法和康德的伦理学，认为正确的知识必须放在首位。无知型伦理学会问，为什么在不具备充分完整的知识的情况下，会有善行发生？既然我们的无知总是超过我们的所知，我们又怎么可能辨别好坏，知道如何去做呢?

在这个问题上,佛教提供了一些基于无知的见解。在佛教中,正确的行为可以,也常常应该先于正确的知识。佛教徒可能会进行修行,比如冥想,但对修行的精神或其哲学意义还不能完全理解。事实上,更深刻的知识和理解会在修行中以及通过修行出现。并不需要等到具备了某种知识才开始行动。而且事实上,脱离实践获取知识一般也是不可能的。理解可以在行动中产生,这与主流的新教和启蒙运动哲学形成反差,两者都把意向和意志作为行动的道德价值核心。

佛教伦理,特别是再洗礼派伦理,在大多数历史情境下,均采取了和平主义作为对伦理政治的回应。这并非偶然。虽然我说不清无知型伦理与和平主义思想到底有哪些部分是重叠的,但我相信,把无知型伦理应用于实际的人类冲突时,往往会导致和平主义的结果。和平主义几乎总是比使用武力更为谦逊和谨慎。我在谈到正义战争理论时注意到,国家使用武力时,总是通过假设了解未来可能发生的事来了解人性。和平主义者通常在这些问题上保持不可知论的态度,更愿意尽可能对可能性保持开放。暴力,特别是由国家政府这样的机构行使的暴力,几乎没有给不确定性留下任何空间。决定攻击敌人或发动战争,总是假定在许多问题上有自信,包括对攻击理由正当性的自信,对攻击者获胜能力的自信,以及对敌人反应的自信。一种基于无知的世界观却认为,这些因素中,大部分或其中任何一个都是不可能确定的。无知型伦理还会补充说,如果在战争中犯错,其代价过于巨大,因此应该不惜任何代价避免战争。

以上无知型伦理都有宗教背景,于是引出了"深刻的无知"是否也为世俗伦理提供基础的问题。什么能证明世俗的无知型伦理也有可靠的基础？亚里士多德关于德行的理论，可能就是这样的例子，特别是他坚持说，道德判断不需要等到获得充分信息之后再进行，并承认伦理总是包含不确定性。这些原则出现在阿拉斯代尔·麦金泰尔的代表作《追寻美德》中。这是他对德行理论所做的具有影响力的升级修订。麦金泰尔断言，至关重要的是，"在所上演的戏剧叙事中，我们在任何时刻都不知道接下来会发生什么"。麦金泰尔认为，不可预测性和目的论在人类生命中是紧密联系在一起的。我们不知道接下来会发生什么，但我们的生命有一种确定的形式，使自身投射向未来。"故事将如何继续下去会受到一些限制……但在这些限制中，一定有很多方法能让故事继续下去。"[8] 麦金泰尔批评了马克思，说他事实上以某种方式把人的生命变成了受法律支配的、可预见的叙事。

另外，麦金泰尔也欣赏马克思主义"深刻的乐观主义"。我想，马克思声称历史将如何发展是已知的，但这与这种乐观主义相悖，因为如麦金泰尔所说，他不愿意承认不可预测性。声称未来已知不容易与乐观主义兼容，我想这并不是因为乐观主义者认为他们常常并不知道未来会发生什么，而是因为他们的预言往往被证明是错的，会使幻想破灭。承认对未来（以及其他方面）的无知，会给持久的希望提供更坚实的基础。

麦金泰尔也和马克思一样，对自由主义的"超脱自我"进行了批判。这种个人主义的自我与麦金泰尔提出的"叙事性自我"相反。"我生命的故事总是根植于那些社会故事，我的身份是从社会中获得的。我生来就有过去；试图以个人主义的方式把自己与过去割裂开来，就是在破坏我现在的关系。"他总结道，我是什么样的人，不仅取决于我选择了什么，也取决于我继承了什么。[9]这种叙事性自我体现了高度的无知，因为当你把命运交给别人，并承认你基本上无法主宰自己的命运时，你就承认了你不可能知道很多事情，包括别人是怎么想的，他们有什么感受，他们的过去，他们的激情，以及他们要到哪里去。

如果一套伦理的基础是片面、不完整，且可能改变的知识，那么指导这套伦理的原则很可能是谦逊和合作，而不是傲慢和支配。在这样一个框架下，道德决策的出发点不是我们能确定的知识，而是承认，我们的所知都是暂时的，我们永远无法预料我们行动的所有后果。女性主义伦理学家莎伦·韦尔奇说，我们必须"学会在一个我们永远无法控制，并且只能理解一部分的世界上充分地生活，有创造地行动"。[10]韦尔奇认为，这种伦理可能类似于爵士乐即兴创作，从根本上放弃了几种知识：关于最后的结果是什么，关于另一个人对一个行动会做出何种反应，甚至包括每一步之后我们会有什么感受。

有些女性主义伦理学家也提出了类似的问题，她们用"关怀"来补充或在某些情况下取代理性原则和知识。关怀派的伦理学家不是把伦理聚焦于抽象、绝对的原则上，比如权利，而是把关注点转向关系和情感。这一派伦理源于卡罗尔·吉利根等学者的著作。吉利根是一位教育心理学家，她在1982年出版的《不同的声音》一书中指出，女性和男性做道德决策时的方式截然不同。男性往往把道德看作抽象的原则，而女性则更多地根据她们的关系来做道德决策。[11]吉利根将它们分为"正义"和"关怀"两种道德取向："从正义的角度来看，自我是道德的代理人，站在由社会关系组成的背景前，对照平等或平等尊重的标准来评判自我和他人的矛盾……而从关怀的角度来看，关系本身就是那个人，关系既定义了自己，也定义了他人。"不同的关注重点导致截然不同的道德问题和回应。吉利根指出，从关怀的角度来看，关键的问题不是"什么是正义？"而是"如何回应？"[12] 这些问题代表两种方式所涉及的确定性程度不同。什么是正义？这个问题需要一个确定的答案，基于确信无疑的知识；而如何回应这个问题则要更有试探性和倾向性，需要的不是确定性，而是同情和是不是愿意以关怀的方式行事。

关怀派伦理并不完全与无知型伦理重叠。因为关怀派伦理是个人的、具体的和基于情境的，一个特定道德决策需要详细了解社会和情感背景。这与更为抽象、正式和普遍性的正义伦理模式正好相反。关怀派伦理所要求的知识必须建立在专注和对话的基础上，并受到参与各方的历史、需求和利益关系的限制。进行对话和共同决定的经历需要的是谦逊和开放的态度，这是关怀派伦理不可或缺的。但大多数知识型伦理学的抽象性和确定性，也就是"一劳永逸"的特征，与此形成鲜明对比。

女性主义伦理模式——例如由韦尔奇和吉利根以及其他人所提出的模式——解决了一些把伦理与知识捆绑在一起时产生的智力和道德问题。然而，一个最主要的两难问题仍没有得到解决：如果没有确定性，如何激发行动？永远依靠即兴创作可能并不会激励所有人，尤其是在面对风险、不便、失望和其他挑战时。保罗·蒂利希主张，仅仅是开放可能还不够：道德所需要的勇气要求一个比虚无的威胁更强大的基础。这个基础不需要了解其他人，不需要知道我们行动的结果，也不需要知道我们自己的能力，甚至不需要了解构成我们工作和生活基础的"更强大的力量"。我们承认，我们永远无法完全了解或解释让我们存在和行动的基础，这永远是我们无法把握的。尽管如此，这样的基础还是必要的，任何行动都需要相信这样一个基础，从冒险的行动主义到只是应付我们日常生活的挑战。

关于结论的思考

　　一种基于无知，或者更确切地说，基于坦率承认无知的伦理，其最重要的贡献是给希望提供了基础，给行动提供了理由。然而在这个愤世嫉俗和悲观的时代，这些都是极度缺乏的。说接受我们永远无法获得完全的知识，能给我们带来希望，这可能听上去有点矛盾，但我觉得它确实能。承认我们永远无法确定我们知道什么，或接下来会发生什么，将把我们从得失算计中解放出来，而得失算计正是许多道德决策体系的风格。所期望的结果能否实现，不再是道德决策的主要动机。这一点很重要，因为就像约德说的，掌握了某些知识的幻想，常常会诱使人们计算可能的原因和影响，相应地，当证明计算不准确时，又往往导致精疲力竭，或放弃对原因的追究。[13]

　　在无知的模式中，我们不再假定我们知道其他人会做什么，以及其他人——包括我们自己——的行动会产生什么结果。在没有这些知识的情况下，道德决策和行为的基础是人际关系，以及在面对不确定性时，个人和集体是否能够不屈不挠。这些关系提供的是无知型（和充满希望的）伦理的潜在基础之一。对许多人来说，另一种潜在基础

　　　　　　　　　　　　　　　　　无知的美德

来自非人类的自然。这个"超越人类"的世界是不可预测和无法控制的，也显而易见是生命和力量的源泉，有如神性。有些人能明确认识他们的"自然宗教"，而对另一些人来说，和自然在精神层面上的关系不可言说，有时甚至是不可知的。但精神层面并不难发现：就像上帝的统治一样，自然也总是不由我们掌握，超出我们的认识和计划。自然是一种建立在无知基础上的力量，或者是一组力量，就像基督教存在主义和再洗礼派中最终不可知的上帝一样。

把我们的道德行为建立在无知的基础上，可以提醒我们，未来是开放的，尽管"常识"（或者它所代表的权力）声称未来是已知的。蒂利希在条分缕析地阐述他重要的乌托邦时，把开放的未来视为希望的基础。这种乌托邦建立在承认终极无知的基础上，同时毫不动摇地承诺，无论有无知识、结果如何，都要坚持不懈。蒂利希在面对纳粹主义在他的祖国德国崛起时，写道："我们在这里面临的问题是，既不能利用狂热主义的力量，又要求在必要时无条件对抗这种力量。然而，在投入战斗时，我们知道，我们对抗的东西不是绝对的，而是一些暂时性的、模棱两可的东西，这不是应受到崇拜的东西，而是应受到批判，而且在必要时，还要拒绝；但到采取行动的时候，我们能够义无反顾地采取行动。"[14]

对蒂利希来说，这种义无反顾，是某种形式的"期望"，并承认对所相信的东西极度无知。"所有真正的期望最终一直指向超验的体验；它超越了人类命运所实现的任何具体目标；超越了宗教所幻想的超世乌托邦，也超越了世俗臆想的现世乌托邦。"而且，我们也许还能补充说，它还超越了所有确定的知识。蒂利希写道，我们永远无法扭转这样的局面，比如人类的存在永远具有不确定性，但这"并不意味着扭曲的现实不应该改变"[15]。我们不知道会发生什么，我们必然总是对我们行为的后果和终极背景一无所知，但这绝对不是不采取行动的理由。

注释

1. Thomas Aquinas, *Summa Theologica*, in *Thomas Aquinas on Law, Morality, and Politics*, ed. William P. Baumgarth and Richard J. Regan (Indianapolis: Hackett, 1988), esp. question 91. 人类无法了解的法律形式是通过神谕授予的，这体现在神圣的经文中。即使是在那里，托马斯也没有发现人类理性与神授法律之间的根本矛盾。

2. Jean Bethke Elshtain, *Just War against Terror* (New York: Basic, 2003), 14, 15.

3. 关于这种知识观的更多信息，请参见其他女性主义理论家的著作，如 Donna Haraway's *Simians, Cyborgs, and Women: The Reinvention of Nature* (New York: Routledge, 1991)。

4. Paul Tillich, *The Protestant Era* (Chicago: University of Chicago Press, 1957), 230.

5. Paul Tillich, *Political Expectation* (New York: Harper & Row, 1971),177.

6. John Howard Yoder, The Priestly Kingdom: *Social Ethics as Gospel*(Notre Dame, IN: University of Notre Dame Press, 1984), chap. 4, "The Kingdom as Social Ethic."

7. Paul Tillich, *The Courage to Be* (New Haven, CT: Yale University Press, 1952), 173.

8. Alasdair MacIntyre, *After Virtue: A Study in Moral Theory* (Notre Dame,

IN: University of Notre Dame Press, 1981), 200, 201.

9. Ibid., 205, 206, 244.

10. Sharon Welch, *Sweet Dreams in America: Making Ethics and Spirituality Work* (New York: Routledge, 1999), 51.

11. Carol Gilligan, *In a Different Voice: Psychological Theory and Women's Development* (Cambridge, MA: Harvard University Press, 1982), 33.

12. Carol Gilligan, "Moral Orientation and Moral Development," in *Women and Moral Theory,* ed. Eve Feder Kittay and Diana T. Meyers (New York: Rowman & Littlefield, 1987), 23.

13. Yoder, *Priestly Kingdom*, 97.

14. Tillich, *Political Expectation*, 178.

15. Tillich, *Protestant Era*, 172.

两种世界观——强加的无知和谦逊的无知

保罗·G.赫尔特恩

人类世界至少有两种无知。同为无知，其差异却极其巨大，几乎可以视为两种对立的世界观。基于无知的世界观建立在这样一种信念之上，即一个人不仅对一种情况或一个主题了如指掌，而且甚至是明确或绝对的，可事实却并非如此。这种"伪装得信誓旦旦的无知"，看起来好像自成体系，同时还自带思维缓冲器，使其事实、断言和实践都无处反驳。它的假设，通常都看不见摸不着，因此也就无懈可击。当你感觉到对这种无知所得出的结论或基本假设提出疑问会显得自己很愚蠢时，你就知道，你遇到的正是这种无知。因此，这种无知是在掩盖自己真正的无知时有意强加给他人的。

韦斯·杰克逊先生已经向我们证明，现代农业的超级技术就是这样一种有意的无知；事实上，杰克逊可能是有史以来第一位把农业的基本假设公布于众并供人品评的人。但这并没有妨碍现代农业文化成为一种很多人都珍视和习惯的思维和行为模式，无论是在农场上，还是在农场外。既然我们都以某种方式珍视我们习以为常的东西，不喜欢遭遇尴尬，那么有意的无知确实可以永世长存。

还有另一种无知。承认自己无知，这是一种谦逊的无知。事实上，这种无知常常充满了发现的惊喜，以及对将要发现的东西的好奇。这种基于无知的世界观可以帮助我们理解周围纷乱的世界，厘清假设和过程，享受问题的乐趣，并通过问题丰富自己，从想象中获得新的方法和知识。谦逊的无知可能假定自己是错的，同时希望所在的团体能尽早纠正以避免它造成破坏。它惊叹自己所看到的东西，但并没有打算理解或控制它。它知道，它必须警惕确定性和听不懂的行话。

我相信，有意的无知已深深植根于我们文化系统的运行过程中，或许也已经植根于我们的意识过程中。但似乎很矛盾，这种无知模式中往往还包括科学的思维和说话方式。随着科学观念向管理应用转化，有意的无知的倾向可能会愈加深入。接下来，我将提供两个简单的例子，以说明有意的无知是多么根深蒂固，其影响又是多么深远。与这种无知相反，我还提供了另一种看待自然的方式。这可能有助于我们保持一种基于无知的世界观的谦逊态度。

微生物区系

在我们开始谈第一个例子前，让我先引用奥尔多·利奥波德65年前写的一篇文章《最后的林地》中的一段话。利奥波德在这篇文章中讲述了自17世纪以来，在一种被称为选择性采伐的制度下，瑞士的森林如何生产出高质量的木材。而相邻的林区，同一种木材却自17世纪就被砍伐殆尽，尽管随后对林区进行了严格保护，但这片森林未能恢复元气。利奥波德接着写道：

尽管采取了严格的保护措施，但旧采伐区现在只能出产质量平庸的松树，而未经砍伐的区域却能长出世界上最好的家具用橡树，一棵橡树的价格比旧采伐区整整一英亩的出产价格还高。在旧采伐区，采伐后的废料堆积如山都没有腐烂，树桩和树杈的分解非常缓慢，自然繁殖也非常缓慢。但在未经砍伐的区域，废料随掉落随分解，树桩和树杈几乎立即开始腐烂，自然繁殖是自行运作的。林学家认为，旧采伐区的糟糕状况是由于其微生物区系被耗尽，这是指由细菌、霉菌、真菌、昆虫和穴居哺乳动物组成的地下世界，它们是一棵树所在环境的另一半。

接下来涉及无知的部分。利奥波德继续说道："对外行来说，'微生物区系'一词意味着，科学知道地下群落的存在，而且有本事随心所欲地驱使它们。但事实上，科学除了知道该群落生态的存在，以及它很重要以外，几乎对它一无所知。对一些简单的植物群落，如紫花苜蓿，科学知道要添加什么细菌能帮助植物生长。但在情况复杂的森林里，科学所知道的最好办法是放手。"[1] 在同一篇文章中，利奥波德对豪猪林被快速砍伐感到痛心。豪猪林是密歇根州上半岛仅存的最后一个成规模的老林区。事实上，举出瑞士的例子是要说明，其实存在一种另外的、更好的、可持续的森林管理方式。利奥波德谴责道：在1942年，尽管选择性采伐的方法已被深刻理解和广泛接受，但美国仍在乱砍滥伐。林业的贪婪和傲慢逐步破坏了未来木材的生长环境。

在促成这种破坏的、无可置疑的林业和经济理性中，隐藏着有意的无知所造成的可怕悲剧。这种贪婪的愚蠢和拒绝控制贪婪的一意孤行所体现的就是一种有意的无知。残酷的事实是，时至今日，美国所做的仍然是把整片林子砍光。有没有一片老林是林业部门不屑去砍的？

但是，当利奥波德揭开"微生物区系"这个词的面纱时，他让我们注意到了另一种有意的无知的表现。实际上，"微生物区系"这个词所掩盖的巨大无知——不仅仅是对外行人而言。利奥波德说，这个词也可能让很多科学家——特别是那些对微生物区系不甚了解的科学家——误以为我们已经知道了很多，以为整个群落的复杂性都是可理解的，而且，既然微生物区系看起来已经尽在掌握，那么群落的某些部分也可以被取代，或者可以不需要了，或者群落的功能可以独立于成熟林的庇护和基本供应。这可能让我们永远也不会知道，森林和土壤多种多样的相互适应现象实际上是多么惊人，实际上有多么令人赞叹。如果不承认我们的无知，我们可能无法感受到，复杂的森林群落其实也有（再次借用利奥波德的表达）自己的生物权。[2]

与此相反，森林的复杂性，或者树木和土壤之间欣欣向荣的相互关系居然能持续不断，显然没有让有意的无知产生任何谦逊的感觉，或者感到惊叹。对这一切，我们可能永远也无法理解。但利奥波德的例子向我们表明，我们可以选择一个谦逊的世界观，从承认无知开始，让我们一路不断新生和赞叹。

生物多样性

生物多样性和微生物区系这两个术语有一些共同特征。生物多样性可能也是在用冷冰冰的数字来描述大自然的某几个部分。普里马克给生物多样性（他几乎总是用 biological diversity，而不是 biodiversity）下定义时，既包括了遗传多样性、物种多样性，也包括生物群落的多样性。[3] 但当然，所有这些多样性不是用一个简单的数字就能衡量或描述的。在保护生物学和保护生态学中，生物多样性通常是一个统计数字，或一个统计总数。这样一来，一个区域或群落生命形式的数量可以与另一个区域或群落生命形式数量做比较。生物多样性的统计数字描述了一种当前状态，几乎是一张时间快照，但这个数字无法传达关于生物群落实际状况的信息（除了我们自然而然地认为物种总是多多益善以外），或生物群落状况的历史趋势。

生物多样性可能是一个有问题的指标，只需要一个简单的思维实验就可以看出来。假设在某一个县，原本细颗粒土热带草原生物群落遍布全县，而现在可能只剩下一两个，换句话说，这种生物群落只存在于几个孤立的地点。在某些描述中，不论群落存在的地点是多还是少，整个县群落的生物多样性统计数字可能都一样。即使报告的是群落的实际数量，我们也不清楚这个数字到底是好还是坏，也不知道细颗粒土热带草原生物群落是否曾经遍布整个县。因此，重要的是要注意到，只靠这个数字本身，即使是在整个生态系统规模上，生物多样性统计数据所提供的也只能是冰山一角，生气勃勃的动植物群落之间充满活力的相互关系仍然鲜为人知。与"微生物区系"一样，"生物多样性"也会让我们误以为我们对自然群落生命的了解比我们实际了解的多得多。

因此，我认为生物多样性很容易陷入有意的无知，也必然会造成许多严重后果。例如，既然生物多样性报告了一些统计数据，大体上就是提供了一张某个区域大自然"盈亏线"的快照，那么用这种方式描述的自然界好像跟经济学家的关系更大。自然界被简化成了数字，对经济学家来说，这正是他们的拿手好戏，因此他们更大胆地要求，为什么不给物种、生物群落和生态系统的服务赋予货币价值呢，这也可以证明，保护生物多样性所需的公共支出是多么物有所值。有了这个问题，环境保护的讨论参考框架戏剧性地从拥有自己生物权和福祉的大自然，变成基于指定金额的估值。（当然，我们人类指定金额的方式是通过实际询问人们愿意为一个物种、整个生态系统等支付多少钱。）环保界很大一部分人似乎被这种新的讨论框架征服了。这也许是因为，这种论证采用了生物多样性的指标，或者因为他们相信，只有经济框架下的讨论才能说服政府官员转变观念。当然，事实是我们对生态圈或生物群落实在太无知了，才会以为我们可以简单地用美元赋值来构建关于它们的讨论框架。一旦走上这条路，讨论最终很容易转变成，好像来自大自然的所有"服务"都只是为了供人类使用而存在的。这真是一种极为严重的、破坏性极大的无知。

　　幸运的是，更广大的社会公众在面对与自然的关系时，似乎更谦逊一些。这种谦逊并没有被贬低为美元价值，而是通过关切及承诺表达出来。据芝加哥地区生物多样性提案所做的《生物多样性恢复计划》报告，芝加哥地区公众对自然的典型看法是，"对保护物种免遭灭绝具有道德上的义务，珍爱和保护地球及其与居民有关的宗教价值观，以及为子孙后代留下我们能够享有的一切的愿望"。该计划引述了一份生物多样性报告的内容："在某种程度上，这些担忧是保护生物多样性的核心动机。公众对生物多样性态度的全国性调查（该调查也包括了芝加哥地区小组座谈会访谈）显示，对后代的责任以及相信自然是由上帝创造的，是人们关心生物多样性保护的两个最常见的原因。"[4] 在我看来，这一结论揭示了一种谦逊的敏感，它认识到了对未来的责任，那个我们基本上一无所知，也将一直一无所知的未来。另外，拥有这种谦逊的无知态度的人们同时也以压倒性多数投票支持发行保护和恢复该地区自然的债券。面对这种截然相反的操作，我们不禁要问，环保生物学家创造出"生物多样性"这个术语，是不是反而妨碍了拯救生物多样性？如果专业环保人士老老实实地用谦逊和好奇的态度科普生态，而不是用他们眼下所依赖的货币化估值，也就是经济手段，那他们对公众采用的宣传方法会有什么不同吗？

另一种看待事物的方式

我谈到奥尔多·利奥波德关于微生物区系的讨论是为了提醒我们，一个词（尤其是一个科学术语）可以掩盖大量的复杂性，以及对这种复杂性的大部分无知。将复杂性包含在一个精练简洁的词中，几乎是在强迫听众陷入无知，也可能为破坏大自然扫清障碍。例如，我们都清楚，如何管理森林才能保持复杂的森林土壤系统的完整性。然而，把森林生态系统看作一个简单的系统（就像用"微生物区系"这个词附带的假设掩盖强加的无知一样），无疑有助于减少森林决策中原本棘手的问题。再举一个例子，与用"生物多样性"这样的词进行过度简化相反，另一些人将自然视为整体。在他们看来，自然既不是统计数字，也不能打折扣，他们不允许用简化论的术语来谈论他们所知道的自然。

为了帮助我们战胜无效的简化论，我提供了图像化的解决方案，将复杂性形象地呈现在你的脑海里。图1的多面体就是这样的图像。

图1 一个复杂的规则多面体

出自 H. S. M. Coxeter, *Regular Complex Polytopes*, 2nd ed. (Cambridge: Cambridge University Press, 1991), 44.（由多伦多大学数学系提供，参见 http://www.math.toronto.edu/gif/polytope.gif。）

不论是对科学家还是外行人来说，这样一个形象可以提醒我们，我们有多么无知，并要一直承认这一点。这个图像是对抗强加的无知的防御武器，以防止强加的无知一边伪装确定性，一边掩盖自然界相互关联的复杂性。

一段时间以来，我一直为多对多的关系深深着迷，因为我认为这正是真实自然界的体现，与一对一的简单关系形成了鲜明对比。图1是一个复杂的规则多面体。使用复杂的多面体是一种形象的模拟，一种通过多维度多尺度的多重互连所进行的美学上令人愉快的模拟。图1是一个特定的多维多面体在二维平面上的投影。这个几何学领域是由多伦多大学 H. S. M. 考克斯特开拓的。[5]我想，图1的形象模拟了真实世界运行情况的复杂性，它可能是一个细胞、一个有机体、一个动植物群落、一个经济体，甚至可能是万维网的运作。

很多人都试图描述生命系统中相互连接的关系有多么令人惊异（特别是在教科书里），但和系统真正的复杂性相比，这些描述都显得苍白无力。然而，我提供了另外几幅图像，具体描绘了某些互联关系。图2是一个黑腹果蝇细胞的部分蛋白质相互作用关系图。这里描绘的只是部分蛋白质，因为图中省略了相互作用数量超过20的蛋白质，如果把它们都包括进来，就会密集到什么也看不清了。这种图像引人注意之处有很多，比如，某些蛋白质要进行"相互作用"，必须要求某种反应的产物跑到细胞的另一个部分去，或者甚至必须从细胞膜外一直深入细胞核，才能进行下一步合成代谢或分解代谢过程。想象一下这些相互关系和过程的运作，说真的，它们真是让人目瞪口呆。

　　　　　　　　　　　　　　无知的美德

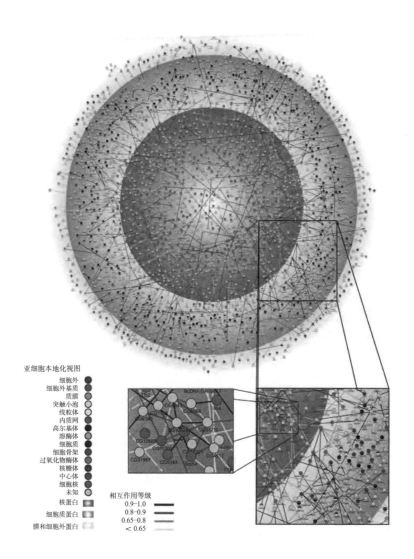

亚细胞本地化视图
细胞外
细胞外基质
质膜
突触小泡
线粒体
内质网
高尔基体
溶酶体
细胞质
细胞骨架
过氧化物酶体
核糖体
中心体
细胞核
未知
核蛋白
细胞质蛋白
膜和细胞外蛋白

相互作用等级
0.9–1.0
0.8–0.9
0.65–0.8
< 0.65

图2　蛋白质相互作用图全局视图

　　图中仅显示相互作用关系数量少于或等于20的蛋白质。经筛选符合条件的蛋白质数量为2 346个，它们的相互作用关系有2 268个。[摘自 L. Giot et al., "A Protein Interaction Map of *Drosophila melanogaster*," *Science* 302, no. 5651 (2003): 1727–1736,fig4. 经美国科学促进会许可转载。]

图 3 描绘的是委内瑞拉几处热带雨林溪流中热带鱼群落的食物网。这些网络显示出复杂的多对多相互关系。一些生态学家会认为,食物网描述了群落中大多数重要的相互关系,因为它们显示了谁吃谁,谁可能与谁竞争。我却认为,尽管食物网已经很复杂了,但在自然界中,整个群落的所有相互关系要比这个复杂得多,因此,描绘整个群落的全部相互关系的图像相应也会更复杂。图 4 显示的是,即使是简化的食物网相互关系,也会随时间而发生变化。图 4 描绘了 3 月和 10 月英国的两条小溪中的食物网。

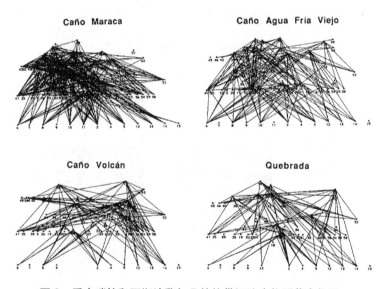

**图 3　委内瑞拉和哥斯达黎加几处热带河流生物群落食物网,
已省略食物链中的弱联系**

[摘自 K. O. Winemiller, "Spatial and Temporal Variation in Tropical Fish Trophic Networks," *Ecological Monographs* 60, no. 3 (September 1990): 331–367。]

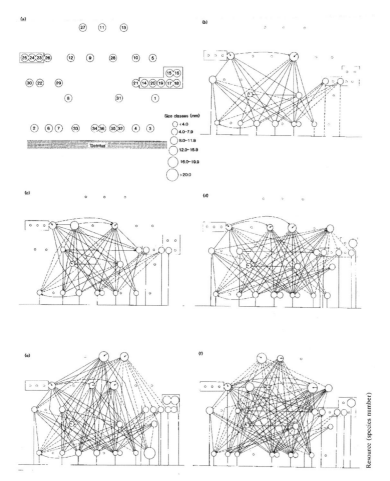

图4 英国小溪的食物网图：(c) 开放水域，6 月；(d) 开放水域，10 月；(e) 边缘水域，3 月；(f) 边缘水域，6 月

[来 自 P. H. Warren, "Spatial and Temporal Variation in the Structure of a Fresh Water Food Web," *Oikos* 55 (1989): 299–311。]

结束语

我们还可以举出许多例子来说明大自然深刻的复杂性。但最后，我想再说回那个复杂的规则多面体（见图1），我在想，它是不是也可以用来描述某处自然群落。（我特别不想使用戈利的"生态区"一词。按照戈利的定义，生态区指的仅是生态中一个很小的区域，小到连"非生物模式都相对一致"。[6] 然而，是不是一致取决于所说的生物区系有多大，如果没想到树木和微生物区系会有相互关系，对生物区系的讨论就陷入了强加的无知，尤其是考虑到微生物区系的影响，树木的非生物环境可能并不会一致。）

我们为什么应该注意多面体这个形象？想知道原因，不妨将这个复杂的规则多面体的模拟形象代入一个也许可以称为动态图像的、复杂的不规则世界中。为了便于讨论，我们假设多面体的各个节点代表了各个物种，而线条则代表了物质、能量或信息的流动。最后，为了让我们的模拟更深入，我们要想象所有线条并不是在所有时间里都一直是相同的亮度。有些相互关系可能仅仅是偶尔发生，但可能极其重要，比如零星的捕食。到了冬季或旱季，代表某些相互关系的线条可能会长时间消失。其中有些节点可能代表迁移到该群落的物种一年中只有几周或几个月的时间待在这里。然而，这几周时间对于迁移物种本身以及整个系统一年中剩余时间的能量、物质和信息的传输都是至关重要的。即使这种关系已经由来已久，但其内容仍然会随着昼夜和时间变化而变化。物种的种群是处于患病还是健康状态，环境是冷还是热，是潮湿还是干旱，它们是在幼小、成

　　　　　　　　　　无知的美德

熟还是死亡阶段，或者是中了毒还是遇到捕食者，各个节点的相互关系也会有很多变化。多面体因此变成了一个闪烁、忽明忽暗、搏动不已的实体，这甚至已经不是复杂的规则多面体能表达的了（与H. S. M. 考克斯特的私下沟通）。当然，整个多面体舰船是漂浮在环境之海上的，其每个节点中的每个个体都受到不同程度的环境影响。

从根本上说，我提供这个多面体图像是因为它可以恰如其分地向我们展示我们所在的、提供生命所需一切的系统有多么复杂。这是一个可视化的提醒，提醒我们要坚持把单一维度上所看到的自然，放到一个更大的问题中进行审视：看看还有多少是我们不知道的。因此我认为，这个多面体图像可以用来防御某种强加的无知。如果像微生物区系这样的术语旁边可以加上一个多面体标志，也许就不会再轻易冒险将微生物区系置于威胁之下了。如果在生物多样性后面也加上这样一个标志，也许总能让人联想起一个充满活力的、复杂的生物群落画面。也许多面体的标志能帮助我们更好地理解多样性，因此发现我们很难想象保护多样性还能用支付美元的方式进行，也能使更多人和我们一样对自然生态系统感到好奇，并加以关注。

事实上，大自然是一个美丽优雅的家园，虽然我们基本上对它一无所知，但必须好好呵护它。我们正逐渐认识到，每个层次生物的复杂性都可能达到这种程度；这种程度的复杂性是我们没有能力理解的，但我们有责任为所有后代保全它们。美丽的多面体图像可以有效地提醒我们，对于这样的复杂性，我们只能用谦逊的无知来面对。这个多面体形象鼓励我们，在认识复杂关系的细节时，脑海里要有它的整体，即使我们并不能理解它的整体。我们永远需要这样的提醒，以期保持未来自然界的完整。

注释

我想借此机会感谢人类与自然中心的布鲁克·赫克特和安雅·克劳斯，还要感谢审校和编辑们提出的建议。

1. Aldo Leopold, "The Last Stand," *Outdoor America* 7, no. 7 (May–June 1942): 8–9, reprinted in *The River of the Mother of God and Other Essays* by Aldo Leopold, ed. Susan L. Flader and J. Baird Callicott (Madison: University of Wisconsin Press, 1991), 290–294.

2. Aldo Leopold, *A Sand County Almanac and Sketches Here and There* (Oxford: Oxford University Press, 1949), 211.

3. 他的定义［来自 Richard B. Primack, *Conservation Biology*, 2nd ed. (Sunderland, MA: Sinauer Associates, 1998), 23］内容如下：保护生物多样性是保护生物学的核心，但"生物多样性"可能有不同的含义。世界野生动物基金会……将其定义为"数以百万的植物、动物和微生物，它们所包含的基因，以及它们在生存环境中所建立的复杂的生态系统"。根据这一定义，生物多样性必须从三个层面来考虑：

(1) 物种多样性。地球上的所有物种，包括细菌和原生生物以及多细胞王国的物种（植物、真菌和动物）。

(2) 遗传多样性。物种内的遗传变异，既包括地理隔离种群之间，也包括单个种群内的个体之间的变异。

(3) 生物群落多样性。不同的生物群落及其与物理环境（"生态系统"）的联系。

4. Chicago Regional Biodiversity Council, *Biodiversity Recovery Plan* (Chicago: Chicago Regional Biodiversity Council, 1999), 14.

5. H. S. M. Coxeter, *Regular Complex Polytopes,* 2nd ed. (Cambridge: Cambridge University Press, 1991).

6. F. B. Golley, *A Primer for Environmental Literacy* (New Haven, CT: Yale University Press, 1998), 99.

第三部分

先驱和典范

为无知的灵魂而战
古典雅典修辞学与哲学

查尔斯·马什

说到高贵和感伤，哲学史上没有几个时刻能与苏格拉底的申辩和他的死亡相提并论。

苏格拉底冷静且从容不迫地站在指控他的人面前，请求不要被打断（不过，在柏拉图对话录中，他才是那个不停地打断对手的人）。

但他的申辩失败了，这是他意料之中的。他并未打算迎合陪审团，轻蔑地嘲弄他们说的话是"小学生演说家矫揉造作的语言"［Plato 1989a, 17c (*Apology*)］。我们知道，陪审团的判决是死刑。据柏拉图说，对他的指控是腐化年轻人，崇拜虚假的神。

对这些指控，我们可以套用电影《窈窕淑女》中希金斯教授的话来说："多么悲惨！多么令人心碎！又是多么……准确。"

准确？苏格拉底腐化年轻人，崇拜虚假的神？

这种反常识的指控需要一个解释。解释工作将带领我们从苏格拉底走到柏拉图，再到亚里士多德和伊索克拉底。他们所有人都在哲学的曙光中艰难地为无知之魂下定义，并说明无知在文明社会中是如何发挥作用的。

柏拉图记载的苏格拉底与无知的灵魂

解释工作应该从凯勒丰入手。"当然，你们知道凯勒丰。"苏格拉底告诉他的指控者［Plato 1989a, 21a (*Apology*)］。作为苏格拉底儿时的朋友，凯勒丰在很久以前，的确去德尔斐探寻过神谕，并且问神，是不是有人比苏格拉底更聪明。神的回答是，没有。没有人比苏格拉底更聪明。

苏格拉底供述称，在神谕断言的时候，他根本没有声称自己拥有智慧。他通过访问有智慧的、享有崇高声誉的雅典人来测试神谕。他从政治家开始，然后转向诗人和技艺超群的工匠。对于每一个所谓的智者，他都得出了同样的结论："他认为他知道一些他不知道的东西，而我却清楚地意识到我的无知。"在多次得到相同的结果之后，他领悟到了神谕的真正含义："你们当中最聪明的那个人，是像苏格拉底一样能够意识到，就智慧而言，他是毫无价值的。"［Plato 1989a, 21d, 23b (*Apology*)］

毫无疑问，这是一个把无知作为世界观，作为社会辩论框架的理想平台。为什么不把苏格拉底看作一个以谦逊、恭敬的方式来收集知识的典范呢？不幸的是，苏格拉底——至少是柏拉图对话录中的苏格拉底——并没有就此止步。苏格拉底相信，无知是可以治愈的。他相信，在无知的灵魂里，可以说，无知是有限的，也是可以征服的。

据柏拉图记载的苏格拉底称，哲学家是无知的征服者。柏拉图使

无知的美德

用"哲学家"这个词时，扩展了它的含义，不仅仅是指"爱智慧的人"。柏拉图在《理想国》中写道："哲学家是那些能够认识变化中的永恒不变的人。""那些迷失在大千世界纷繁中的人……不是哲学家。"（1989c，484b）非柏拉图派的卡尔·波普尔（1966）在《开放社会及其敌人》一书中写道："柏拉图赋予哲学家这个词新的含义，也就是……神圣世界的预言者。"（145）简言之，就是上帝意志的代言人。为了给这一哲学概念加点料，让哲学不仅仅是一些私底下进行的、高深莫测的辩论，我们应该注意到，正如哈维·尤尼斯（2003）在《书面文本与古希腊文学文化的兴起》中所说，在古雅典，"科学和哲学……构成了一个单独的智力领域"（12）。直截了当地说，柏拉图记载的苏格拉底是在告诉我们，智者能够发现绝对的，且不可挑战的科学真理。

按照苏格拉底的良好传统，我们应该挑战这种新定义，挑战哲学和科学的能力。"那么，苏格拉底，"我们应该用他惯用的问答形式来问他，"哲学家是怎么知道上帝在想什么，又怎么能找到绝对真理呢？"苏格拉底的学生斐德罗和苏格拉底在雅典城墙外散步时，也问了很多类似的问题。当老师和学生斜靠在一棵梧桐树的树荫下时，苏格拉底宣布："我是一个好学之人，田园树木并不会教我什么，但城里的人会。"［Plato 1989b, 230d (*Phaedrus*)］但在我们中的一些人看来，这话可能有损他的名誉。不过斐德罗并没有对这话提出疑问，他最终问的是，如何才能获得真正的智慧。苏格拉底通过讨论"辩证法"来回答他的问题。这是一种"论述"，包括"分述和总述，是语言和思想的辅助工具"［Plato 1928, 276e, 266b(*Phaedrus*)］。苏格拉底认为，哲学家用辩证法来对话，经过定义、分析、综合，然后重复这一循环，最终到达知识和现实的源泉：上帝的意志。柏拉图记载的苏格拉底的辩证法是某种排他性的雅各布天梯，只有哲学家才可以登上去。天梯把合格的探索者从地上带到天堂，再回到地上。

柏拉图认为，地上的现实在所有方面都是神原本思想的腐朽形式。苏格拉底在《理想国》中说："也许有一种模式……藏在天堂，为某个希望以此思考的人而存在。"事实上，这模式确实有，即使是思考像家具这样平凡的东西："现在，就上帝而言，或是出于他自己的主观意愿，或是出于客观原因使他必须这样做，总之，他在自然界就只能造出一张床来，就是让床之所以为床的那个床。但两个或两个以上这样的床从来都不是上帝造的，而且也永远不会造得成……即使是上帝果真造了两个，也还是会显示出同一个，因为这两个共有一个形式或理念，也就是让床之所以为床的那一个理念，而不是其他那两个。"因此，辩证哲学家可以通过推理把他们的思想"上升为第一原则本身"（Plato 1989c，592b，597c，533c）。这看起来有一种奇异和奇妙的熟悉感，因为我们的灵魂在降生尘世之前，就在天堂，在上帝那里体验过了。罗素（1945）在《西方哲学史》中揭示了这种仿佛思想归乡的感觉。他提及，这种深刻的情感顿悟，实际上在创作过程中稍纵即逝，"凡是做过任何一种创造性工作的人，或多或少都体验过一种心灵状态，在经过了长期工作之后，真理或美，突然出现，或者仿佛出现在一道突如其来的灵光里。它可能仅是关乎某种细微的小事，也可能是关乎整个宇宙。在那个瞬间，这种体验相当真切；即使事后回想起来又疑心是不是真的"（123）。

但对柏拉图式的哲学家来说，怀疑并不是事后才有的——事实上，如果怀疑出现在其他人身上，柏拉图的式哲学家必定要粉碎它。这种不能容忍极大地增加了为无知的灵魂而战的严肃性。柏拉图记载的苏格拉底说，哲学家知道什么是什么，因为他们通过推理知道了天堂里的床。然而，这是一回事，但哲学家咄咄逼人，以不公平的方式平息任何异议则完全是另一回事了。不过，正是苏格拉底建议这么干的。他在哲学和修辞之间建立了联系，即说服术。在《高尔吉亚篇》中，苏格拉底贬低了修辞。他说，修辞所依据的仅仅是观点，而不是神谕知识，因此只是"某种说服手段，在那些不懂的人看来，他们比懂的人还懂"（Plato 1975，459c）。在《理想国》里，柏拉图画了一个真理可信度的轴线。这条线的一端是哲学家的神谕知识（对真理完全准确的评估），另一端是无知（对真理完全不准确的评估），在中间的则是观点（偶尔准确，源于对真理不合逻辑的评估）（Plato 1989c，477a-b）。苏格拉底在《高尔吉亚篇》中说，修辞学家以雄辩、不道德的方式把观点当作知识来呈现，他们的言论如此有说服力，以至于让观点战胜了上帝的真理。因此，苏格拉底在《斐德罗篇》中认为，只有哲学家才能合法地使用修辞学的说服力，因为他们发现了上帝的真理，然后可以用修辞学的策略使无知之人蒙受知识之光："一个人无论说什么写什么，都须先认明其背后的真理。"（Plato 1928，277b）

在《理想国》中，哲学和修辞学结合，其最终形式就在于让哲学家成为君王："除非，我说，要么让哲学家成为我们国家的君王，要么让我们现在称之为王的统治者真正地追求哲学，具备足够的哲学知识。除非让这两样东西——政治上的权力和哲学上的知识——合而为一……否则，亲爱的格劳孔，不仅我们的国家，我想整个人类也会永无宁日。"柏拉图的哲学家君王以绝对的权力统治，因为他们知道，只有他们这个版本的现实才是正确的。为了让不守规矩的民众获得这样的知识，或者至少让他们不能分辨或抗议，柏拉图记载的苏格拉底给了那君王撒谎和欺骗的独家许可，即使是国家安排的生育政策也是如此：

> 所以，如果有人可以使用谎言的话，就只有城邦的统治者吧，因为他要对付敌人，或者为了国家和公民的利益；其他人都没有这样的权力……如果统治者发现其他人说谎……他就要惩罚他，因为他树立了坏形象，那是可以颠覆和破坏一个国家的，如同颠覆和破坏一只船一样……
>
> 看来，统治者可能将不得不借助不少的谎言和欺骗，为了他们的子民……按照我们前面说的，允许统治者使用谎言的话，我说，最优秀的男子应当配以最优秀的女子。这种情况越多越好。最差的男子应当配上最差的女子。这种情况应该越多越好……那么，我想，必须设计出一些巧妙的抽签方法，这样，那些在择偶中每次都不能尽如人意的人可能只会抱怨命运，而不会责怪统治者了（Plato 1989c，473c-e，389b-c，d，459c-d，460a）。

柏拉图因此认为，无知的灵魂——或者至少是观点的灵魂——是反知识的，会危害国家稳定，必须予以粉碎，不论是用合理的方式，还是邪恶的方式。充满了不可辩驳的神谕知识的哲学家君王，必须将一种观点——他自己的观点——强加给他的臣民。

古典研究者并没有对这种惊人的傲慢视而不见。乔治·肯尼迪（1994）写道，柏拉图是"人类历史上最危险的作家之一，应该对以教条主义、偏执和意识形态压迫为特征的大部分西方历史负责"（41）。查尔斯·考夫曼（1994）将柏拉图式的修辞称为"极权主义的和专制的"（101）。埃德温·布莱克（1994）认为，这种修辞是一种"社会控制"（98）。维尔纳·耶格尔（1944）称之为"顽固不化"（70），柳约翰（1984）得出的结论是，这种修辞"无法在谈判和妥协中发挥作用"（85）。波普尔（1966）则拒绝相信苏格拉底会说出这么卑鄙的话，他更倾向于指责柏拉图对苏格拉底的渲染："我认为，很难找出比苏格拉底式和柏拉图式的理想哲学家更泾渭分明的对比了……柏拉图在诋毁他伟大的导师。"（132，150）

但如果苏格拉底确实把这种专制的哲学和修辞的混合物教给年轻人，如果，比方说，他确实以牺牲社会辩论为代价，崇拜不可置疑的神谕思想，那又会怎样呢？如果是这样的话，那些很久以前在雅典的指控，从某种意义上说，可能就是确凿的了，虽然原来的那些指控者只是歪打正着：苏格拉底确实腐化了年轻人，并崇拜了虚假的神。

亚里士多德与无知的灵魂

柏拉图写道，修辞的问题像普遍认为的那样，主要在于它涉及的是观点，是或然性，而不是知识。他批评修辞学家"把或然性看得比真理还重"［Plato 1928, 267a (*Phaedrus*)］。然而，柏拉图最伟大的学生，他称为"学园之灵"的那个人——亚里士多德——最终与他的老师背道而驰。亚里士多德在他的《修辞学》一书中写道，在某些情况下，"精确的确定性是不可能的，观点也会有对有错"。因此，修辞的证据可以建立在"或然性"的基础上，决策者必须根据或然性做出判断："如果没有证人支持你，你可以要求法官根据最可能的情况来判断……因为他们不仅要考虑哪些一定是真的，还应该考虑什么最可能是真的；这实际上就是'根据一个人的诚实观点做出判决'的含义"(Aristotle 1954, 1356a, 1359a, 1376a, 1402b)。毫不意外，亚里士多德抛弃了柏拉图的神谕哲学思想，那些关于确定性的黄金标准。在《形而上学》一书中，亚里士多德得出结论，这种确定性的思想"仅仅是诗意的隐喻"(Aristotle 1991, 1079b)。

修辞学作为一门艺术，作为一个研究课题，很可能是在无知、观点和或然性的泥潭中起步的。西塞罗告诉我们，亚里士多德在一部现已失传的著作中，将正式修辞学的起源追溯到锡拉库斯的柯拉斯和提西亚。他们发明了一种方法，用逻辑或然性来解决土地纷争［Cicero 1970a, 12（*Brutus*）］。当专制统治者特扰叙布洛斯被推翻，代之以初步的民主制度时，被暴君掠夺了土地的公民在没有财产记录的情况下，要求归还他们的财产。由于各自主张互相冲突，获得确定性看起来似乎是不可能的，柯拉斯和提西亚开始建立公民如何陈述和辩论替代的或然性。尽管有学者认为，柯拉斯和提西亚其实是同一个人，但仍然流传下来一件也许是虚构的趣事：老师柯拉斯起诉学生提西亚没有支付学费。柯拉斯认为，如果他的案子获胜，他就赢了；即使提西亚获胜，他仍然应该是赢家。因为通过提西亚的获胜，已经证明提西亚自己是一个博学多才的修辞家，他也理应为自己所获得的知识支付费用。

　　　　　　　　　　　　　　　　　无知的美德

据称，提西亚反驳说，如果他赢了，他当然不需要付钱——如果他输了，那就说明他没有学到或然性的辩论技术，也不应该付钱。

亚里士多德认为，由于神圣的确定性是不可能的，我们别无选择，而只能用柏拉图嘲讽的口吻来说，"迷失在大千世界纷繁中"〔Plato 1989c, 484b (*Republic*)〕。亚里士多德通过对修辞学的历史和实践的调查，写出了关于修辞学最著名的著作，即三卷本的、通常被称为《修辞学》的著作。但是，除了试图解放被柏拉图放逐的无知、或然性和观点之外，亚里士多德还在无知的灵魂之战中提出了另一个问题。他没有提倡为所有人找到最佳选择的或然性艺术，而是提出了一套言辞，致力于赢得辩论。这种言辞把听众的无知当作对付听众的办法。亚里士多德对修辞著名的定义是，"一种在任何情况下都能找到办法说服对方的技术"〔1954, 1355b（emphasis added）〕。因此，在西塞罗的《论演说家》中，一位辩论家表示怀疑，希腊的演说家能否"像亚里士多德那样，就任何问题发表肯定和否定两种截然相反的意见，并每次都能按照亚里士多德的原则，就任何案件写出两篇相反的演讲词来"（1970b，3.21）。罗伯特·沃迪在他的论文《强大的真理，它会占上风吗？》（1996）中详细列举了亚里士多德的"可疑的说服技巧目录"，并得出结论，亚里士多德在《修辞学》中"使真理屈从于胜利"。沃迪说，最糟糕的是，亚里士多德的《修辞学》是"柏拉图最可怕的噩梦的一个肆无忌惮的例子"（74，81，79），——修辞不是为神圣的真理服务的，而是为谎言服务的。

《修辞学》中充斥着亚里士多德对无知大众的抨击。J. C. 特里维特在《亚里士多德对雅典演说术的认识》（1996）一文中，列举了亚里士多德对雅典民众的评价:"在许多段落中,他还贬低了此类演讲所面对的听众的能力。例如,应该把法官看作头脑简单的人,听不懂复杂的论点……因为听众缺乏教养,所以使用格言警句是有用的……在人群面前,没受过教育的人比受过教育的人更有说服力……"(378)。司法演讲之前向听众所做的评论不是真正的辩论,是说给没有什么道德的听众听的。这还是那个仍在大学伦理课上占据主导地位、倡导适度的那个人吗?这还是提倡寻求和实践美德行为,最终使美德内化的那个人吗?现代学者坚持认为,在《修辞学》里,亚里士多德分析的是当时的实际状况,而不是应该怎样做;他提供的修辞学是描述性,而不是规定性的。肯尼迪(1994)把《修辞学》比作亚里士多德对动植物所进行的"不带感情"的分析(56)。在《希腊罗马教育中的修辞学》一书中,唐纳德·克拉克(1957)认为,亚里士多德"试图看到事物的本质……(并)努力设计一种不带道德褒贬的修辞理论"(24)。

对于亚里士多德式的修辞学家来说,无知并不是有限的,也不是可以治愈的;用神的思想武装起来的哲学家君王也无法根除它。但这一认识,只是在它拒绝了柏拉图式的专制方面令人振奋,并没有让无知有资格成为一种世界观。它使无知变成一种可耻的策略,成为——被门肯称为愚民的——沉默的大众的一个可悲缺陷,允许寡廉鲜耻的修辞家迎合他们,愚弄他们,并取得胜利。

伊索克拉底与无知的灵魂

伊索克拉底活了 98 岁。他是和苏格拉底、柏拉图和亚里士多德同时代的人。他生于苏格拉底死前 37 年，比柏拉图大 9 岁，比亚里士多德年长 52 岁。他可能是苏格拉底的学生。他创办的学校在整个希腊赫赫有名，可以与柏拉图和亚里士多德办的学校一争高下。

虽然今天伊索克拉底不像他同时代的人那么出名，但他的修辞学却可以与柏拉图和亚里士多德比肩，而且还略胜一筹。西塞罗说："请看，现在出现在你面前的是伊索克拉底，他的学校就像特洛伊木马一样，走出来的全是真正的英雄。"[1970b，2.22(De oratore)]《古代教育史》一书的作者、柏拉图主义者亨利·马鲁（1956）咬着牙，不无悲哀但又不失勇敢地宣布："总的来说，是伊索克拉底，而不是柏拉图，教育了 4 世纪的希腊以及之后的希腊和罗马世界。"（79）肯尼斯·弗里曼（1907）在《希腊学校》中总结道："伊索克拉底的学生成了当时最杰出的政治家和最杰出的散文作家。"（186）

据说，亚里士多德在开设他自己的修辞学课程班的时候宣布，面对伊索克拉底进行的教育，再保持沉默就是可耻的。柏拉图通过他的苏格拉底之口，大概是试图用隐晦的评论来胜过他的对手，用真诚，抑或讥讽的口吻，在他的《斐德罗篇》的结尾处写道：

> 伊索克拉底现在还年轻，斐德罗，但我对于他的未来有个预测，我倒不妨告诉你……
>
> 等到他年事已高，如果他能让所有的文学前辈的东西看起来都形同儿戏，那是不足为奇的——如果他还一直保持他目前的写作类型——如果他还不满足于这样的成就，并且受到更高的感召，进入更高的境界，那更加不奇怪。那是因为，斐德罗，哲学已经

成了他这样的心灵固有的东西了。(1989b, 278e–279a）

那些"更高的境界"肯定意味着柏拉图式的境界，这可是伊索克拉底一直强烈反对的。伊索克拉底一直在哲学的意义上与柏拉图进行斗争（可能最后还是输给了柏拉图）。在《致德摩尼库斯，一个年轻的朋友》一文中，伊索克拉底写道："你已经长大了，到可以接受哲学教育的时候了，而我正是教授哲学的。"（1991a, 3）对于伊索克拉底来说，哲学和修辞学是一回事，他更喜欢用"哲学"这个词。但与柏拉图不同的是，伊索克拉底的哲学建立在不确定性、观点和或然性上，而且与亚里士多德所描述的不道德修辞不同，伊索克拉底的哲学修辞是为了对社会有益，而不在于赢得个人胜利。伊索克拉底拒绝利用听众的无知来对付听众。

伊索克拉底在拒绝柏拉图式的确定性时，直截了当：

> 既然我宣称那些人所谓的"哲学"并配不上哲学之名，那么由我来定义，并向你们解释，何为真正的哲学。我对这一问题的看法非常简单。人的天性并不想获得某种让我们明确知道该如何言行的科学。我还认为，明智之人，是那些在一般情况下都能够通过自己的力量找到最佳路径的人。而哲学家就是那些能通过自己的研究更快获得这种洞察力的人。[1992a, 270–271(*Antidosis*)]

在拉开架势与柏拉图论战之后，伊索克拉底接着抨击了亚里士多德，批评他在《修辞学》中对所收集的辩论稳赢策略进行的冷漠分析

无知的美德

和评论。与此相反，伊索克拉底为修辞学和修辞学家提供的是一个更崇高的目标，什么是真正"利益"所在，也就是通过最佳决策或最佳行动方案来服务社会：

> 我确实认为，人们决心改善自己的言辞，如果他们一心想要说服他们的听众，最后，如果他们全心追求他们的利益的话，会让他们变得更好、更有价值。我这里的利益一词与那些头脑空空的人给这个词的定义不同，我这里指的是这个词真正的含义。[1992a，275-276 (*Antidosis*)]

> 世界上再没有什么比德行和有德行的品质更有利于获取财富、好名声和正确行动了。因为正是我们灵魂深处的良好品质让我们获得赖以生存的其他利益……

> 如果有人认为，那些以虔诚和正义之心坚守和坚持这些美德的人是因为他们希望比邪恶略胜一筹，而不是因为上帝、他人才想要在其他方面拥有优势的话，那会让我感到惊诧。那么我相信，他们，也只有他们，才得到了真正意义上的利益。[1992b，32，33-34 (*On the peace*)]

在寻求利益的过程中，伊索克拉底式的哲学家或修辞学家通过考虑他人的利益来挑战自己的信仰。伊索克拉底对费莱的前统治者伊阿宋的孩子们写道："如果有人认为，我因为我的城邦而忽视了你的利益，或者因为你的利益而不顾雅典人的利益，我应该感到羞耻。"[1986，14(*To the Children of Jason*)]在《致尼科勒斯》中，他告诉塞浦路斯的新统治者："你最忠实朋友的并不是那些对你所说或所做的每一件事都大加赞扬的人，而是那些批评你所犯错误的人。"（1991b，28）塔基斯·波拉克斯（1997）在《为城邦发言》中谈到了伊索克拉底："他改变了他所继承的修辞艺术。他为我们留下了他那个版本的修辞艺术，毫无疑问那是一种城邦（社会）的修辞艺术……他所使用的修辞术，目的是保护公民利益的行动，以倡导城邦的普遍福利。"（3-4）

伊索克拉底的哲学观没有占上风，但他那个版本的修辞学却塑造了一代领袖，并影响了伟大的罗马修辞学家——西塞罗和昆体良。他们两位都强调修辞学家的道德品质和公民责任。马鲁（1956）认为，伊索克拉底将修辞指向了哲学，但所达到的却是另一个，也许应该是更高尚的目标："在伊索克拉底手中，修辞学逐渐转变为伦理学。"（89）伊索克拉底建立了一套谦恭的言辞，不相信确定性，听取不同意见，并看到争取共同利益的好处，他重新定义了古典雅典的无知的灵魂。他定义了一种堪为世界观的无知。

面向一种基于无知的现代世界观

所以，发生了什么呢？伊索克拉底给我们留下了一笔遗产，用他的话说，"比青铜雕像更高贵"［1992a，7(*Antidosis*)］。我们怎么会变得这样柏拉图，这样轻视异见，这么确定我们能改变环境，控制结果？16世纪，法国学者彼得·拉莫斯把逻辑学从修辞学中分离出来，只给修辞学留下了言辞和比喻用法的部分——这一改变盛行整个欧洲，无疑使公共辩论中的批判性思维元素减少了。或者也许是因为启蒙运动、工业革命和科学进步把我们拉回到改良的柏拉图主义，相信在行动之前，我们能够获得无可争辩的确定性。我们应该研究和学习的是，我们是怎么丢掉伊索克拉底的理想的。

但我们又回到了这一点上，怀疑确定性，挑战柏拉图。这暗示谦逊的、小心谨慎的尝试，可能比傲慢的、一意孤行的自信对我们更有帮助。法国哲学家布莱斯·帕斯卡（1910）在他的《思想录》一书中写道："科学有两个极端，这两个极端是连在一起的。一个极端是，所有人出生时都处于与生俱来的、纯天然的无知。另一个极端是，伟大的才智超群的人所能达到的极限。当他们找遍人类所能知道的一切之后，最终发现自己一无所知。于是，他们就又回到了他们出发时的那种本初的无知；然而，后一种无知是因博学而获得的无知。这种无知是有自知之明的。"（114-115）经过两千多年的哲学探索，我们又回到了古典雅典的争论。当我们"迷失在大千世界纷繁中"时，我们能否重燃战火，再次为无知的灵魂而战？我们能否第一次凭借博学的无知知道我们在哪儿，知道正在把什么作为代价？

如果是这样的话，这次我们可别再搞砸了。

参考资料

Aristotle. 1954. *The Rhetoric and the Poetics of Aristotle.*Translated by W. R. Roberts and I. Bywater. New York: Modern Library.

Aristotle. 1991. *Metaphysics*. Translated by J. H. McMahon. Amherst, NY:

Prometheus.

Black, E. 1994. "Plato's View of Rhetoric." In *Landmark Essays on Classical Greek Rhetoric,* ed. E. Schiappa, 83–99. Davis, CA: Hermagoras. Reprinted from *Quarterly Journal of Speech* 44 (1958): 361–74.

Cicero. 1970a. *Brutus.* In *On Oratory and Orators,* ed. and trans. J. S. Watson, 262–367. Carbondale: Southern Illinois University Press. Translation originally published in 1878.

Cicero. 1970b. *De oratore.* In *On Oratory and Orators,* ed. and trans. J. S.Watson, 1–261. Carbondale: Southern Illinois University Press. Translation originally published in 1878.

Clark, D. L. 1957. *Rhetoric in Greco-Roman Education.* New York: Columbia University Press.

Freeman, K. J. 1907. *Schools of Hellas: An Essay on the Practice and Theory of Ancient Greek Education.* London: Macmillan.

Isocrates. 1986. *To the Children of Jason.* Translated by LaRue Van Hook. In *Isocrates,* 3:433–43. Cambridge, MA: Harvard University Press. Translation originally published in 1945.

Isocrates. 1991a. *To Demonicus.* Translated by G. Norlin. In *Isocrates,* 1:1–35. Cambridge, MA: Harvard University Press. Translation originally published in 1928.

Isocrates. 1991b. *To Nicocles.* Translated by G. Norlin. In *Isocrates,* 1:37–71. Cambridge, MA: Harvard University Press. Translation originally published in 1928.

Isocrates. 1992a. *Antidosis.* Translated by G. Norlin. In *Isocrates,* 2:179–365. Cambridge, MA: Harvard University Press. Translation originally published in 1929.

Isocrates. 1992b. *On the Peace.* Translated by G. Norlin. In *Isocrates,* 2:1–91. Cambridge, MA: Harvard University Press. Translation originally

无知的美德

published in 1929.

Jaeger, W. 1944. *The Conflict of Cultural Ideals in the Age of Plato.* Vol. 3 of *Paideia: The Ideals of Greek Culture.* Translated by G. Highet. New York: Oxford University Press.

Kauffman, C. 1994. "The Axiological Foundations of Plato's Theory of Rhetoric." In *Landmark Essays on Classical Greek Rhetoric,* ed. E. Schiappa, 101–16. Davis, CA: Hermagoras. Reprinted from *Central States Speech Journal* 33 (1982): 353–66.

Kennedy, G. A. 1994. *A New History of Classical Rhetoric.* Princeton, NJ:Princeton University Press.

Marrou, H. I. 1956. *A History of Education in Antiquity.* Translated by G. Lamb. New York: Sheed& Ward.

Pascal, B. 1910. *Thoughts.* Translated by W. F. Trotter. In *Blaise Pascal: Thoughts and Minor Works* (Harvard Classics, vol. 48), ed. C. W. Eliot, 7–322. New York: P. F. Collier & Son.

Plato. 1928. *Phaedrus.* Translated by H. N. Fowler. In *Euthyphro, Apology, Crito, Phaedo, Phaedrus*, 405–579. Cambridge, MA: Harvard University Press. Translation originally published in 1914.

Plato. 1975. *Gorgias.* Translated by W. R. M. Lamb. In Lysis, *Symposium, Gorgias*, 247–533. Cambridge, MA: Harvard University Press. Translation originally published in 1925.

Plato. 1989a. *Apology.* Translated by H. Tredennick. In *Plato: Collected Dialogues*, ed. E. Hamilton and H. Cairns, 3–36. Princeton, NJ: Princeton University Press.

Plato. 1989b. *Phaedrus.* Translated by R. Hackforth. In *Plato: Collected Dialogues*, ed. E. Hamilton and H. Cairns, 475–525. Princeton, NJ: Princeton University Press.

Plato. 1989c. *Republic.* Translated by P. Shorey. In *Plato: Collected Dialogues*, ed. E. Hamilton and H. Cairns, 575–844. Princeton, NJ: Princeton University Press.

Popper, K. 1966. *The Open Society and Its Enemies*. 5th ed. London: Routledge.

Poulakos, T. 1997. *Speaking for the Polis: Isocrates' Rhetorical Education*. Columbia: University of South Carolina Press.

Quintilian. 1980. *The Institutio oratia of Quintilian*. Translated by H. E. Butler. Cambridge, MA: Harvard University Press. Translation originally published in 1920.

Russell, B. 1945. *A History of Western Philosophy*. New York: Simon & Schuster.

Trevett, J. C. 1996. "Aristotle's Knowledge of Athenian Oratory." *Classical Quarterly* 46:371–80.

Wardy, R. 1996. "Mighty Is the Truth and It Shall Prevail?" In *Essays on Aristotle's "Rhetoric,"* ed. A. O. Rorty, 56–87. Berkeley and Los Angeles: University of California Press.

Yoos, G. 1984. "Rational Appeal and the Ethics of Advocacy." In *Essays on Classical Rhetoric and Modern Discourse*, ed. R. J. Connors, L. Ede, and A. A. Lunsford, 82–97. Carbondale: Southern Illinois University Press.

Yunis, H. 2003. *Written Texts and the Rise of Literate Culture in Ancient Greece*. Cambridge: Cambridge University Press.

无知的美德

在学习的宇宙中选择无知

彼得·G. 布朗

宇宙比我们以为的还要大。

——亨利·戴维·梭罗

近年来，我有幸在魁北克中部的老工厂河乘坐独木舟顺流而下，与熟悉这条河的人在一起，因此有机会沉浸在该地区的东克里人文化中。每天早上醒来，我都会问一些问题，这样我才能思考和做当天的计划。就像这样：

我：会遇上多少个运河搬运站呢？

答：还不知道呢。

我：急流是不是很大？

答：那得看看。

我：会不会下雨呢？

答：有时候会。

当我意识到，问完了之后和问之前没什么两样时，我的挫折感便越来越大。我很难想象，他们怎么能忍受对周围的一切知道这么少呢。我花了很多年才明白，我才是那个知道最少的人。我想知道的是一些当时还没法知道的东西。会遇上多少个运河搬运站取决于划桨手的速度和技术，以及途中会遇上多少有趣的、让人分心的事，以及多少小麻烦。急流的大小将取决于我们遇到的是哪些急流，取决于我们会经过哪些搬运站。我没有认识到知识的局限性，没有理解选择基于尊重的无知是一种智慧。

总述

在本文中，我将探讨科学知识与权力伦理的结合。具有讽刺意味的是，我认为这种结合反而会增加无知。因此，它是辩证的，自己给自己提供了对立面。接着，我将转而讨论知识和伦理关系的另一种概念。这个概念源于阿尔伯特·史怀哲的敬畏生命。在这里，我们可以建立起这样一种无知，它能带来真正的力量和巨大的自由。

知识就是力量

知识有很多种：理论知识、传统知识、对身体的感知（例如，"我牙疼"），还有性知识等。在这里，我要集中讨论的是以下这一切结合在一起所产生的结果：科学知识及由此产生的技术、资本主义，以及一种追求凌驾于自然之上，通常也是凌驾于其他所谓"次要"民族之上的权力伦理。这种错误同盟正在整个世界进行得如火如荼，以加速度灭绝物种，同时进一步削弱了许多比目前的西方文化霸权更适合生存繁衍的生活方式。

我有必要把本文的主旨讲得更清楚一些。我批评的并不是科学本身，而是目前与科学盘根错节的信仰体系。我并没有主张一种与伦理学、形而上学和神学完全隔绝的科学。这既不可能，也不可取。对于科学，就像人类其他事业一样，我们总是可以问：它的目的是什么？科学与伦理学、形而上学和神学之间的关系是反身性的：它们相互影响，相互塑造。科学帮助我们理解我们是谁，我们从哪里来；这种理解相应地塑造了我们，但也部分决定了我们的倾向、激情，我们可以和应该到哪里去，我们对现实实质的看法，以及我们对现在和未来的承诺。

知识的力量与无知

在追求知识以获得力量的过程中，我们从六个方面增加了无知。我不知道无知是不是净增长，这是很难弄清楚的，但我认为，各种无知的增加，是造成目前人类与生命以及与世界的关系越来越失调的原因之一。第一，这种知识本身并没有反映其伦理学、形而上学和神学的假设。第二，这种知识本身是有局限的，甚至是自我设限的，并且其作用正从创造利益转变为扩散风险。第三，由于科学削弱了自身的合法性叙事，因此越来越难以说清一般社会，尤其是科学，应该走向何方，有哪些技术是应该发展的，又有哪些是应该忽略的。第四，构成科学知识的抽象性不足以让它预见到，科学知识应用到复杂的自适应系统中会有什么后果。第五，西方科学知识特权往往取代了传统民族对自然和文化的理解。这些理解比西方的科学知识更实用，但在理论上没有那么复杂。第六，当前"知识就是力量"计划的表现形式阻碍了宇宙自身的学习方式，即进化。这六个问题中的最后一个，同时也是最关键的一个——进化学习能力的丧失。最后提及，但绝非不重要。如果继续按目前的情况发展，将给地球上所有生命带来一场浩劫。但它也提供了一个机会。因为，如果失去了进化前景，如果看不到我们深植于一股巨大的进步洪流，我们就注定会困在自己制造的悲剧场景中，孤独地流亡在一个日渐衰落的世界里。

为生命服务的知识

我们对世界的基本认识倾向应该是伦理性的、有神秘感的（其特征是敬畏和喜悦），同时直接建立在情感和思想基础上。科学知识及其相关的技术和经济应该服务于阿尔伯特·史怀哲所说的敬畏生命伦理。我不反对了解我们自己和周围世界的重要性，但我的确从根本上反对支配计划和它所基于的许多不科学的假设。我赞同史怀哲的观点，我们时代弊病的出路要到西方主流传统思想之外去找。无论是主流的犹太-基督教世界观，还是它17世纪的继承者，启蒙运动的机械-唯物世界观，都无助于我们与生命和世界建立正确的关系。《圣经》声称，我们是被上帝选中的物种，因此地球理应臣服于我们，但这一观点已经被证明是人为产物，只为蓄意破坏全球生态提供服务。然而，令人遗憾的是，这并不是这一悲剧性遗产留下的唯一文化后遗症。类似的还有所谓的西方"开明"人士的优越感，以及随之而来的"白人的负担"，也只是合法征服他人的狂妄自大。我们的思想并不像启蒙运动所认为的那样，是理性的明灯，而是依赖和产生于我们的身体和激情的相互纠缠——和其他动物没什么两样。我们目前正在走向全球灭绝的灾难和使数亿人陷入极端贫困的道路，而史怀哲的敬畏生命伦理，以及他作为医生践行敬畏生命伦理的一生为我们提供了一条出路。这种伦理为一种负责任的认识论奠定了基础，承认自己无知的认识论。

知识就是力量

17 世纪，进步大业占据了舞台中心，并承诺人类状况将通过有系统、有目的的科学技术进步以及对自然的统治得到改善。我们可以减少疾病，解决营养不良的问题，减轻体力劳动的负担。进步之父就是弗朗西斯·培根。他把科学视为"通过神的遗赠，让人类对自然的统治失而复得"的手段。[1] 卡洛琳·麦茜特在《重塑伊甸园》一书中说，后果不仅仅有科学，还有技术和资本主义。这项进步计划，在大约 400 年前就为当前这场大体上还未被认识的知识和伦理危机奠定了基础。培根的非科学性的合法叙事来源于犹太-基督教传统。培根指出，人类可以通过知识控制自然，从而达到使其臣服于我们的目的，建立一个全球性的伊甸园。这样，我们就可以重回《创世记》前几章里，在人类从天堂坠落之前，上帝许给我们的那个地方。因此，进步被理解为，为夺回我们作为造物大师应得的土地而进行坚持不懈的奋斗。用一位国际农业巨头的话来说，我们的目标应该是"把全世界变成一块大农田"。[2] 罗伯特·福克纳描述了培根如何直接把夺取科学权力的议程置于犹太-基督教的叙事中：

《新亚特兰蒂斯》是培根给一个新世界赋予的诗意形象。在这个世界中，人们的满足感能得到不断提升。它挪用了基督的许诺，但同时也改变了这个许诺。希伯来语的"萨罗门"和约押宾，通过救世主、主和圣母给予萨罗门的各种认同，通过欧洲人对他们的欢迎仪式及拯救的认同，让我们联想到应许之地和弥赛亚……然而，这片新土地承诺的不是流淌着奶与蜜的天堂，而是人世间的佳得乐和阿斯巴甜，不是死亡、纯真，以及与神的合而为一，而是安全、奢侈品和权力。未来幸福的提供者不是上帝，而是国家、科学进步，以及这些东西的缔造者。[3]

经常有人批评弗朗西斯·培根的科学方法概念过于幼稚，因为他的科学方法太依赖归纳法，很少使用演绎推理。他被生态女性主义者斥责为合法化"强奸"一个女性化的地球。但他作为现代进步计划创始人之一的角色倒是无可争议。他坚决反对试图通过对古代和近现代文本进行形而上学和神学解释来理解世界的学术传统。他谴责使用演绎推理，认为这一方法没有认真关注经验前提。

夺回伊甸园

培根把他的进步计划和《创世记》中人类堕落的比喻牢牢地捆绑在了一起。人类吃了知善恶树上的果实，所得到的是我们的堕落和被逐出伊甸园，同时也被剥夺了对大自然的统治权。从此以后，我们就生活在罪恶中，生活在一个因我们自己的过失而堕落的世界中。培根坚定地遵循"以毒攻毒"的传统，提出人类可以通过系统

　　　　　　　　　　　　　无知的美德

地积累科学和技术知识夺回伊甸园，但他假定 ——我们将看到他的假设是错误的——这项计划建立在人类拥有地球所有权的坚实的伦理基础之上。

现在，这个计划已经进行了大约四百年，我们该怎么评价它呢？通常我们看到的是，疾病减少了，人类寿命延长了，食物供应增加了，看牙医的痛苦减轻了，通信和交通更快捷了，等等。然而，出于很多原因，我们不应该像现在这么自信。第一，主流社会合法叙事的一个关键部分是，或含蓄或明确地将主流以外的社会描绘得愚昧落后：用启蒙运动杰出人物霍布斯的话来说，那些社会的人是"肮脏、野蛮和短命的"。但这些老套路没有提到，且往往成为经验主义幼稚结论的是，成功的社会已经被消灭，少数仅存的社会中的人们生活得美好且满足——现在越来越多地成为人类学文献记录。[4]第二，同样被忽略的是，大量精制糖导致对牙医的需求增加，增加的粮食供应带来的是肥胖和糖尿病的流行。在世界许多地方，随着吸烟人数增加及城市空气日益污染激增，癌症、心脏病和肺气肿等疾病必然会流行，而这些也没有得到坦率的承认。第三，从原则上说，反对意见也曾经出现过，比如，梭罗以及近年来生态女性主义者一类的批评者。梭罗曾挖苦说，新英格兰和英格兰本土之间通信交流的改善，并不能确保任何人有任何重要的话要说。对他来说，前进两步，几乎总是意味着至少后退一步。19世纪琐碎的喧嚣阻碍了人类对超验事物的体验和认识。生态女性主义对进步计划一直持反对和批评态度。这个话题在我谈到历史哲学时会再讲。尽管受到了这些言之有理的批评，但总的来说，我们这个时代仍然在执行培根的议程表。形而上学、伦理学与神学隐喻有力的结合，在科学技术上的大量投资，为市场力量提供服务，这些都在我们这个时代取得了巨大的成功。科学、技术和市场这三巨头将世界上穷人的健康问题置于最低优先地位，因为他们的购买力最弱。[5]

知识是如何增加无知的

科学的、隐藏的形而上学和神学

科学做了某些实质性的假设，但由于科学强调实证性和"客观性"，因此很难留意到和去纠正这些假设。科学提出的问题，不可避免地难以脱离形而上学和神学的母式，因此，科学的结论以及对自身的假设也概莫能外。其中的两个假设是关于人类和自然，以及内部世界和外部世界的。第一个假设，认为人类与自然是相互分离的，与其他一切物质世界各自独立。这一假设深植于犹太-基督教思想的二元论中。犹太-基督教认为，人类是上帝按照自己的形象创造的，其在本质上不同于所有其他动物和自然本身。另一个制造麻烦的假设是由启蒙运动提出的。例如，笛卡尔坚持说，只有人类才有思想。人类大脑内部的活动与宇宙其他部分的活动是截然分开的。[6]这种假设阻碍了对其他物种精神生活的实证研究。[7]为什么要研究一些不存在的东西——其他物种的思想呢？这种错误观点为动物"科学"系取得合法地位提供了部分帮助。非人类的动物仅仅被视为人类可利用的对象，这也为数以亿计的鸡、猪和牛"圈养的一生"提供了合法性。

人类的思维在某种程度上区别于自然这一观点，也阻碍了认识人

无知的美德

类意识本质的认知科学的发展。乔治·莱考夫和马克·约翰逊指出："受物理规律支配的东西可以用科学方法研究——物质世界，包括生物学。但人的精神从根本上是自由的，不受物理因果关系法则支配，人的思想不适合科学研究的方法。对人文科学而言，使用一种不同的'解释性'研究方法是必要的。出于这个原因，认知科学在传统人文研究中，没有得到过重视。"[8] 结果，到了世纪之交，两千多年过去了，西方传统的基本目标之一——苏格拉底告诫我们的"了解你自己"还没有实现。以实证为基础来理解我们自己的意识，以及我们的意识如何适应物质的自然界，也就是我们所知道的从量子物理学到进化生物学，我们才刚刚起步。

不合理的方法论假设也比比皆是。这些假设形成了我们对所知道的东西的理解，比如，内部世界和外部世界的概念。科学家普遍认为科学知识是客观的，正是客观性证明了科学的权威性。相反，道德情感和伦理准则是主观的，因此是不科学的，是一种对精神生活和道德判断性质的假设，通常在没有论证或证据的情况下被接受。大多数（但不是所有）科学家都不愿意参与自己工作的伦理问题讨论。那些愿意讨论的科学家，比如 E. O. 威尔逊和奥尔多·利奥波德，通常都乐于打破科学和伦理不应混为一谈的圣训。主流科学拒绝关注伦理的悲剧后果是科学技术盲目发展，很少或根本没有道德评价，这导致没有人注意到，整个科学事业建立在与现代科学本身不一致的信仰和隐喻基础上。失去伦理学和形而上学基础的科学和技术进程，破坏的正是生命赖以生存的东西，比如地球的臭氧层。这种道德无知的科技事业是否正在走向某种终局？

红皇后

科学事业还系统地增加了其综合和分析活动中的无知。以化学工程为例来说：为了追求产品的新颖性以刺激消费，化学工程师们一直在不断发明新的化合物。这一活动既是分析性的，也是综合性的。把现有化合物分解到分子等级，分析维度就建立起来了。然后，再把它们重新组合形成新的物质，如阻燃剂，就是综合阶段。

监管机构，如美国环境保护署和加拿大环境保护局，要跟踪数千种这类化合物，主要是监测它们对人类健康的影响。现在让我们假设有 2 000 种这样的化合物（实际数字比这要多得多，但是这个任意数字已经足够说明问题了）。现在我们很容易注意到，我们既需要了解它们各自的影响，也需要了解它们之间的协同作用。2 000 乘以 2 000 等于 400 万。然后，我们注意到，我们还需要知道它们对许多系统的影响，例如循环系统、神经系统、生殖系统、淋巴系统。让我们假设只有这四个系统。这样一来，现在就有 1 600 万种影响需要监测。还要再加上它们对非人类有机体，以及生态系统的影响。看得出来，我们制造的是一个问题，与红皇后在《爱丽丝梦游仙境》中的经历一样：我们必须不停拼命奔跑，才能保持在原地。或者，放在我们的情境中，就是必须努力让"知识"的增长速度追得上进步大业中不可预见后果的地平线快速后退的速度。我们不需要知道无知是不是有净增长就已经能发现，知识的扩展和应用让我们根本无法知道什么才能保护我们自己和其他生物。无知的增长速度比知识本身的增长速度快得多。[9]

我们的传统印象是，无知会随着知识的增长而减少。最终，知识

无知的美德

将扩展到宇宙最黑暗的角落，所有神秘和所有对宗教信仰的需求都将被一扫而空。这一概念具有极大的误导性。事实上，我们面临的是组合激增：知识以算术级增长，而无知却以指数级增长。在这些化合物被创造出来之前，眼下的这些特殊的相互作用不可能存在；这样一来，一个新的无知机会就被创造出来了。这种化合物的扩散可以被称为分子帝国主义。绿色化学、工业生态学和仿生学都在试着让红皇后放慢速度。它们试图减少与自然产生交集的化合物的数量，或至少阻止它们被释放。在某种程度上，这些运动所尝试的是，从与自然系统协作的角度重新建立知识基础，而不是控制自然的系统。

科学如何帮我们建立起了这个时代伦理和形而上学的孤儿院

矛盾的是，由于几个世纪以来的科学发现，培根夺回伊甸园项目的神学和形而上学根基在很大程度上已经腐烂，然而该项目却能不断获得动力，现在甚至延伸到地球遥远的角落和遥远的未来。更矛盾的是，科学进步计划破坏了启蒙运动以具体化的理性知识来定义人的传统思想。近年来的认知科学发展所描绘的人的形象，与建立了启蒙运动世界观的 18 世纪哲学家所描绘的人的形象大相径庭。莱考夫和约翰逊指出："西方观念对人的传统看法……在每一点上都与神经科学和认知科学的基本研究结果相悖……人实际上既没有身心的分离，也没有普遍理性，没有纯粹字面意义的概念体系，没有一成不变的世界观，更没有根本的自由。"[10]

结果，这个进步计划如今被送进我们这个时代的形而上学的孤儿院，并亲手扼杀了自己源于《创世记》和启蒙运动的血统。而且，由于伦理道德判断在科学中没有一席之地，几乎没有或根本没有采取什么行动来建立用以取代其评价体系的替代方案，以判断什么该做及什么不该做。技术创新，比如生物技术领域的创新，没有可参照的公认标准以便判断什么是可取的。这引发了乌尔里希·贝克所说的反射反应，科学自身的目的陷入争议。[11]事实上，如果没有伦理道德标准，甚至都没法说什么有益，什么有害。培育没有头的"人类"作为器官银行是否可取？我们无从判断。因此，科学给自己制造了合法性危机。

但情况很糟，糟得很。无章可循的并不只有科学，还有我们所谓的文明本身。我们判断整个人类事业未来方向的伦理道德标准，是形而上学的孤儿。我们西方的伦理道德体系是不科学的。这个体系是很久以前构建的，因此必然没有参考近500年的科学发现。在某种程度上，它是一幅地图，但问题就像彼得·塞勒斯主演的电影《财神万岁》（1969）中的角色拿到的地图一样，它不是现在的地图。我们迫切需要一个基于我们现在知道的东西，与我们现在知道的东西一致的伦理道德体系，关于我们是谁及我们从哪里来。

我们缺乏的不仅仅是标准。我们往往也没法获得伦理道德生活所需的信息，部分原因正是我们的进步大业过于成功。我刚吃的这顿饭里有什么，有谁因此受到了影响，又是怎么受到的影响？背后的资金来源是什么？种植、加工、运输和包装这些食物造成了什么生态后果？为这类问题寻找答案是不切实际的。传统社会生产和消费之间的短反馈循环本身也不完美，现在又被拉长了。因此，全球化的复杂性造成的问题，我的行为会产生什么后果，成为伦理道德生活的最基本特征之一并不是不可能的：我的行为会产生什么后果？这个问题无法回答是造成西方文明道德和精神危机的主要原因。这个问题史怀哲在近一个世纪之前就已经正确诊断出来了。

无法减少的无知：意外、新事物和作为无知的知识

知识越多，无知就会越少吗？在某种程度上，是的。如果我们的知识根植于复杂系统和混沌理论，我们可能减少一些负面结果。但是，由于理论和概念总是对现实的简化，它们永远不会像现实本身那样复杂。所以，总有一些方面我们的所知并不完整。总会有一些东西是我们抽象思维网络的漏网之鱼。隐性知识，也就是直觉、经验、悟性等所起的作用，会缓解但无法根治这个问题。我们必须随时准备应对意外："'混沌'系统对所施加的初始条件具有无限敏感性。哪怕与预期起点有轻微偏差，都会产生与预期结果完全不相符的动态结果。"[12]

还有新事物的问题。观察进化过程的有机体，表型表达一个潜在的基因型。但基因型总会随着时间发生改变——这是进化的主要机制之一。因此，总是会形成新的初始条件集合，我们无法预测这些新事物的发展方向。

知识本身也总是会带来无知，可以通过三个方面来证明。首先，我们所知道的大部分知识，都是用语言而不是数学来表达的。当丘吉尔注意到，原来英国人和美国人是操着同一种语言的不同的人时，他认识到，相同的单词原来可以表达不一样的含义。知识总要通过我们多少有些个性化的世界观来翻译，因此不可避免地受到扭曲的感知和主观模糊性的影响。众所周知，我们知道的很多事情都是模棱两可的。其次，我们所知道的并不是某事物是真的，而是，它不是假的。我们

不知道我们的信念是不是正确，因为我们的信念总是随时会接受进一步检验。我们永远无法达到完全确定的程度。最后，"1931 年，哥德尔证明了任何公理体系只要是作为算术运算的基础，就必定至少有一个命题，在公理所允许的证明结构内，既不能被证明，也不能被证伪"。[13] 例如，欧几里得几何学的"整体大于局部"的"常识概念"在其体系中无须证明。经验中总有一些方面是我们无法用理性来理解的。

因此，在某些情况下，知识总是不充分的。这不是因为无知，而是因为我们面对"知识"时的谦逊。这应该会让我们怀疑，我们能否靠积累知识和对知识的理解来掌控世界。

知识是如何取代智慧的

知识就是力量的观念也导致了另一种无知。我们这些工业化的西方国家自负地认为，我们是真正了解世界的人。这让我们以为，我们认识事物和做事的方式优于那些"落后"的传统民族。[14] 我们的知识一经与技术结合，就比这些民族的知识更具合法性。当我们用我们的方式取代了他们的方式，那种远比我们破坏性更小、更尊重自然的生活方式也被取代了。许多人在匆忙奔向现代化和市场化的过程中，无可挽回地迷失了方向。幸运的是，许多传统民族正在有意识地重建和加强其传统，尽管结果往往好坏参半。

封杀宇宙的学习途径

当前知识就是力量的观念还从另一方面增加了人们的无知，也就是减少了进化的变异性。达尔文的进化论描述了地球进化过程的某些方面，但是 20 世纪的科学表明，进化是整个宇宙的属性。宇宙本身就是一个不断进化的自我适应的过程。这是由耶稣会教士、古生物学家德日进在《人的现象》[15] 中提出来的。其他化学家和物理学家也有了类似的发现。例如，天文学家埃里克·简森在《宇宙简史》中将自大爆炸以来的宇宙演化分为七个阶段：粒子时代、星系时代、恒星时代、行星时代、化学时代、生物时代和文化时代，并称地球上的生命是"宇宙未来演化中的一个有意义的因素"。[16] 目前物种数量正急剧减少，随着进步和控制造成的强大的破坏力，情况还会恶化，影响甚至会延伸到地球两极。而且随着气候变化，恶化速度将进一步加快，进一步减少了未来的进化途径——这正是宇宙自我学习的方式。

从敬畏和尊重开始

我们需要全新的开始。我们的伦理和知识观可以建立在当代科学所提供的世界观基础上，但不能完全简化为这种世界观。20 世纪上半叶，阿尔伯特·史怀哲和奥尔多·利奥波德都朝着这个方向迈出了一大步。两人都提出了基于敬畏和尊重的伦理，而不是基于掌握和控制。

史怀哲对伦理出发点的探寻既是个人的，也是公众的。他试图为自己的生活寻找意义和方向，同时也为他所看到的、周围行将崩溃的文明提供一种拯救的手段。他描述了自己 1915 年在非洲的一艘驳船上缓缓逆流而上时的经历：

> 我坐在驳船的甲板上，陷入沉思，苦苦思索我在任何哲学中

都不曾发现的、某个基本而又普遍的伦理概念。一张又一张的纸上写满了不连贯的句子。我这样做只是为了让自己集中精力思考这个问题。第三天傍晚，在美丽的夕阳下，正当我们从一群河马中穿越而过时，"敬畏生命"这几个字出乎意料地闪现在我的脑海里。一瞬间，一道紧闭的铁门缓缓开启，一条林间小径变得清晰可见。

……现在我开始认识到：伦理世界的世界观、积极向上的人生观，以及包含在这些概念之中的文明理想，其实都是建立在思想基础之上的。[17]

敬畏生命不是感伤主义，而是一种对其他生命形式的积极心态。史怀哲愿意选择让一些生命形式存活的同时，牺牲另一些生命形式。它源于一种伦理神秘主义观点，其中包括承认与其他生物的同一性。这首先需要与世界拉开一段距离，然后再确认我们身处这个世界之中，而且承担着改善生命前景的义务。就像基本的音乐和弦，需要同时演奏三个音一样，伦理也有三个因素需要同时演奏：肯定我们自己和自己的生存意愿，肯定他人和他人的生存意愿，以及抑制我们支配和消费的冲动。

当然，这种生命和伦理态度也有很大的危险性，即伦理直觉主义的问题。你可以宣称你的直觉是至高无上的，我也可以宣称我的直觉至高无上，没有任何依据决定哪个高尚。此外，伦理神秘主义比直觉主义更危险，因为它可以打着神的旨意的旗号，导致宗教狂热主义。最后，以改善世界的名义，以冲突和争端收场。为了避免这些陷阱，

无知的美德

我们必须找到其他方法来支持我们的信仰。

　　史怀哲提出了五个敬畏生命的理由。第一，他认为敬畏生命符合耶稣的两条诫命。史怀哲把上帝的要爱邻如己的诫命解释为爱一切有生命的事物，把要爱上帝的诫命解释为要爱一切上帝创造之物。第二，19世纪和20世纪早期伟大的意志主义哲学著作，特别是尼采、叔本华、柏格森和歌德的著作，也丰富和支持了敬畏生命伦理。这些思想家揭示，我们的意志是自我向宇宙的创造意志方向的延伸，比如叔本华的概念。第三，史怀哲也在亚当·斯密以及大卫·休谟的作品中找到了佐证。他们强调同情在道德中的作用，对他人的情感和体验感同身受。第四，他借鉴了神秘主义的传统，一种圣洁感和我们在它面前的有限性。这也是一个行动的号召。史怀哲的个人使命是为欧洲殖民者在非洲犯下的罪行赎罪。第五，他在达尔文的进化生物学中找到了根据。达尔文认为人和其他生命形式之间的所有差异都是程度问题，而不是根本的种族差异。任何试图在人类和其他物种之间筑起泾渭分明的道德界限的尝试都将失败。[18]

　　这五个理由可以看作一个支持矩阵，就像宇宙飞船降落在月球上时，宇航员要小心地落下双脚，使身体平稳，开始在新的视野中以新的视角工作一样。我们现在还可以帮他再加上一个理由。在他的《文化哲学》（1923）中，史怀哲告诉我们，一个成功的文明伦理必须建立在他所说的世界观基础上，也就是人类在宇宙中所处的位置。然而，他绝望地发现，根本找不到一种将敬畏生命伦理与这样的世界观联系起来的方法。因此他在20世纪20年代哀叹，虽然敬畏生命是合适的文明根基，但其本身仍然没有根基。现在，大约100年过去了，我们有理由做得更好，不仅要给这种伦理找到一种世界观作为基础，还要以此为基础来理解我们这个时代深刻而迅速发展的悲剧。

由于 20 世纪取得的科学成果，我们更好地理解了什么是生命赖以生存的东西。薛定谔在《生命是什么？》中写道："有机体使自身维持在一个相对高水平的有序状态（等于相对低水平的熵）的策略，就在于其不断从环境中汲取'秩序'。"[19] 让我们来看看这是什么原理。有很多物理定律支配着宇宙，其中，在历史的现阶段，与我们共同的未来密切相关的是热力学第二定律。总的来说，宇宙正在向低能量状态，即熵增的方向发展。但也有一些过程在建立秩序，能量从一个区域汲取，随后又在另一个区域聚集起来的过程，就是负熵能量。由此产生的秩序有时表现为自组织能力，如，通过植物、动物、飓风、生态系统、恒星、晶体、思维等体现出来。德日进和简森都指出，进化是宇宙的普遍属性。它既发生在宏观层面，也发生在分子水平。地球上的生命是大规模宇宙进程的结果，如宇宙膨胀、引力聚集、化学进化、辐射，以及行星、恒星和星系的产生。而且，地球一旦形成，就会受到宇宙事件的影响，如流星撞击、紫外线辐射、太阳风以及地球外部但属宇宙内部的许多其他事件。因此，宇宙是一个不断新生，同时又不断衰变的地方。我们的挑战是，不仅要看到我们根植于生态圈中——这是环境伦理学的共同目标之一，还要看到整个生态圈根植于宇宙中。要退场，甚至理解我们的堕落，必须重新发现我们在宇宙这出戏剧中的位置。[20]

自组织能力正在通过我们的努力消失，其消失的速度比它建立的速度还要快。这就是正在发生的：一个纵欲狂欢、华丽耀眼的时代。

无知的美德

这能暂时让人口和消费获得增长，但相应地，宏观和微观环境正以不断加快的速度脱钩。我们正在减少和破坏生态系统的多样性和结构，而正是生态系统支持了生物多样性，减缓了侵蚀，过滤了污染，驱散了风暴潮，等等。随着我们耗尽全世界的森林资源，随着农业的扩张，我们也从能量流中为自己取走越来越大的份额，而留给其他物种的份额越来越少。[21] 我们的道德和行为竟公然不顾敬畏生命的要求。

敬畏生命能帮我们决定怎么做吗？

史怀哲常因没有提供多少这种伦理道德规范的实施指导而遭诟病。他自己的做法似乎常常是临时起意。他给他的宠物鹈鹕喂了几十条鱼。他还详细讲述了怎么让偷蛋的蛇自己被电线勒死。因此，理论上看起来令人信服的东西可能显得不太现实，甚至有些虚伪。但实际上，很明显，敬畏生命伦理可能强调的是个体生命，并没有重视我们对生态系统的义务。而重新平衡这两个重点的是利奥波德基于生态的土地伦理。在我看来，这也是非常正确的做法。

在回应不确定性指控之前，让我们先来类比一下和平主义。和平主义者经常要面对批评者的一个两难的问题：要么杀掉对你的公民构成威胁的人，要么让你的公民被暴徒杀害。对此，和平主义者回答："我主要关心的并不是出现这种困境时该怎么办，而是从一开始就要阻止这种事情发生。因此，我所强调的是裁军、建立世界法庭等机构，以及战争机制之外的选择。"敬畏生命是对活着的生命的一种告诫，避免或至少减少陷入选择一些生命而放弃另一些生命的两难境地：

和其他所有生命一样，人类也常常面对这种关于生存的两难境地……由于"生存意志"，人类一次次站在这样的位置上，为保全自己通常只能以牺牲其他生命为代价。假如他受到了"敬畏生命"伦理的触动，那么就只会在迫不得已、无法避免的情况下才会伤害和毁灭生命，而从来不会不假思索。只要他是一个自由的人，他就会利用一切机会体会生命的幸福，同时帮助所有生命免于受苦和毁灭。[22]

敬畏生命的观念不仅有助于我们做出个人决策，也有助于机构做出决策。它是活着的哲学，"手上长满了老茧"[23]。我还要补充一点，敬畏生命伦理拥有自己的灵魂。事实上，敬畏生命伦理强大到足以引导现代人在追求知识的同时，不增加无知。以下就是怎么做的。

敬畏生命：个人机会

吃肉

我们有很多种遵循这一理念的生活方式。其中之一就是少吃或不吃肉。这不仅因为吃肉需要杀戮我们所提到的牲畜，而且现代的肉类生产方式通常都需要大量谷物用于饲养牲畜。粮食生产需要单一栽培，挤占了其他作物的生存空间，还需要杀虫剂、化肥和其他对微生物和野生动物有害的且往往致命的生产技术。北美种植的粮食中有 50% 以上用于饲养牲畜。想象一下，如果这种做法能停止，或者只是大幅减少，生活就将呈现欣欣向荣的景象。还有动物本身的生活。圈养环境通常狭小到牲畜无法转身，甚至无法接触地面或其他同类。诸如性行为、攻击性和同伴关系等情绪的正常表达都被剥夺了。[24] 即使我们吃肉，也应该少量，且偶尔为之。这种肉还应该是来自在人道条件下饲养的牲畜，而且饲料来源能够兼容可复原的、健康的生态系统。

能源

能源消耗方面的实践也为我们提供了避免两难处境的办法。如前所述，据预测，仅全球变暖一项，在下个世纪就会造成数十万物种的消失，并将进一步损害已经处于极端不利地位的穷人的处境。通过大幅减少能源使用，我们可以避免或者至少减少这种恐怖结果。鉴于目前的技术状况，我们可以通过强化现有的小家庭趋势，加速替代能源技术的发展来实现。

在土地上

我在管理我的魁北克林场时，一直遵循着利奥波德在威斯康星州沙乡的传奇农场的做法。我们的努力不应该只为某个单一的目标，而应该把土地本身的健康作为目标。以下是利奥波德解决土地健康问题的方法。他认为，土地问题的症结是"不正常的侵蚀、异常严重的洪水、作物和森林产量下降、承载能力下降……物种数量缩减和食物链缩短是一种普遍趋势，以及大量作物和牲畜在全球范围内占统治地位"。[25] 把史怀哲的敬畏生命的概念具体化，有一个办法是最有前景的——把这个理念和土地健康的概念联系起来。这里的土地概念，不仅包括生命，而且包括其支持系统，如空气、土壤和水。

我的林场采取了减少侵蚀的有机种植方式。小片的针叶软木材人工林散布在有管理和无管理的原生林之间，以最大限度提高产量。部分林木将在种植约20年后收获，用于制作纸浆的原料，以平衡四五十年才成材和采伐的木材林。林场里还包括了人工管理的天然林，设法保护本地物种的多样性，以便在遭遇重大变故，如气候变化、大风暴、火灾或病虫害时，有可利用的不同遗传物质。最后，除了砍伐威胁物种多样性的树木外，大片的老龄林完全不受人工干预。例如，高大的白杨树可能会长得过高，超过森林的其余树木，妨碍或挤占其他林木的生长空间。林场的这部分仿照利奥波德所说的"强大堡垒"。这个名称似乎引自马丁·路德的同名赞美诗。他的"强大堡垒"指的是利奥波德农场里的一块地方。在那里，进化的过程得以持续。在那里，进化的王国将是永恒的。

我其实并不是这块地产的"主人"，不带有"主人"任何强烈的感情色彩，而只是这块林地临时的守护人。我试图为它，以及它未来的管理者创造一个开放的未来。这块林地应该至少基本适应不断变化的经济条件，并根据气候变化的速度和程度，适应未来的"自然"条件。我的目标是达到冈德森和霍林所说的"生态系统恢复力"。生态系统恢复力是指，"在通过改变控制行为的参数和过程来改变系统的结构之前，系统可以承受多大程度的干扰"。[26] 我相信，这个例子恰当地表达了敬畏生命伦理，因为它的结果是人类和自然系统多样性的延续和扩大。

把文明置于伦理基础之上

一旦我们开始敬畏生命，就会明白，问题不再是什么对人类有益，而是什么对生命的繁衍有益。这种迫切需要调整的方向要求重新考虑知识的意义，重新定义伦理的一些基本术语，以便考虑其他物种的公平问题。

我们需要重新认识知识的意义及其与无知的关系

知识的目标必须是为生命提供服务。能与科学紧密结合的伦理应该是敬畏生命。我们应该从认识到地球是宇宙的一部分开始，接受这一观念，并把人类的活动限制在这个观念之内。开始把敬畏生命作为科学伦理的基础可以减少——虽然并不会完全杜绝——知识就是力量的样板所导致的无知，以及科学与生命和世界的非正常关系。第一，科学将减少对自己的伦理学、形而上学和神学假设的无知。我们将从澄清支持科学事业的伦理和世界观开始，而讽刺的是，这些原本就应该和科学的本质一致。第二，当我们的目标是配合生命和自然过程，而不是对这些过程采取放任和漠不关心的态度时，红皇后就不必再那么疯狂奔跑了。第三，根据科学自身的发现，为科学提供一个始终如一的合法叙事，而不再使科学继续沦为形而上学和神学叙事的囚徒，去延续我们犹太-基督教的遗产和目前正在瓦解的启蒙运动传统。第四，从进化的角度出发，这是一个具有巨大优势的起点。这意味着，复杂的自适应系统世界观从一开始就成为内置的默认配置。虽然我们的抽象思维方式必然会经常误导我们，但因为我们事先了解了它的局限性，会更多地把其看作近似值，而不是真理。第五，我们应该改变立场，应该对那些取得成功的传统文化采用尊敬的态度。其成功来源于对生命的尊重。第六，进化作为生命本身的源泉也是需要敬畏而不是被抛弃的。我们应该把我们的知识看作学习型宇宙中的一个微小元素。

我们需要的是物种间的公平原则

这一原则至少有两个维度。其一涉及生态系统，另一个涉及如何对待个体。现在，地球光合作用的产物，有很大比例被人类消耗了，而人类产生的废物影响到的，甚至经常折磨着的，是所有或几乎所有其他物种。既然我们只是 1 300 万到 1 500 万物种当中的一个，这显然是不公平的。目前特殊的"自然保护"制度没有通过任何适当的公平测试。这至少有四个原因。第一，考虑到其他生物的生存繁衍权，受到保护的土地和水资源显然太少了。第二，设定保护区界限就意味着对其余未受保护的土地和水进行不负责任的开发是合法的。第三，由于这些保护区通常是相互孤立的，许多居住在保护区的物种受气候变化等外来事件的威胁风险极大。因为在许多情况下，在这些保护区之间进行迁移是不可行的。第四，这些保护区在面对分子帝国主义时，几乎不能提供任何保护。

工业化的牲畜饲养，由于涉及禁闭动物、生活环境过度拥挤和其他不尊重动物的恶行，连对其他物种最低限度的负责都谈不上。它应该被定为非法。

摆脱失败的历史哲学

我一直在试图向大家说明，如何才能摆脱知识就是力量的议程，即试图控制地球和地球上的生命的议程。现在我要提出一种方法，避免对历史以及对我们所处位置的错误理解。这种理解不仅没有基础，而且有破坏作用。下面我们就来谈谈。在《重塑伊甸园》一书中，卡洛琳·麦茜特认为，我们的文化被困在了驱逐和救赎的线性叙事中，基于《创世记》中堕落的故事。她还认为，在我们的文化中，即使那些并非源于犹太–基督教的部分，例如，源自古希腊，也体现了这种叙事结构。在她看来，主流文化正在试图构建一个回归伊甸园的工程，同时配合培根的改造和掌控自然的议程。我们希望通过科学、技术和资本主义回到那个曾经的幸福状态。这一目标体现在各个方面，从控制疾病到郊区带漂亮花园的完美住宅。环保运动的许多学派，如约翰·缪尔的荒野哲学，认为自然最完美的状态就是上帝所创造的那个模样。但他们仍然基本上属于主流叙事：希望扭转局面，寻求保护，并在必要时使自然恢复到原始状态。这又会导致另一个破坏计划。一直生活在大自然中的人和文化面临被驱逐的危险，因为要确保花园的纯洁，就必须把他们都从花园中驱赶出去。

敬畏生命伦理不参与宇宙戏剧向任何方向的转折。它既不寻求支配自然，也不打算让自然屈从于我们的意志；更不指望回到那个回不去的原始状态。这是一种尊重生命的伦理，让生命保持现状，就和我们看到它的时候一样，但同时它也期待保持开放，并使生命生存所依赖的一切都强大起来。我一直试图表明，这是目前涌现的众多道德观念之一。麦茜特提倡一种伙伴关系伦理，让我们与自然过程合作；利奥波德提倡的是一种人性伦理，让我们意识到，我们自己是生物界的一员。我倾向一种生命共同体伦理。这些观念彼此之间有着家族一样的相似性，并为被华莱士·斯蒂格纳所称的"希望地图"提供路标。

结论

我们既不是被选中的物种，也不是被选中的人。我们的思想也不是生来像启蒙运动所说的，闪耀着理性之光。培根的计划自始至终都是一条错误路线。我们学到了很多，但为了使生活的世界变得简单可控，我们丢掉得更多。我们并不拥有这个世界，只是和数百万的其他物种一样，是这个世界上的航行者。这些物种中的许多已经灭绝，许多还未诞生，我们与其共享同样的遗产和命运。无知是谦卑的另一个名字，是在面对生命和宇宙奥秘时的谦卑。在文明开辟航路向未来水域航行时，谦卑是引领文明前进的伦理规范。这样看来，正直就是带着优雅和同情心的生活。

虽然我们没有理由回避知识，但我们有无数理由认为，臣服于权力伦理的知识往往会给自己制造敌人。知识就是以这种方式使我们无法生活在一个欣欣向荣的世界里。具有讽刺意味的是，以更谦卑的方法来认识我们是谁，我们从哪里来，却能让我们更自由地参与生命的繁衍，以及这个星球上的各种可能。如果我们一开始就认为我们知之甚少，认识到追求知识就是力量已经走到尽头，并以敬畏之心作为起点，我们会更好地拥抱"我们生活、行动、存留"的世界。如果我们接受河流本来的样子，能像我克里人的同事那样，我们更有可能到达大海。用梭罗的话来说，我们可以"与宇宙的建设者同行"[27]，与一个学习型宇宙和谐相处。没有什么力量比这更强大，也没有哪种自由比这更完整。

注释

感 谢 Naomi Arbit、Gilles Caron、Herman Daly、Margaret Anne Forrest、Elisabeth Fraser、Nicole Klenk、Jessica Labreque、Greg Mikkelson、Suzanne Moore、Bryan Norton、Conn Nugent、Philip Osano、Cartter Patten、Colin Scott、Bill Vitek 和两位匿名审稿人对本文所做的有见地的评论。戴维·K.古丁和杰里米·施密特特别慷慨地付出了他们的时间，并提供意见。哈维·费特关于克里人的著作让我受益颇多。如果本文存在任何不当之处均由我负责。我非常感谢加拿大社会科学和人文科学研究委员会对我的研究提供的支持，并支持魁北克詹姆斯湾维明吉克里社区的保护区创建、文化和发展项目。

1. Bacon quoted in Carolyn Merchant, *Reinventing Eden: The Fate of Nature in Western Culture* (New York: Routledge, 2004), 75.

2. 引用了美国阿彻丹尼尔斯米德兰公司的一则广告宣传。

3. Robert K. Faulkner, *Francis Bacon and the Project of Progress* (Lanham, MD: Rowman & Littlefield, 1993), 238–239.

4. John Gowdy, ed., *Limited Wants, Unlimited Means: A Reader on Hunter-Gatherer Economics and the Environment* (Washington, DC: Island, 1998).

5. 万分感谢菲利普·奥萨诺在这里就与健康有关的科学和技术方面的投资问题提供的帮助。

6. Mike Crang, *Cultural Geography* (New York: Routledge, 1998), 109.

7. Donald Redfield Griffin, *Animal Minds* (Chicago: University of Chicago Press, 1992).

8. George Lakoff and Mark Johnson, *Philosophy in the Flesh: The Embodied Mind and Its Challenge to Western Thought* (New York: Basic, 1999), 554.

9. 在这一点上，要感谢史蒂夫·马奎尔。

10. Lakoff and Johnson, *Philosophy in the Flesh,* 554–555.

11. Ulrich Beck, *Risk Society: Towards a New Modernity* (London: Sage, 1992).

12. Malte Faber, Reiner Manstetten, and John Proops, *Ecological Economics: Concepts and Methods* (Brookfield, VT: Edward Elgar, 1996), 218. 我这部分文章的大多数内容都依赖于这本书。

13. 同上，220。

14. Colin Scott, "Science for the West, Myth for the Rest? The Case of James Bay Cree Knowledge Construction," in *Naked Science: Anthropological Inquiries into Boundaries, Power and Knowledge,* ed. Laura Nader (New York: Routledge, 1996), 69–86.

15. Pierre Teilhard de Chardin, *The Phenomenon of Man* (London: Collins, 1959).

16. Eric Chaisson, *Epic of Evolution: Seven Ages of the Cosmos* (New York: Columbia University Press, 2006), 436.

17. Albert Schweitzer, *Out of My Life and Thought* (New York: Henry Holt, 1933), 185–186.

18. 关于史怀哲论证的更详细解释，请参阅我的 "Are There Any Natural Resources?" *Politics and the Life Sciences* 23, no. 1 (2005): 11–20。

19. Erwin Schrödinger, *What Is Life? The Physical Aspect of the Living Cell* (Cambridge: Cambridge University Press, 1945), 73.

20. 这不是对昂贵的太空表演表示认可。我们需要知道的很多东西都可以用现有的地球技术、遥控机器人和太空望远镜来实现。

21. P. M. Vitousek et al., "Human Appropriation of the Products of Photosynthesis," *Bioscience* 36, no. 6 (1986): 368–373.

22. Schweitzer, *Out of My Life and Thought,* 272.

23. Marvin Meyer, "Affirming Reverence for Life," in *Reverence for Life: The Ethics of Albert Schweitzer for the Twenty-first Century,* ed. Marvin Meyer and Kurt Bergel (Syracuse, NY: Syracuse University Press, 2002), 35 n.49.

无知的美德

24. 关于圈养农业的伦理和实践的讨论，见 Matthew Scully, *Dominion: The Power of Man, the Suffering of Animals and the Call to Mercy* (New York: St. Martin's, 2002)。

25. Aldo Leopold, "The Land-Health Concept and Conservation," in *For the Health of the Land: Previously Unpublished Essays and Other Writings,* ed. J. Baird Callicott and Eric T. Freyfogle (Washington, DC: Island, 1999), 219.

26. Lance H. Gunderson and C. S. Holling, *Panarchy: Understanding Transformations in Human and Natural Systems* (Washington, DC: Island, 2002), 28.

27. Henry David Thoreau, *Walden and Resistance to Civil Government, Second Edition—A Norton Critical Edition,* ed. William Rossi (New York: Norton, 1992), 220.

启蒙的无知之路
阿尔弗雷德·诺斯·怀特海与恩斯特·迈尔

斯特拉坎·唐纳利

　　人类不可避免地要面对我们根本的公民挑战：在人类社会与大自然复杂的、历史性的、充满人类价值判断的相互关系中，我们肩负着人类社会和大自然的长期责任。这是一个主导性的道德和实践问题，而我们在文化上并没有做好准备。本书以及最初的基于无知的世界观会议都探讨了这样一个命题：我们履行对人类和自然义务的最好方式是借由"无知之路"，也就是说，坦白承认哪些东西是我们不知道的，也许从原则上讲，我们永远也不可能知道。通过承认无知，我们至少可以避免盲目而危险的狂妄自大，即声称知道（和控制）那些我们实际上不知道的东西。我们将因为谦逊、灵活、好奇和谨慎而获益良多。警惕这种傲慢，一直是哲学有史以来的核心，至少可以追溯到苏格拉底和古希腊人。

　　在本文中，我想在一个更现代的背景下考察无知之路。我想讨论两位影响深远的 20 世纪思想家：一位是数学家、物理学家和哲学家阿尔弗雷德·诺斯·怀特海，另一位是进化生物学家、哲学家恩斯特·迈尔。他们的思想直接而深刻地影响了我们的根本问题，也就是知识、无知和道德行为的相互关系。

　　尽管两位科学家兼哲学家的观点有一些不同之处，但他们的一致看法也很多。他们都对包括人类在内的有机生命的本质和终极世俗意义感兴趣。他们都有力地证明，从西方传统继承的主导思想阻碍了我们充分理解和欣赏有机生命和人类生命，也阻碍了我们应该承担的、对地球及其居民的公民义务和道德责任。他们都认为，在克服传统带来的障碍时，我们尤其必须摒弃一种持久，却极为有害的文化习惯：对确定性的、不容置疑的、最终真理的追求。（归根结底，所有类型的教条主义都不乏这种问题。）从古希腊的苏格拉底一直到今天，确定性和最终真理的梦想一直激励着西方思想家以及整个文化界。我们可以很快列出一连串如雷贯耳的哲学家名字：希腊的巴门尼德、毕达哥拉斯和柏拉图（柏拉图的某些想法）；17世纪的天才笛卡尔、斯宾诺莎和莱布尼茨；以黑格尔为代表的19世纪理想主义者；最后，还有20世纪的遗产，实证主义者，他们只认"无可置疑的"知识。但是，如果没有这个自古以来的目标——对确定性和最终教条的追求，思想家们要追求什么呢？可以说，我们确实有另外一种选择，启蒙的无知之路或途径。我所说的启蒙的无知是指，接受我们已经拥有的有限的、受限制的知识，同时明确认识到，这种知识是可能出错的，随时需要修正，而且中间还掺杂着很多我们不知道的东西（我们的无知）。人类的这种基本的无知状态与道德判断和道德行为是什么关系呢？这正是我们现在要讨论的问题，也因此建立了与怀特海和迈尔的联系。

怀特海的无生命自然界与有生命自然界

汉斯·乔纳斯是著名的伦理学家和有机生命哲学家，他评价怀特海是失败传统的一剂解药，而且也许是 20 世纪最重要的哲学家。怀特海的哲学宇宙观，或者说有机体哲学，是一座伟大的哲学高山，难以攀登，甚至下山更难，意思是说，给旁人解释起来也很难。一般情况下，大多数哲学家，甚至可能不是很勇敢（或鲁莽）的神学家，也都避之唯恐不及，既因为其难度之高，也因为它与当代的风尚格格不入。但这些哲学家和我们其他人都错过了什么呢？到底谁才是真正格格不入和不合拍的人？为什么呢？[1]

怀特海的哲学观极具独创性，接触他的哲学最好谨慎行事。在他最系统的一本著作《过程与实在》（*Process and Reality*，1929）中，他提供了一个基本观念的总框架，也就是说，在人类的全部经验中，有哪些是需要解释或理解的。他认为这样的哲学是我们与生俱来的权利，是一种理性思维的浪漫，是通过思辨的方法来理解我们自己和我们的世界，其中包括对地球存在的多层次价值和重要性的认识。怀特海的哲学有一个基本信念：世界或宇宙是一致的；事物聚集起来是合理且有意义的，而且其意义我们或多或少都能理解。

怀特海的哲学方法既包括对人类经验进行实证和探索性批判，也包括理性的想象。既对一致性和统一性有严格要求（理性要求），也包括足够的经验以及具有启迪性的观察，也就是说，不断用我们自己的经验和世界对照（实证要求）。[2] 然而，怀特海声称，即使竭尽哲学所能，也不能保证我们取得成功或者取得确定性。哲学以及我们对人类经验的探索是永无止境的历险，是对所有文化、智力和形而上学的自命不凡和教条主义的批判和不断反抗。（在这里，首先要注意到怀特海对所有认知方式基本局限性的看法。确定性是个诡计。某些知识人类永远也无法获得，尽管有智力、逻辑和数学。）但他进一步声称，哲学世界观，无论正式还是非正式，都是所有人类思想、经验和行动的预设背景。人类的思想和感受无法脱离这些基本框架。无论承认与否，我们都必然是"世界的观察者"。因此，哲学（和伦理学）与不确定性或启蒙的无知必须学会携手同行，永远保持对世界的开放。

这是怀特海式的、新古典主义的宏大哲学，摒弃了追求确定性和最终真理的传统。因此，它与现代实证主义者的感受性大不相同。现代实证主义者坚持无可置疑的事实，避免一切形而上学的废话或思辨思想，坚决无视一切可疑的东西。[3]

怀特海反驳说，这种禁欲主义的，甚至可能是傲慢的实证主义自我欺骗行为正是问题所在。为了说明他的观点，他对正式开始于16世纪和17世纪的现代科学和哲学进行了一番批判性考察。[4]怀特海尤其感兴趣的是那种盛行的、占主导地位的世界观，他称之为"常识"或"感官感知的自然"。这种现代科学和自然哲学基于一种特殊的知识理论（认识论）：依赖感官知觉，尤其是将"清晰视野"的视觉作为体验、观察和认识世界的唯一合法方式。[5]这种自然观确实体现了普遍的、具有重要实际意义的真理。但在它有限的范围之外，它造成的是完全的混乱，而它在面对无法理解、不一致和无意义时，却保持了哲学上的沉默。因此，这种哲学破坏了文明的思想和行动、道德实践和其他。这是怀特海对我们现代文化切中要害的根本控诉。

怀特海回应这种普遍原则时强调，依靠感官知觉不仅是不充分、有限的，而且相对肤浅：仅靠感官因素（颜色、声音、味道、触觉），不仅在空间上有限，而且在时间上也有限，无法体现事物本身的真相、来源或变化。在我们的经验中，感官因素只是意识的直接体现，仅此而已。怀特海进一步指出感官知觉特别的混合特征，即它的双重来源：一个来源是有机体（眼睛、耳朵、皮肤等）的生理功能；另一个是我们在不断演进的世界中广泛存在的、几何学的，以及时空的意义。（世界"广泛地"展现在我们的经验自我面前。）[6]此外，不需要是专业哲学家的我们也知道，感官知觉偶尔，且会反复出现幻觉，例如在夏天明晃晃的路面上，好像有闪闪发亮的水坑。感官知觉竟然成为现代科学和哲学宇宙观的基础，这尤其让怀特海觉得古怪和非同寻常。

现代哲学传统为什么会如此依赖感官知觉呢？有很多历史原因。首先，这与实证主义思想高度一致：渴望使无可辩驳的经验事实变成所有人类实证知识和事实知识的基础，同时（通常是隐秘地）追求确定性。怀特海先把他的猎物、他的怪兽逼入死角，然后才发起反击。实证主义以在观察和概念上不容置疑为名默许了非理性和不一致性的存在，也就是不容置疑的、明确观察到的、无懈可击的事实及相关思想。这种观点和学说的现代哲学鼻祖是 17 世纪的名人——勒内·笛卡尔，他明确鲜明的观点是通过上帝和他的仁慈来确保其确定性和真实性。从怀特海的批判眼光来看，实证主义从不深究事物之间的相互关系（关联），因此也不追究哲学上的理解。（而对怀特海来说，把事物或思想联系起来，"把各个分散的点连接起来"是理性思维的核心或本质。这并不是逻辑或数学证据那种狭隘的演绎串。）具体来说，

　　　　　　　　　　　　　　　无知的美德

实证主义显然没有把自然、生命、心智和价值联系在一起。但这种密切关联，我们作为非哲学家，在我们的日常体验中都能感觉到。

怀特海特别强调，现代科学对自然的"感官知觉"概念的历史消亡及其在哲学上挥之不去的余音是一个值得重述的故事，哪怕只是扼要说明。由于笛卡尔所起的主要作用，早期的现代宇宙观将生命（活生生的有机生命）和思维（心智）都排除在自然之外。[7]大自然在概念上被简化为永久的"物质碎片"，在空荡荡的几何（三维）空间里被动地支持着性质或特性（例如，感官因素）。移动能力、位置变化、"运动的桌球"是唯一或主导的变化模式。[8]所有这类物质都只是简单、孤立存在着。它们从一开始就这样。自然的存在只关乎瞬间，也就是说，自然是没有时间性的，与时间没有本质关联。个体事物与其他时间、其他地点的其他个体没有根本关联。自然主要通过感官知觉，尤其是视觉来揭示。

感官感知的自然直接产生了衍生性的哲学难题或困境。这种困境不只是笛卡尔的身心二元论所带来的根本性不一致。身心二元论认为，思想（思维实体）和物质（物质实体）是根本分离的，它们彼此之间没有真正的、本质的或本体论的关系。怀特海和汉斯·乔纳斯都指出，这种割裂世界的理论没有给认识和理解有机生命留下任何空间。（有机体显然不仅仅是无躯体的思维，或"物质碎片"、物理自动机，或微妙的自然机器。）此外，现代的声光传播理论直接导致了感官因素的主体化，我们人类能够单纯直接地体验自然的固有性质：事物的颜色、声音、味道、气味和触觉。[9]自然被简化和贬低。自然所有次要的（非几何的或非广泛的）、审美的、感性的性质，在笛卡尔式头脑中，都被放逐到非自然区。怀特海打趣说，自然诗人失去了听众，只能自己给自己唱和撒那。总之，在这种自然观中，感官知觉及其与物质外部世界的联系问题重重，甚至可能是不可理解的。

在割裂的二元对立中，物理性的物质世界那一方面也没好到哪儿去。艾萨克·牛顿对于空间分布的、单纯存在的、"有质量"的物质碎片之间的引力应力，没有提供任何可理解的理由。没错，我们有用来计算自然规律的数学公式，但这些公式本身并没有提供哲学上的理由。[10]世界为什么具有几何学上的广度？物质为什么会有质量？为什么会有引力应力？对于感官感知的自然以及相应的实证主义精神来说，这些都只是绝对的事实，它们的关系和共存不能被理解。

自 17 世纪以来，智力的进步已经影响到常识或感官知觉的自然概念在科学上的消亡，甚至可能是它在根本的哲学或概念上的消亡。在这一概念中，在宇宙空空如也的空间里，永恒的物质碎片，以及后来（18 至 19 世纪）存在于二者之间的、果冻似的以太中间体，容纳了各种各样的宇宙内压力和张力。科学已经完全否认了自然只是单纯地在那里，其存在关乎瞬间。[11]取而代之的是一个充满能量的、持久性的自然，在所有尺度（宇宙尺度或地球尺度）上都具有动态和历史性。这构成了思想上根本性的大转变。大自然成了一个不断上演各种剧目的大剧场，舞台上的"群体骚动"（即原来的物质碎片）具有持久且不断变化的模式和行为习惯。舞台上还有不同宇宙时期的能量活动，具有不同的宇宙特征，例如不同的几何图案和电磁力。然而，这些特征并不带有古老自然铁律所宣称的具有绝对必然性。[永恒不变的"自然法则"与非时间性的(永恒不变的)对确定性真理的信

无知的美德

仰总是绝配。]但怀特海问道，这是为什么呢？宇宙的舞台上为什么要上演这些戏码？有什么受到了影响？这难道是一个荒谬的宇宙剧场吗，充满了无意义的喧闹，到头来什么目的也没有？物理学是被简化的，还是它自己简化了自己，变成了一首"难以理解的宇宙的神秘赞美诗"？[12]

对于这些问题，物理主义科学的实证主义精神继续保持沉默，但紧抓住自己的武器不放：感官感知的事实及其解释，不论有没有数学基础。按照怀特海的说法，这是僵死的自然注定的哲学结果，既无法产生，也不可能产生任何理由。[13]怀特海大胆地和这个群体一刀两断，从这种乏味、死气沉沉、无法理解的自然观中抽身。怀特海批判性地、历史性地揭开了皇帝的新衣，也就是实证主义在哲学上的破产。他选择了有生命的自然界的思辨概念。事实上，怀特海认为生命在（实证主义和物理主义）自然中的地位是哲学和科学在当代要解决的问题。"生命的意义本身受到了怀疑。"[14]这确实是一项激烈的指控。如果生命受到怀疑，那么我们自身，以及我们的意义和地位也要受到怀疑。因为我们首先是生活在这个世界上的人类有机体。约70年后的今天，我们也许还可以补充说，生命在大自然中的实际地位也是政治和公民世界需要长期面对的问题。看看眼下的生物多样性危机，与栖息地被破坏、气候变化或全球变暖不无关系。理论问题与实践问题并不是毫无关系的。

现代古典思辨哲学家怀特海拒绝接受终极非理性、荒谬和无意义。他尤其拒绝接受人类经验与自然、生命、思想和价值在细节上根本和持久的割裂。他坚决主张在哲学上把自然和生命融合在一起。有趣的是，正是在这里，怀特海明确且直接地转向了一条启蒙的无知之路。他把注意力转向生命以及有生命的自然界，代价是任何自以为是的终极哲学确定性。

怀特海再次质疑人类的经验，包括感官知觉，虽然已经公认感官知觉是明确的和重要的。他再次提及普遍的，尽管通常是默认的对有机体及其感官——眼睛、耳朵、手指、鼻子和舌头——知觉的依赖。不要被偶尔清晰的感官知觉，以及我们在此基础上建立的，并称为现实的抽象概念所诱惑，不论荒谬与否。这是犯了具体感错置的谬误，把抽象或部分误认为是具体且完整的复杂性。[15] 相反，我们应该关注的是更基本、更迫切、更模糊、更持久的有机体感觉。虽然这种感觉绝对不"清晰明确"，只是"透过茶色玻璃"捕捉到的一些模糊影子而已，但在那里，你会发现生命的直接性，情感的、生机勃勃的及我们个性和私人的人类意义在我们身体里和外部世界的影响——同时体验到自然、生命和精神的功能。对怀特海来说，哲学有义务把这些基本事实或者经验联系起来，并让它们变得可以理解，通过思辨来解释它们的相互联系、相对地位以及共同存在的理由，拯救自然、生命和我们自己的意义、价值和重要性。提供这样的理由与宣称确定无疑的真理完全是两回事。

这就是怀特海的独创性和大胆的思辨性，他决绝地打破了现代传统。他俯视着笛卡尔、休谟、牛顿、康德和其他典型的现代人，全都以哲学理性、文明的实践和道德行为的名义持怀疑论，同样没有要求教条主义的最终确定性，这是任何一门学科都没有的，无论是数学、物理学、哲学、神学、伦理学，还是其他学科。要走把启蒙的无知之

无知的美德

路、把可能犯错的知识与无知交织在一起的路，是一场思想上的冒险，需要莫大的勇气和谦逊的态度。

怀特海放弃了（柏拉图式和笛卡尔式的）理性主义者的沉思，更多呼应了接地气的自然主义者（例如，前苏格拉底时代的赫拉克利特），他深入个体有机体的生命和体验。[16] 他在这里发现了某种绝对的自我享受，即对有机体和物理宇宙（自然）先天功能的情感利用，把其作为直接、主观活跃的"经验情境"的一部分。在这种经验情境中，他又发现了一种创造性活动，这正是对这种情感的利用，它将实际的或者已经实现的体验，以及潜在的、从未实现的体验结合在一起，形成了个性化、情感的、有价值的世界体验新模式。他从这种模式中又发现了目的的作用，涉及或多或少在其中起主导作用的心智功能。其指导利用过程和自我创造的过程，总是一边着眼于过去，一边着眼于未来。怀特海通过这种个性化的、人类对世界具体的肉体体验进行哲学概括。（我们自身作为世界整体必不可少的一部分，是了解外部宇宙的线索。）这是由自然、生命、价值、个性和心智共同形成的，最终真正实在的（现实）世界也包括它们在不断演进的自然宇宙中的创造性意义。[17] 自然世界绝对不仅仅是简化的物理科学所研究的"纯粹或单纯的活动"，绝对不仅仅是从具体自然界中抽象出来的概念。思辨哲学宇宙观更具体或更全面地揭示了有生命的自然界（无论是当前还是过去的自然界）、多重价值观场景、新涌现的秩序，以及大量作为目的的、已实现的或受到挫折的经验和存在。这一世界观与笛卡尔和 17 世纪遗留下来的、直到今天还在困扰我们的世界观大相径庭：一个无生命、苍白、无法理解、僵死的自然界及其相应的对非物质、非自然人类思想的臆想。我们在哲学上重新认识了我们所生活的世界。

怀特海大胆的思辨可能是一种理性哲学的浪漫，但并不是毫无意义的空想。尽管他放弃了对任何最终真理的追求（如前文所述，我们最终将是无知的），却极力主张真理在哲学上应该是可理解的，并主张应该赋予世界和我们人类自身应有的体验。怀特海把自然、生命和心智融合在相互关联的主观经验和存在的物理表象中（这些经验的物理表象在构建宇宙的创造性演进中产生和消亡）。他通过这种方式提供了世界观的哲学解释或解读，这是常识或感官知觉的世界观办不到的。怀特海用可理解的方式解读了我们世界的经验因素：真正的因果关系或因果作用（既以效率为导向，也以最终结果或目标为导向）；记忆（仍对现在产生影响的过去）；为什么特定特征的事物和经验情境必定发生在彼时彼地（以动态的、历史的时空背景为基础）；为什么瞬间自然是似是而非的假象，也许反映了永恒不变的超现实，其本身就很可疑；为什么持久性、变化过程和变化——过程和现实之间的相互联系——是我们自己以及我们所生活的世界的根本；为什么价值经验和存在，无论是人类的还是非人类的，都是根本性的和取得了广泛共识，并成为普遍经验，尽管存在唯我论哲学和哲学家。[18] 怀特海声称，我们对世界的基本体验是"注意，这里有很重要的东西"。此外，为了获得根本上的哲学理解，怀特海设想了一种"终极"创造力，不断收集过去的经验情境，组成新的、立即激活的经验情境，从而使有生命的自然界具备了它的基本特征，即不断变化、创造性地演进为全新的自然。[19]

对于那些在日常生活的葡萄园中生活和辛勤劳作，并认真对待真实世界责任的人来说，怀特海的有生命的自然界中有一个核心理论特别能引起他们的兴趣：他的同一性和"相互内在"理论。这是他对世间个体或最终的"真正实在"的东西为什么会结合在一起或它们之间相互关系的解释。这是他采取的果断且重要的一步，超越了原子论的宇宙观或世界观。[20]

怀特海从我们人类的直接自我出发，发现了若干统一性和同一性，源于个人感觉，要不然也是源于必然的个人衍生感和连续感：我们自己与我们的情感以及我们活着的肉体是同一且统一的，我们自己与我们过去的个人经历和存在是同一和统一的，我们活着的肉体与具有动态功能和演化的自然界其余部分是同一和统一的（归根结底，所有一切都是相关联的）。这些不同的同一性和连续性与我们人类的直接自我融合交织：现在我们是谁，或多或少具有活力和创造力的我们，与我们个人生活的过去和未来、我们自己的肉体以及更广阔的世界、人类文化和大自然都有实实在在的联系。我们总能从根本上找到一种双重包含的感觉。我们从经验中发现，持久的自我、我们的肉体和这个世界，存在于我们当前的经验中，是我们直接自我活跃的、自我创造活动的动态基础。世界包含在自我之中。另外，我们发现，我们的直接自我主动把它的基础建立在我们持久的个人生活、活着的肉体，以及历史文化和自然世界中。自我也包含在世界中。这就是怀特海的相互内在理论：自我和世界的相互包含。这意味着认识到并从哲学上解释了我们的经验和存在的一个核心事实：自我和世界在本质上是结合在一起的，自我和世界是内在相关的；也就是说，无论是它们的存在还是特性（特定的形式和能力），本质上对彼此都至关重要。（有趣的是，怀特海在这里受到物理学的影响可能比受到进化生物学的影响更大。在物理学的"场论"中，有能量的部分存在于整体之中，而有能量的整体也在部分之中。）[21]

怀特海的哲学宇宙观是有生命的自然界，"相互内在原理"是这一宇宙观的核心和灵魂。显然，无生命的自然界，或者被称为僵死的自然界（物理的、物质的、原子论的自然界）对宇宙的解读是没有这种理论的。为了让我们的讨论更清楚，我们应该探讨引入相互内在原理对揭示和解读伦理经验，以及我们对人类个体、社会及更广泛的自然界所承担责任的意义。例如，哪种哲学体系能更好地解释和说明环保哲学和伦理，比如，理解奥尔多·利奥波德的《沙乡年鉴》，包括他的土地伦理在物质世界的美学维度和伦理要求？利奥波德主张，善恶对错应该从是否保护和促进了生物群落和生态系统（从区域到全球相互关联的植物群、动物群和非生物元素）的动态和历史完整性、稳定性和美感的角度来理解，其中也特别包括了人类自身。用什么方法理解利奥波德更好呢？是用我们自己和有生命的自然界相互内在理论，还是让人类自身与无生命的自然界或僵死的自然相互排斥、疏离和难以理解的联系来解释更好？哪种理论能帮我们更好地面对一个高度复杂、不断变化，却承载着深刻价值的自然世界和文化世界呢？

难道怀特海的思辨哲学，他的启蒙的无知之路，不比另一种哲学解释更接近目标吗？那种把诗人和其他文化主义者的主观价值强加给一个与我们格格不入的非人类的自然界，然后不知不觉沉溺于自鸣得意，或强装镇定的哲学？怀特海认为，基本的哲学世界观或宇宙观，我们思想的基本解释框架，才是最重要的，无论"最终"有多么不确定，是不是随时要调整，对思想和实际行动都同样重要（无论是正面还是负面作用）。从更普遍的角度来说，为了让我们的伦理走上正确道路，难道怀特海的这种想法不是无比正确的吗？最终，决定我们行动的是我们相信什么。

我们应该善用这些批评和疑问。我们应该进一步挖掘怀特海的哲学思想，为了我们和大自然的未来。我们已经看到，怀特海并不要求他的思辨哲学和对世界的解释成为最终真理，或达到确定性的程度。即使我们为他哲学的某些方面，以及他的哲学最终是不是充分争论不休，就像他自己也曾为此争论一样，他的哲学也不会因此变得毫无用处。值得注意的是，怀特海重新掌握了有生命的自然界的哲学高地，并明确警告我们不要犯具体感错置的谬误。面对一个有生命的世界、复杂的具体事物，在我们建立自己的（科学的、哲学的和其他方面的）抽象概念时，一定要万分小心。怀特海为我们提供了一个重要观点，以批判的眼光看待所有关于自然的哲学，也包括那些受达尔文和利奥波德启发的哲学。这是一个持续的、根本性的道德和哲学挑战，目前还看不到尽头。

迈尔的达尔文革命

我已经大致探讨了怀特海关于有机体的思辨哲学，以及他自己的批判性启蒙的无知之路。那么，恩斯特·迈尔的道路又是什么呢？比较这两条道路，会发现什么区别呢？从这种比较中，我们能了解到什么呢？

迈尔可以说是 20 世纪进化生物学的领军人物。他花了大半个世纪来捍卫和阐述达尔文的进化论。这样的毕生精力和职业热情背后的原因是显而易见的。迈尔认为，达尔文《物种起源》（1859）的出版开创了西方思想史上最深刻的科学和哲学革命。事实上，他认为达尔文主义的影响极为深远，远远超出了生物科学的范畴，构成了一个真正全新的哲学和伦理道德世界观（用怀特海的话说，是一个思辨的宇宙观）。[22]

传统的基本假设受到挑战，我们被引入了全新的哲学和伦理领域，无论我们大多数人是否遵循或接受了这场思想冒险。

达尔文及其追随者所建立的新思想的核心是，所有生命（包括物种和个体有机体）拥有共同血统，都来自同一个历史起源；并且生命的动态繁衍和多样化是通过进化的两个步骤实现的：表型变异和遗传变异（基因突变和性重组）以及自然（和性）选择或自然淘汰。这是一个动态的历史过程。在这个过程中，一代一代的个体、种群和有机体物种通过不同个体的生存（也许是不同物种种群的生存）和繁殖逐渐适应不断变化的环境和新的生态位。[23]

按照迈尔的说法，要理解达尔文的进化论（实际上，现在这已经是牢不可破的事实了），我们必须抛弃，并远远超越西方思想基本的、根深蒂固的信条。迈尔明确针对的是宇宙目的论、物理主义者的牛顿决定论，以及本质主义者或类型学思想。[24] 我们将看到，一股脑抛弃这三套信条相当于转向另一条启蒙的无知之路，也就是让科学和哲学将自己的基础建立在一块被称为"不确定"知识的新基石上，即建立在无知中可能出错的知识基础上。

无知的美德

宇宙目的论认为，宇宙，包括地球的生命，是由一位神圣、全能、有目的的设计者或上帝设计出来的伟大杰作。但在新的理解万物的思想框架下，大自然是在漫长的地质、生态和进化过程中，顺带创造出了自己的有机形式、能力和秩序。

同样，旧因果论传统，如运动的台球式因果论，即关键原因严格决定了关键结果的有效因果关系霸权，曾经对牛顿和笛卡尔的科学至关重要，现在已经不复存在。实际上，在不同时空尺度上，有无数因果关系影响在起作用。此外，历史的偶然事件和概率事件也会对具体的物理结果产生真正重要的影响。另外，据迈尔说，还有两种模式的有机因果关系也不能忽视，即终极因果关系和近似或生理性因果关系。[25] 在新的科学观和世界观中，终极因果关系指的是，历史发展中产生的基因组在有机体的发展和行为中的重要因果影响。基因组和遗传物质不属于传统牛顿物理学的范畴，但实际上，对任何唯物主义者都构成了，或应该构成，真正的哲学困境，包括迈尔。尽管实现表型，或形成个体有机体，需要所有环境因素相互作用，但物质怎么可能像基因组那样，承担起形成和指导形式的任务呢？这是一个值得深思的好问题。不管怎样，牛顿严格的决定论已经过时了，而复杂性无限大，确定性和可预测性都不高的"管弦乐队式因果关系"的时代到来了。

我们需要简要说明一下管弦乐队式因果关系，因为它是因果关系概念悠久历史上的一个重要的新概念或新隐喻。想一想管弦乐队是如何演奏一件音乐作品的，比如威尔第的《安魂曲》。谁或者什么是这场演出的原因？是威尔第，是《安魂曲》的乐谱、指挥，还是管弦乐队的乐手和合唱团的成员，是独奏演员，是演奏大厅的音响效果，是观众"具有乐感的耳朵",还是其他因素?看起来,并没有唯一或单独成立的原因。其实,这个结果是所有促成因素相互作用的结果。改变任何一个组成部分,比如,管弦乐队、合唱团的演奏和演唱能力(或情绪),其结果都会有所不同。(老赫拉克利特说得对,你不能两次踏进同一条河流或同一个世界。)似乎是管弦乐队式因果关系,而不是"运动的台球"式因果关系,才是世间生命的根本特征,甚至可能是整个自然宇宙的特征。

让我们再回到迈尔对三方的批判上,达尔文的理论也让本质主义或类型学理论变得一文不值。[26] 在现实中,并不存在物种类型——狗、玫瑰、鱼、人——任何物种个体间的差异都只是偶然事件或机缘巧合,无足轻重。其实,对于达尔文主义者来说,只存在个体有机体,个体携带着所有差异性、表型和基因组。另外,这些差异造成了进化史和生态史的所有差异性。如果没有个体差异性,自然选择也就没有了选择余地。"适者"也不可能从历史上延续下来,或者其实从一开始就不会开始。

本质主义、类型学思想的消亡意味着"种群思想"的地位相应提高。[27] 只存在具有个体差异的有机体种群或群落。如果这些个体实际上能够交配,或有潜在交配的可能,它们就属于同一个物种。(这是进化生物学最盛行的物种定义。)如果无法进行交配,那么就属于某个更广泛的、相互作用的生态系统下的生命群落。

把动态的管弦乐队式因果关系和种群思想结合起来,就会涌现一些不同寻常的哲学思想,即那个基本概念和物理现象,"涌现"本身。[28] 例如,个体有机体并不是自给自足的物质或"原子",只存在于与世界动态的、管弦乐式的相互作用中。事实上，个体本身的存在——无论其可能有什么样的主观或自我认识——都是从物质世界管弦乐队式因果关系中涌现出来的，无论做出的是什么基因贡献。我们人类以及所有其他有机体也都是"涌现的个体"，只要我们的个体还活着。这是一个哲学上的大转变，或者说是对第一秩序的革命。

说到这里，我们要暂停一下，再明确一下达尔文颠覆传统的世界观与启蒙的无知之路之间的联系。特别是要考虑一下我们阴魂不散的老对手：对确定性的追求，以及对不容置疑、毫无疑问、永恒不变的真理的追求。是传统假设激发了这样的追求，还是这样的追求激发了传统假设？（这是一个有趣的鸡生蛋还是蛋生鸡的哲学问题。是由哪些基本思想启发了另一些基本思想呢，还是为了取得最终的统一，这些思想相互启发最终导致了彼此的产生？）有一个全知、永恒、善良的上帝主导了世界的形成（宇宙目的论）；有一些指导一切物质的"自然法则"，不容许存在任何干扰（物理决定论）；一切事物和一切类型都有永恒不变的本质。上帝、法则、本质：对确定性的追求似乎是唯一合理的基本态度或结果。缺了这三个支柱性假设，追求确定性的蛋头先生就得从墙上栽下来。[①] 在蛋头先生的碎片中，只剩下站在一条无知之路上的我们，所能利用的只有我们有限的经验和认知能力，这是由大自然的进化和人类文化历史演变而来的。

迈尔热情地拥抱了这条人类必经的求知之路。他有自己受生物学

[①] 这是世界上有名的童谣之一。胖人从墙头跌下来不会碎，而蛋跌下来会碎。于是Humpty Dumpty被称为蛋头先生。后比喻一经损坏便无法修复的东西。——译者注

启发的非传统信条，以此为基础去获得科学和哲学上的理解，一种达尔文式的认识论或认知论。[29] 想想地球生命进化的复杂而独特的历史吧。利用任何适合的对比观察和实验方法。尊重进化的多元性和偶然性。最重要的是进行大胆推测；建立假设或历史叙事；明确定义用于解释或解读的关键术语，然后反思性地对照历史上的实际记录（证据），并吸收所有思想观点，包括所有对进化事实相反的解读。因为从原则上说，没有人能保证哪些是确定的真理，能够作为旧传统认识论的参照标准。让最有力和最充分的理论、叙事和解释蓬勃发展，并继续思想的战斗或冒险。毫无疑问，迈尔告诫我们的是，要走一条启蒙的无知之路，或"不确定"真理之路。

怀特海和迈尔的结合

现在让我们回到那个基本的双重主题，个体有机体的存在，以及与物质世界的相互作用。迈尔和怀特海的思想不可避免地要在这里交汇。尽管怀特海的思想要远远早于"基因革命"以及 20 世纪 30 年代至 50 年代的综合进化主义，但他在自己的哲学理论中融入了与管弦乐队式因果关系（物质世界的相互关系和相互作用）和新兴个体有机体（也包括人类个体）相一致的理念。回想一下我们讨论的"经验情境"，以及自我与世界的关系，包括它们的相互内在。此外，怀特海明确解释了生物和人类有机体复杂的组织和体验能力。这些解释既精深又复杂，所幸我们不必在这里深入讨论细节。但在怀特海看来，人类个体、经验或自我，在整个生命过程中，在根本上一直要依赖活着的有机体、生物和非生物环境，以及文化世界和外部世界。[30]

此外，怀特海的观点和解释有助于深入思考真正的哲学难题，这是有机生命不可避免要涉及的，也是达尔文生物学必定要提出的。请再次记住怀特海的最基本信条：直接主体、持久的自我（如果有的话）以及世界动态的相互内在；物质世界的现实必定包括的主观性、情感、目的性，从而涉及价值，特别是作为个体实在或有机体的自我构建活动的具体价值，这是对特定的世界做出的反应，以世界的未来为目的。简言之，从怀特海的观点来看，由于基因组的最终因果关系的影响，迈尔的有机体不仅表现出目的性或以目标为导向的功能，无论是身体上还是行为上的功能，无论有多封闭或者多开放，也就是向现实世界的影响开放，也包括向文化影响的开放。其实，有机体是真实的个体，是真实的主体，具有真实的生命、情感、目的、经验等，与有机体复杂的组织以及物质世界的环境复杂性相适应。[个体有机体或社会团体有目的的、目标导向的行为，不能与(超自然的)宇宙目的论混淆。目的行为的能力是随着历史演变的。]作为进化生物学家的迈尔，实际上包括我们所有人，都必须警惕具体感错置的谬误，不要把有机的感觉和价值主体简化为有机体的目的和功能。这将降低对有机生命（包括对我们自己）的价值和意义的哲学思考的严肃性，影响我们承担对世界有机群体和个体、人类以及其他的道德义务和公民义务。

现在，我想暂时把这些终极哲学和道德问题放在一边，不论它们有多重要。我想重温一下世界秩序起源的根本问题：宇宙、生物以及人类文化。这是一个从一开始就让人类着迷的哲学问题，可追溯到古希腊哲学家及更早以前。现代生命已经具有了自己的文化和知识传统，我们希望我们的哲学"耳朵"不会迟钝，以至于不再为现实或秩序本身着迷，并感到迷惑不解，不会一直听不到它们在大声要求得到哲学上的解释。

迈尔，一个诚实高尚的自然主义者和自认的无神论者，已经否定了所有宇宙目的论和本质主义思想。进化和生态的秩序来自自然界生物和非生物实体历史上的动态相互作用。（迈尔将其比喻为一位盲目的修补匠，而不是一位神圣的、全能设计师或钟表匠。）新的有机体形式和能力来自基因突变和重组，再加上自然选择和性选择，也就是与世界的相互作用。迈尔认为，在这一点上，他追随了达尔文的脚步，同时，这样的解释也是他作为一名科学家所能提供的。但这不应该让我们陷入哲学上的休眠。

在这一点上，也许怀特海才能真正帮我们在哲学上保持清醒。他对世界秩序、进化进程和人类历史的哲学解释与迈尔多少有些对立。怀特海在放逐传统、宇宙目的论和本质主义时有他自己的方式。

如果要为怀特海和真正的哲学思考说句公道话，那我们应该立即注意到，怀特海本身已经离西方思想传统很远了，甚至已经接近现代有机主义的立场。怀特海在他最系统的一本思辨哲学著作《过程与实在》中，确实从哲学的角度采用了一个能够影响世界的上帝形象（新颖的构想），使世界向新的阶段发展，并不断创造秩序，包括地球上的生物和人类的文化历史。[31] 然而，怀特海的上帝并没有给这个世界强加一个伟大的设计。实际上，他是在用令人信服的方式诱使世界的个体实在去创造物质世界的秩序。这样的秩序是有深度和广度的情感、充满价值，也是有目的的创造经验所需的。他是通过一种神圣的因果关系做到的，使创造力从世界早已实现的经验情境过渡到全新的、直接自我构建的情境，或者让创造力经过艰难的过程发展到一个新阶段。（在这里，就像我们看到的那样，完美体现了怀特海"启蒙的无知"或大胆的、不确定的思辨思想。）上帝通过帮助建立新情境的创造目标，也就是在经过对世界的体验之后新情境可能发生的变化，为创造力提供它可能达到的新阶段。

新阶段提供了新秩序的形式，作为获得新现实的潜力，通过新现实获得未来世界的可能性。这是一种本质主义思维形式，不过也能听到来自柏拉图、笛卡尔和传统哲学的微弱回响。怀特海表示，我们都必须以这样或那样的形式接受柏拉图未创造的、永恒不变的秩序形式或特征。[32]（永恒客体是他所用的术语。）但对怀特海来说，这些形式并不像柏拉图说的那样，是最终现实，具有终极意义，而是个体实在构建自我，以及在它们中间构建世界的过程中还未创造的潜力。我们生活的世界里充满了各种秩序形式（以及无序）。秩序形式一定要来自某个方面，要么是完全由自然在自然界中创造（这看起来是迈尔的立场），要么还没有创造出来，在创造力向新阶段、新现实，以及新秩序形式发展的过程中创造出来。要挑战哲学，也许是为了挑战宗教理由（比如，坚称世界经验的客观性，即我在此时此地可以体验，并可以在主观上再现彼时彼地建立的秩序性情感体验），怀特海选择了未创造的秩序形式（潜力），上帝能在它们的共同内在（关联性）中感受到，并通过成为实在的创造目的为世界创造出大量秩序形式。[33]

我们不需要再进一步陷入怀特海对上帝、世界和秩序形式复杂且有代表性的解释中，只要说明，怀特海正在努力解决一个真正的哲学问题——世界怎么能一边提供秩序的证明，一边向新的秩序形式发展。此外，怀特海应有的认识是，自然界（以及人类文化）"管弦乐队式"因果关系，对于哪些形式能够或将要实现，有很大的发言权。个体实在可以在上帝提供的各种选项中自由选择。它们拥有某种有限的自由——如果它们属于并帮助构建更复杂的生物有机体实在，包括人类（个体涌现的时代），那么自由度就会更高。（精密的心智功能、改造基本物质世界的体验都对这种有限的自由至关重要。）

简言之，从经验角度，甚至从哲学角度来说，怀特海更接近迈尔而不是传统，因为他对生命的进化和生态领域的历史动态给予了应有的重视。他和迈尔都采取了一种"种群"的思维模式。个体的差异性，以及与其他个体的关系是最重要的、最有价值的，并能影响未来世界的形成。但对于最终的哲学解释，他并没有完全放弃哲学传统，因为他的哲学里不仅有神圣的形而上学的一系列功能，还有未创造的、柏拉图式的形式，"一切秩序的源泉"。

对我们来说，这很有启发性。虽然选择世界观（据怀特海说）的依据是，对人类最大范围经验的解释是不是合理和一致以及是不是充分，但我们也不必急于选择站到迈尔还是怀特海一边。哲学不是——或者不应该是——一场重量级拳击比赛，其中一个选手必须大获全胜。实际上，鉴于我们认知能力有限，这最终是不可能的。我们可能站在一个终极的、重要的、棘手的哲学问题面前，这个问题就摆在我们面前，它是形式和秩序的问题，是所有美好事物的主要组成部

　　　　　　　　　　　　无知的美德

分。事实上，我们正走在一条无知之路上，一无所知且迷茫无措，但至少我们知道我们是无知的。

简而言之，给秩序的出现提供理由俨然是无知形而上学的一部分，或者一个未完成的、开放式世界观的一部分。怀特海会同意这一点。因为他认为确定性是诡计，是柏拉图、笛卡尔、康德和某些宗教传统先天不足的孩子。尽管我们在物质世界中的经验既复杂又丰富，但多多少少是存疑的。怀特海会把我们对人类日常经验的描述，或者对世界的"领悟"包括进来，特别是他的哲学框架，他概念中的上帝，等等。怀特海总体上把他的哲学看作一种提议或建议，留给后人认真玩味和发展。怀特海是一座有待攀登的哲学高山，激励我们对物质世界经验进行更多的冒险和探索。

在迈尔和怀特海思想的交汇中，有一些哲学问题尤其应该让我们感到既欲罢不能又困惑不解：宇宙，作为有机生命和人类生命的基础，拥有永无止境的终极创造力（这种创造力也许我们永远也无法掌握）；管弦乐队式因果关系；不断涌现，包括不断涌现个体或自我；世界的相互关系和相互作用只能通过系统思维的形式才能理解；秩序、善和美，尤其是有机和人类有机世界。后者显然也体现了人类终有一死、人类的有限，以及容易受到伤害的本质。因此，终极问题有两个非常重要的方面，既包括最终责任（道德与公民责任，对人类与自然界或生态的责任），也包括人类道德生活所在的世界。

在本文结束之前，我想让大家沿着怀特海和迈尔开创的启蒙的无知之路再走一步。我想简要探讨一下启蒙的无知、世界的系统性特征和伦理之间的关系。我曾讨论到，怀特海和迈尔都有自己的系统思维模式，与管弦乐队式因果关系、涌现和演变的世界秩序等概念相关。他们也都有自己对于自然（和文化）的理论，"区域之中的区域之中的区域"，以及向上和向下包含的因果关系——具有包容性的整体会影响所包含的部分，被包含的部分会影响具有包容性的整体。不同的实体等级，其标志性的变化速度也有快有慢。一般来说，"具有包容性"的整体变化慢，"被包含"的部分变化快。[34] 对于怀特海和迈尔来说，这种动态、系统的思维模式，历史地、偶然地（非确定性地）实现了世界秩序和价值的新形式，包括那些在地球自然界及其居民的社会和文化中实现的秩序和价值。此外，他们也都敏锐地意识到，自然、世界和人类的发展既可能朝良性也可能朝恶性的方向。总之，他们都认识到，最终的道德责任都已经放在了我们的肩膀上，不管我们喜欢不喜欢。

但是，我们对地球的道德责任是什么呢？特别是，我们被困在启蒙的无知之路上，也就是说，我们原则上没有，也不可能有最终和确定的道德真理，也没有教条式、固定的道德明星来指引我们。这是要让我们陷入道德虚无主义吗，或者最多是没有目的的道德相对主义，那种"我可以，你就可以"的典型症状？不，这显然不是怀特海和迈尔指出的道路。这不是启蒙的无知之路的必然结果，而是恰恰相反。我们放弃了追求确定性和与之相应的完美之梦，我们因此会，或者应该会，越来越接近世间生命——有限的、脆弱的、已实现的世间生命。根据我们"透过茶色玻璃"所看到的一切，我们的道德责任是系统性的：既包括地球上生命的过程、结构和群落，也包括生命中相互关联的个体。道德责任自然而然包括生态系统，也包括人类集体和

　　　　　　　　　　　　　　　无知的美德

个体。迈尔明确表达了利奥波德的担心。[35] 怀特海虽然早于利奥波德，但他一定也很乐意承认和赞赏把利奥波德具有重要道德意义的"生物群落"看作在概念上对思想冒险所做的切实贡献。

怀特海、迈尔和利奥波德都赞赏世间生命的道德感，因其历史上生命的丰富性、生命在生物和文化上的多样性及固有的偶然性。他们也都敏锐地意识到，世间生命的存在和形成有邪恶的一面。但这一认识似乎只是从科学、哲学和道德方面坚定了他们赞赏世间生命的决心。他们号召我们承担起对世界的责任，无论我们对世界的理解有多么不完整。此外，他们明确地向我们表明，他们倾向于选择一条冒险的、启蒙的无知之路，而不是对确定性和终极完美的狭隘追求。

附录

最后这几段关于怀特海和迈尔的道德信念以及对道德责任的呼吁，可能给许多思想家和哲学家，甚至是我们其他人，提出了一个棘手的问题。在我看来，问题的实质是，如果进化、生态自然是无关道德的、历史性的偶然事件，由盲目的修补匠，而不是宇宙设计师来主宰的话，那么我们怎么能得出任何持久且稳定的道德善恶概念，又怎么能据此定义我们的道德责任，并为自然和我们的人文自我提供道德行为指导呢？（奥尔多·利奥波德的《沙乡年鉴》为我们树立了很好的榜样。）我们是不是只剩下在人类自我之间进行的文化对话，不可能再追求善恶的"客观"标准，也就是独立于人类主观偏好的标准（笛卡尔式身心分裂观的现代遗产）？简言之，达尔文的自然主义（批判现实主义的一种形式）如何与真正的伦理道德责任牵手，并建立彼此一致的联系呢？

在这里，我没有办法给这个问题一个充分完整的答案。但我倒是觉得，我们可以先取得一些小小的进展。首先，我认为我们必须站在达尔文的自然主义角度看待问题，而不是达尔文之前的本质主义或文化主义（"理想主义"）的角度，因为它们从一开始就否定了这项事业。

进化和生态过程中的意外因素和绝对偶然性有可能被夸大了。以进化的两个步骤为例，（基因、肉体或行为）变异可能是随机的，但筛选、自然选择，可能还有性选择，却是非随机的过程，即使是发生在历史偶然性事件中。适应过程——适应物质的世界——不单单是偶然事件。此外，在许多形成和变化过程中，如迈尔所强调的，自然界有一些保守或保守性因素在起作用：历史上产生的或多或少具有一致性的基因组；基本的、持久的身体结构（身体类型或程序）；不断随环境变化的适应性；生物和文化多样性的产生，虽然不是永久的，但肯定也不是短暂的。总之，在进化历史和时代中，有机形式和能力以及生态功能和过程不断涌现，或多或少具有一定的持久性。进化、生态和地质时代并不是人类日常生活的喧嚣。

这些形式、能力、功能和过程都不是人类的创造。我们可以认识到，它们的形成并没有我们创造性的干预。此外，由于我们都诞生于相同的地球历史中，我们在这场自然历史剧中拿到了决定性筹码。在世界的历史中，我们获得了自然和文化能力，我们能够认识到历史的"生物文化多样性"成就，不论有多么不完美，以及多样性的优势，包括对生命延续和繁衍的贡献。

无知的美德

如果上帝能在六天内创造世界，并认为（宣布）他的创造令人满意（他并没有给出合理的解释），那我们，处在不同历史地位上，作为自然和文化创造的产物，也可以像上帝那样认为（理解）自然和文化的创造令人满意，并不断探索可以为自然和文化发展做出什么贡献。（自然和文化形式、能力和相互关联在美学、精神和道德上让我们感到震惊。这既有正面的，也有负面影响。）

总之，我们的道德世界观、思考和判断根植于，甚至可能衍生于，自然和文化世界。它们植根于物质现实（我们作为生活在世界上的自然有机体的天赋），而不仅仅是世俗的文化习俗。借用以赛亚·柏林的一句话来说，对人类和自然的道德责任是真实的、历史性的"人类长久利益"。柏林希望秉持道德多元主义［无数真实（"客体"）］的价值，如自由、正义、平等，而不是道德相对主义（仅仅是主观偏好或品位，本质上不涉及现实世界）。我认为道德自然主义者，也就是达尔文派、迈尔派、利奥波德派、怀特海派，都会同意他的观点。至少，他们在自己身上发现了进化能力，需要迅速分辨死亡的或有害的道德。

从自然和文化角度看，道德上的善恶对错，实际上可能是一种变化着的，而不是静止不动的目标。但它的变化，尤其是那些更持久的特征，是真实的，而且变化速度相对缓慢。这必然成为道德自然主义者的标准，以取代本质主义者永恒的道德形式，无论自然和文化现在是什么，将来肯定也是什么。我不确定道德自然主义者能否给出更多理由，或更好的最终合理答案。

证据已经摆在我们面前了。《沙乡年鉴》和恩斯特·迈尔的思考，以及其他人的观点，难道都是胡说八道吗？难道没有说服力吗？难道它们看上去不是真实的吗？即使需要进一步的哲学和道德探讨，但它们提供的证据难道不是相对充分的吗？或者我们还有必要渴望前达尔文时代的道德确定性和绝对永恒？又或者理想主义传统的现代继承者们为了人类更现代的道德对话，忘记了他们自己在现实世界中的肉体存在，仍然困在笛卡尔的"思维实体"中，完全忽略了相对客观的自然和文化道德标准？（公平地说，的确有一些现代民主和道德的拥护者认识到他们根植于肉体的存在，以及他们在物质世界中的地位。但还有太多的"老前辈"不加批判地接受了现实的社会或文化建构的理论。）对我们大多数（或所有）人来说，永恒的客观道德标准超越了我们的无知，或者说，它本身就是一种幻想。更极端的另类文化主张让我联想到果戈理的《死魂灵》：只有花言巧语，而没有任何实际行动。这两种道路都不属于道德自然主义者。他们发现，尽管无知是长久的，但自己以及不完美的世界是真实存在的现实，这已经足够了。我们只需要认识到，道德标准寄身于变化和变化过程之中，而不是居于（柏拉图之类的）永恒存在之国。或者，我们其实应该认同老赫拉克利特的观点，存在和变化原本是一回事，真善美，或许所有价值观，都源于物质世界的动态或冲突。这位公元前 5 世纪的哲学家说过："认识到万物皆为一体是明智的，它是一团永恒燃烧的火，它的点燃和熄灭都有一定之规。"那么，在西方哲学创立之初就宣称的思辨的、启蒙的无知又如何呢？

　　　　　　　　　　　　　　　　　　无知的美德

注释

1. 怀特海的思想在很大程度上体现在 "Nature Lifeless" and "Nature Alive" from pt. 3 ("Nature and Life") of his *Modes of Thought* (New York: Macmillan, 1938)。此二文是怀特海成熟的批判和思辨思想最易于理解的总结。读者还可以参考 *Science and the Modern World* (New York: Macmillan, 1925), *Adventures of Ideas* (New York: Macmillan, 1933), and then, finally, *Process and Reality* (Cambridge: Cambridge University Press,1929)。最后一本书确实具有挑战性，但对于那些愿意坚持到底的人来说，付出这样的努力是非常值得的。

2. Whitehead, *Modes of Thought,* 152. 也可参考 Whitehead, *Process and Reality,* 5–6。

3. Whitehead, *Modes of Thought,* 153ff.

4. 同上，130ff。

5. 同上，128ff。

6. 同上，132。

7. 同上，149。

8. 同上，132。

9. 同上。

10. 同上，134-135, 154。

11. 同上，136ff。

12. 同上，136。

13. 同上，135。

14. 同上，148（"Nature Alive"）。

15. 同上，138。也可参考 Whitehead, *Science and the Modern World,* 51, 55。

16. Whitehead, *Modes of Thought,* 150ff.

17. 同上，151ff。

18. 同上，165。

19. 同上，151。也可参考 Whitehead, *Process and Reality,* 25–26。

20. Whitehead, *Modes of Thought,* 159ff.

21. 同上，138。

22. Ernst Mayr, *One Long Argument: Charles Darwin and the Genesis of Modern Evolutionary Thought* (Cambridge, MA: Harvard University Press,1991), 101ff.

23. 同上，12–47。

24. 同上，35–67; Ernst Mayr, *What Makes Biology Unique? Considerationson the Autonomy of a Scientific Discipline* (New York: Cambridge University Press, 2004), 26–28。

25. Mayr, *One Long Argument,* 53.

26. 同上，40。

27. 同上，40ff。

28. Mayr, *What Makes Biology Unique?* 24.

29. 同 上，21–37 (chap. 3, "The Autonomy of Biology"), 67–80 (chap. 4, "Analysis or Reductionism"), and 159–68 (chap. 9, "Do Thomas Kuhn's Scientific Revolutions Take Place")。

30. Whitehead, *Process and Reality,* 100–151.

31. 同上，36–39。

32. 同上，26–31。

33. 同上，36–39, 261–265, 403–413。

34. Ernst Mayr, *This Is Biology: The Science of the Living World* (Cambridge, MA: Harvard University Press, 1997), 16–23; Whitehead, *Process and Reality,* 76–151.

35. Mayr, *This Is Biology,* 268.

无知的美德

快乐的无知与公民思想

比尔·维特克

> 没有哪一代人比迎来雅典末日的那一代人所受的教育更丰富了。
>
> ——伊迪丝·汉密尔顿

主旨

提倡无知的美德是一项艰苦的工作。从表面上看，无知的美德几乎对每个第一次听到这个提法的人来说都是荒谬的。人们的反应是，这肯定是开玩笑。它不是。要么就是对华盛顿特区，尤其是白宫，当前政治舞台的恶搞。仍然不对。到最后，大多数人都会生气地说，世界上已经有太多无知了，这把整个世界都搞得一团糟。这次对了，再正确不过了。

那么，无知的美德是在赞扬什么呢？与我们再熟悉不过的、极力回避的那种无知有什么不同吗？无知怎么可能是一种好品质呢？更不要说还是一种美德，或者让人快乐的东西了。对最后一个问题的简单回答是，这取决于要用无知取代什么，以及为了什么。

被取代的是这样一种态度和信念——世界观——我们能在多大程度上理解这个世界，用什么方法获得知识，这些知识是由什么组成的，谁可以拥有这些知识，以及应用这些知识的道德界限。总的来说，这些态度和信念可以被称为基于知识的世界观。我们总能见到这种世界观在科学和工程学的殿堂大展拳脚，还不时被应用于农业、商业、医学甚至政治领域。

敦促以无知来取代这种世界观是因为，对知识的这种态度和信念越来越被证明理由不充分，而且有危险。因此，赞美无知，首先是因为对基于知识的世界观深深的不满，之后渐渐变成知道什么东西更有效、更合乎道德，并能取代它。

这种无知——基于无知的世界观——的支持者，恰如其分地将基于知识的世界观的大部分功劳（或责难）归功（归咎）于两位 17世纪思想家弗朗西斯·培根和勒内·笛卡尔有革命性、有远见的工作。在这两位启蒙运动之前的思想巨人中，我认为最值得思考的是笛卡尔的思想。这不仅是因为他声称人类有能力了解世界，也不仅是因为他了解世界的方法，并把它分解成互不相关的部分。最重要也最危险的是——也许是无意的——笛卡尔同样把拥有知识的群体划分为更小的单位。对他来说，对知识的追求是一个人第一位的也是终极的唯一追求，当知识得到正确运用时，可以带来巨大的力量和无限美好。

笛卡尔的思想影响了科学知识的兴起，科学知识的力量又对其他与世界互动的形式产生了影响。这些都毋庸置疑。笛卡尔革命标志着个人主权的开始，首先是在科学领域，然后是经济和政治领域。这场三位一体的思想革命带来了巨大的进步影响，如果我们全盘否定，是

　　　　　　　　　　　　　　　　　　无知的美德

得不偿失的。但这场革命同时也惹了许多麻烦，尤其是对复杂的、动态的生态系统的错误理解，以及以难以撤销、无法挽回的方式滥用一知半解的知识造成的危险结果，还有只把世界当作一个实验室或实验游乐场所造成的负面影响。

本文的目标是要解放无知这个概念，让大家知道，仅靠笛卡尔的思想不足以应对未来，更不用说保证我们在这个孤独星球上的生存了。取代它的是一种公民意识，专注于和其他人一起追求对一个有生命的世界的理解。

字面意思和我们的理解

首先，让我们从一些文字工作开始：

科学：知识，去获知和分辨。[1]

知道：被确定的一些东西，认知。

知识：确定了的信念、信息和技能。

认识：知识的再认。

保证：确定和确保。

确保：免于担心和焦虑，安全且确定。

无知：不知道，以及忽视。

无知的人（Ignoramus）：字面意思是"我们不知道"（从前是一个法律术语）。"Ignoramus……在刑事案件和公共案件的调查中，当大陪审团不喜欢某证据，认为该证据有缺陷或太薄弱不能进行控诉时，需要在起诉书上妥善注明'我们不知道'"（Blount 1970, s.v. ）。

　　拥有：占有。

　　这些词语和定义只说明了问题的一部分，但很有意思。虽然我们在追求知识的事业中所使用的字词有什么样的字面意思不能怪到笛卡尔头上，但他所追求和希望避免的东西都充分体现在这些字词的词源标记中。"科学"这个词，无论是自然科学、社会科学还是政治学，都更多侧重知识。而"知识"这个词，最终有三层含义：（1）认识，明确暗示了笛卡尔无可置疑的假设，也就是说，世界和人类的思想具有独特的同质性；（2）保证，并因此具有保护行为（强烈暗示控制所有权和财产权的形式）；以及（3）免于担心和焦虑。

　　同样，在"知道"和"拥有"这两个词之间似乎也有明显的联系。知识是所有者拥有的某种东西，有时是专有的，比如某项发现或专利，有时是与他人共有的。但最初拥有知识的过程，至少在笛卡尔的时代，曾是独有的。思考的头脑把某个自然对象或力量从自然中分离出来，把它归入最小的类别或形式中，然后在它周围仔细建好界限，并开始努力地解开它的秘密。头脑集中了它所有的力量，最后研究对象放弃了自己的秘密，这时获取知识的人就成了秘密的拥有者。

　　这个知识的拥有者也就是知识的感知者，就像说"这里我说了算"的黑格一样。[2]知识具有单向性，从观察者到对象，从感知者到被感知的性质。知识同时也有竞争性。第一个发现新知识的人拥有该知识的专有权，并获得所有关注、奖赏、专利或杰出教授职位。同时这也是一个抽取过程。即使在今天的动物实验中，我们还是会痛心地

　　　　　　　　　　　　　　　　　　　　无知的美德

看到这一点。就在不久以前，活体解剖仍是一种常见的研究和教学工具，"自然主义者"通过杀戮和收集动物个体来识别、计数和提取各种物种的信息。[3]

如果我们要找一个类比的话，对知识的追寻似乎与狩猎非常相像。最好的猎人经过调查，最后圈定一个较小的范围，在这个范围里跟踪、哄骗和诱捕，智胜他们的猎物，猎物进行抵抗；最后猎人完胜并"带走"他们的猎物，其使用的手段很可能是相当暴力的。成功的猎人会感到胜利的喜悦，猎物放弃了自己的生命（自己的秘密），它的生命现在由猎人或研究者占有了。其实诺贝尔奖与图书馆壁炉架上方的狮王头骨，又有什么分别？[4]

笛卡尔式知识获取方法和狩猎有相似性，这可能也是我们具有历史性或生态偶然性的两半球大脑中的生物预置程序。男性大脑可能尤其倾向于某种线性、有界限的焦点式思维方式，将知识的获取视为一种追寻猎物的行为（例如，Baron-Cohen 2004）。

基于知识的世界观的力量显而易见。基于知识的世界观产生的发现、疗法和发明给了它的使用者一些表面上的掌控感，有时甚至能支配自然的力量和变迁。它也造就了一定水平的文化资本（艺术、旅游和休闲），如果不是浪费在麻痹思维的电视和电子游戏之类的休闲活动上，这似乎是一种正面影响。这种世界观确实给一些人带来了帮助，却是暂时和片面的，而且它带来的危险可能比它消除的危险还要大。这都是事实，却少有人提及。我们也许不应该完全抛弃这种世界观；其实，我们应该把这种世界观当作一种工具，但并不是适合所有工作的最佳工具。对于某些工作，还要绝对禁止使用。但当然，无论何时何地，它都只是一种工具而已，不是自由的堡垒，也不是绕过限制的自由通行证。

我们现在来谈谈"无知"这个词。这回的任务比较棘手，因为我想撇开它的通常含义，另辟蹊径。"无知"这个词至少给了我们两层含义。首先，正像前文的定义那样，无知是指知识的缺失，但还不仅如此，无知还带有一种道德意味，而且带有正反两方面的影响。在口语中，无知的人是指，一个人什么也不知道，但如果他付出努力的话，是能够或应该获得知识的。从这个意义上说，无知是一种很容易纠正的状态，因此无知的人至少负有个人或道德责任。[5]另外，无知的人还有另一种意义。"大陪审团"可以因证据不足或有缺陷而拒绝向宗教裁判所立案。这里是一个早期的在非科学场景下应用的预防原则：有疑问，就不做。在美国，每天都有为同样的目的组建的大陪审团。他们考虑证据，根据证据的可信程度投票，并决定是停止诉讼还是呈交公诉书。在这里，对知识的追求不是无限的。如果证据不足以支持指控，他们不会不加限制地寻找证据，而是宁可错放一千个罪人，也不冤枉一个无辜的好人。从中我们可以看出，尽管不是非常明确，但在一个把无知作为默认立场的世界观中，道德约束和个人品格起了很重要的作用。

我想我们还有另一条路可走。这条路可以让我们更接近我们正在寻找的那种无知。无知的第二层含义是"忽视"。在这里，无知的有意成分更明显。它拒绝看到显而易见的东西，它忽略自己眼前的东西，而且还很高兴能这样做。

这个概念已经很接近我们要寻找的东西了。快乐的无知就是那样

无知的美德

一种状态或行动，即选择忽略那些显眼的、容易看得见，或短视行为。面对显而易见、确定无疑、安全可控、占统治地位的东西，快乐的无知从有意的、挑衅的、叛逆的无视开始。"就在你眼皮底下，你难道就看不见吗？"基于知识的世界观的拥趸问道。基于无知的世界观的倡导者回答："我并没有在看我眼前的东西。"快乐的无知是通向无知方法论的第一步，忽略掉宇宙中最显眼、最大声，而又是最微小的那一部分宇宙。那个微小的部分就像班里那个争强好胜的学生，总是一边把手举得高高的，一边大叫，"Ster！Ster！"[6]世界的某些部分往往就和那个吵吵闹闹、在某种程度上说非常聪明，但肯定也骄横霸道的学生一样。它往往就在我们眼前，或者叫得特别大声、外表特别浮华、特别性感，让人无法轻易忽略。

基于无知的世界观声称，有意为之的无知实际上可能创造出比基于知识的世界观更高超的技能、更融洽的关系、更好的决策、更高明的理论、更有效果的政策，以及长期结果。那么，它是怎么做到的呢？

基于无知的世界观的奉行者不是把关注点放在宇宙的最小单位上，而是努力保持更广阔的视角。他们承认，他们不可能了解或拥有全部知识。[7]因此，无知确实欢迎，实际上是需要一种公民思想、一种学习者的社会，以及一个延长的时间框架并跨越和连接几代人。孤立的研究员在这里没有一席之地，无知要求的是共同合作、经常交流、分享观察结果，以及经常性的失败。在这里，对团体和社会技能，以及社会资本都有极大的需求。更重要的是，快乐的无知给予知识"对象"——笛卡尔所说的自然碎片——迄今为止最高的地位，使之成为一个更完整、更全局化和情境化的、在许多情况下是有生命的、在某些情况下是有意识的"他者"。在这里，语言问题又显得有点棘手，因为我们可能并不想把所有事物都称为对象，或者不想给我们所做的涉及矿物或水的工作增加道德约束。也许我们所追求的其实是一种"关系"。拥有公民思想的无知践行者认为，世界是相互联系的，不管所研究的对象是什么。例如，持基于无知的世界观的地质学家，将她对土壤和岩石的研究视为一种和它们的关系，而不仅把它们看作研究对象，而且把它们放在一个更广泛的背景中来看。在那个背景下，土壤和岩石不仅存在着，还相互作用。

迟早，这样的地质学家也会遭遇用来规范关系的各种伦理和规则：有关对错、得体、平衡、远见、信念、信任和谦逊等问题。这并不是说基于知识的实践者（如科学家和工程师）就不受伦理道德规范约束。他们也一样受到约束。但伦理准则一直在走廊里徘徊，等待在数据点和新发现的吵嚷中间有机会插上话。而且，由于科学和技术所追求的目标往往都过于明确，我们很容易理解，除了禁止剽窃或"赝品"科学之外，对于研究油珠在土壤中的迁移的研究人员来说，很难看出伦理对她的工作有何影响。在一个认为有知识就足够的世界观中，道德考量几乎从不直接出现在赛场上，也很少出现在场边上，最常见的是在看台。伦理学家只会把比赛的节奏放慢。另外，基于无知的世界观却邀请其他伦理规范作为平等的伙伴加入比赛。减慢比赛的速度也是比赛的一部分。

最后，我的所有权（指"我的专利"或"我的财产"意义上的"我的"）被团体所有权（"我的家庭"或"我的社区"意义上的"我的"）所取代。[8]

　　如果知识是一种工具，无知便是一种观点。知识工具的使用频率太高了，使用的时候也太过自信，太心不在焉，有时甚至具有相当的破坏性。[9]而无知作为观点却往往完全不见踪影。它本可以为我们提供大量信息、理解、智慧和快乐。简而言之，也就是工具所承诺的那些东西。但这些承诺却基本没有实现，或者在过程中被破坏了。

　　我在前文把基于知识的世界观比作猎人和追踪者。我认为，基于无知的世界观更像采集者。采集是一个拥有更大范围和界限的集体事业。"捕获物"通常也只是果实或蛋，而不是植物或动物本身，因此没有那么暴力。这是一项多任务处理活动，而狩猎通常是一天或一个季节只瞄准一种猎物。采集活动的竞争性并不是特别强，它的动机不是为了自己，也不是为了获得狩猎那样取胜后的成就感。采集活动或无知，看起来没有那么光鲜耀眼，但应该可以说，长期来看却比狩猎活动更有成效。而且，采集活动需要深入理解地形、季节、食物安全与否，而且还要有猎人一样的意识。虽然我无法证明，但采集者，就像"无知者"一样，更能理解广阔的地理因素对采集对象产生的影响。果实的生长要依靠土壤、雨水和阳光；它们相对于其他植物的长势是好是坏；不应该采摘得太频繁，或者特定的时期内不应采摘（限制）。果实是整个系统的繁殖力、稳定性和多样性的产物。作为猎物的羚羊也是如此。但我认为，狩猎行为不太容易清楚地说明这样的教训。

　　最后，如果男性主要担任猎人角色（以及原子武器、凝固汽油弹、远程火箭等的创造者），那么女性倾向于从事园艺、收集、养育等多任务处理，更容易接受不确定性和模糊性。作为科学实践者，女性更善于发现自然界的相互关联，允许自然"表达"自我（例如，芭芭拉·麦克林托克所做的工作）[10]，更具备基于无知的世界观的预防意识。[11]

以上这些段落代表第一关，要定义和描述基于无知的世界观，我们还有很多工作要做。我们还要付诸实践，推广和传授这种世界观。[12] 我不觉得基于无知的世界观具有神奇的魔力，我的确承认它会遇到自己的问题。我们不应该把它看作知识的直接竞争对手或者知识的替代品，也不应该把它看作有实际用途的工具，而应该把它看作给我们的工作带来的一种观点，至少一开始是这样。基于无知的世界观的作用很像我的朋友克拉克·德克尔对自己生活的看法。他是常春藤盟校毕业生，当过银行高管，还是第五代奶牛场主。不知怎么，克拉克总能笑口常开。他保持土壤的肥力和奶牛的繁殖力，维持与邻里的融洽关系，爱家人，并以家人为荣。在牛奶价格创新低、能源价格创新高，加上近期极端雷暴天气频发让他损失了三分之一糖枫树的情况下，他放弃了一部分任务。也就是说，他通过平衡丰富的知识经验和变化无常的天气、价格，以及土壤条件，把家庭、农场管理和邻里关系等更宽泛的问题放在了首要的位置，虽然银行家和经济学家的世界以及变幻莫测的天气模式一直在诱使他远离自己的核心价值观。我们许多人都持有这种观点，并且仍然是一种被称为西方思想的文化产物的可能替代方案。幸运的是，我们从奥尔多·利奥波德的生活和工作中找到了基于无知的世界观的榜样。利奥波德在这种世界观的指导下，寻求知识、理解和智慧，以实现他给自己设的两个目标：人和人的关系，以及人和土地的关系（Meine 1988，51）。

无知的美德

奥尔多·利奥波德的公民思想

我们可能很熟悉"公民中心"或"公民倡议"这样的说法，但对公民教育、公民农业、公民经济或公民思想摸不着头脑。我自己也不太清楚这些传统术语被套上公民的帽子会是什么样子，但我们可以想象出来。"公民的"意味着"属于公民的，或与公民有关的"，"思想"意味着"理解、智慧和记忆"。于是我们可以问：如果一种理论、政策、制度、实践被视为对公民必不可少，或属于公民的，并成为他们的共同追求，那么它们将是怎样的，又是如何描述或实施的？

一种公民式的认知方式需要的是社交网络和环境。它需要的是其他人：就像传统学习中的教师，学科领域内和跨学科研究工作的合作者，以及研究工作的相关研究课题一样。和任何社会网络一样，公民思想受到价值观和条件的限制，这些限制不是来自个体成员，而是来自整个社会的共同理解。公民认知的这种共同性限制了个人思想错置的自信和竞争意识，却加强了追求共同目标和实施道德的信念。

公民价值观和约束性是牢固的，但通常也并不僵化或绝对。随着我们收集到的信息、处理的观察结果越来越多，以及所发现的复杂性和相互依赖关系层次越来越多，公民价值观和约束性很可能也会改变，就像我们所研究的课题以及我们在其基础上构建的故事和理论也会改变一样。奥尔多·利奥波德的伦理从"捕食者作恶多端"转变为"从道德上说，捕食者也是相互依存的生物群落的一员"，就是一个价值观变化和扩展的例子。[13]

公民思想追求的是获得理解和智慧的方法和技能，可以应用于整个社区，而不是仅仅为社区的某些成员所独有。公民思想把两种意识联系在一起：一方面，公民是知识的学习者，包括学习知识的局限性；另一方面，知识的学习者也是公民（相互依存、跨文化或跨族群的社区成员）。最后，因为具有公民思想的人本身也是她要研究的社区的成员，所以她扩大了自己的研究范围，模糊学科界限，在出口做明显标记，心里一直想着可能产生的更大影响，同时还把对合作者的欢迎门垫摆放在显眼位置。

正是奥尔多·利奥波德的工作和思维方式为这一世界观提供了大部分动力。利奥波德是一个最好的例子，说明一个思想家去了解人类和自然的相互作用，其背后的动力来自快乐的无知和具有广度的界限。许多读者早已熟知利奥波德的作品，即使不熟悉利奥波德的人，也可以从以下所推荐的观点，看到基于无知的世界观的实例。以下的例子已经可以充分说明问题：

- 利奥波德求知欲极强，博览群书，并把哲学、文学、历史和《圣经》的经文都带到他的科学事业中。
- 我相信，在以下这些方面，他比任何20世纪的思想家做得更多。他重新赋予公民和公民责任这两个词语生命，使它们也包含跨物种的含义，让人们更清楚地看到人类给自然界带来的不幸，呼吁教育、伦理和政治制度将人类作为整个社会的一员来看待，而不是孤立的存在。
- 他抵制"非此即彼"的思想，鼓励农民和猎人合作；他向不同的群体——农民、公民团体、工程师和大学生——宣讲他们可以为环境保护做些什么；他还设法调和相互冲突的环境政策（例如，被他称为"野外终身监禁者"的野生动物与猎户之间的冲突）。

• 他不忌讳修改、否定和重新考虑他早前的结论。他重新思考捕食者和火对森林生态系统所起的作用就是两个鲜明的例子。

• 他认为，有必要从根本上对科学教育做出调整，牢记两个核心目标：第一，教育公民，让他们更好地了解他们所生活的世界；第二，广泛地教育科学家，让他们不要局限在自己学科的方寸之地。

• 他热爱他所研究的自然界，从不羞于说这样的话："我爱所有的树，但我对松树却是坠入情网"；"我们的大雁又回家了"；"我们为失去的这些老树哀悼"；"现在我可以无所顾忌地为这些孤独的鸣叫者哀恸了"（Leopold 1966，74，21，9，22）。

• 他似乎因为自己对自然界的无知感到高兴，并且期望自己不要对自然界了如指掌。在他的工作中，知识、无知、信仰、爱和理解扮演着同样重要的角色："要是我能听懂它们每天往返玉米地前后的激烈争吵就好了，我可能很快能弄明白其为什么对草原情有独钟了。但我没有这样的能力。不过我宁愿让它保持神秘。如果我们对大雁的一切了如指掌，那这个世界该有多乏味啊。"（Leopold 1966，22）

• 他有意地尽可能扩大他的伦理、生态和美学的界限，这样他就能抵制小细节、小发现的诱惑，那些仅靠单纯的科学头脑就能发现的东西。是的，利奥波德是追求机制的，但这些机制是土地和伦理的机制，广义的机制："只有最了解土地有机体复杂性的人，才会明白自己在这方面知之甚少。"（Leopold 1966，190）

- 虽然利奥波德的话很少极端或尖刻，但他的书里几乎每一页都在要求人们谨慎再谨慎。最著名的一句话是："聪明的修补匠，第一要务就是保养好自己的每个齿轮和机轮。"（Leopold 1966，190）

- 他经常赞扬他的非人类老师，不管是他的狗，还是高草草原，不管是他没有射中的一头雄鹿，还是他抓到的小鱼："我们不是科学家。我们从一开始就丧失了这种资格，因为我们宣布把自己的忠诚和爱都给了某样东西，那就是野生生命。传统的科学家除了对抽象的东西之外，可能不会对其他任何东西忠诚，他们除了自己的同类，也不会去爱别的东西。"（转引自 Meine 1988，274）

- 他也打猎和捕鱼，但他爱并尊重他的猎物，并且实行严格的道德约束，即使并没有哪条法律规定他这么做。他认为他的工作不仅有利于人类，也有利于整个土地系统："我的狗对于把松鸡赶上树非常在行，我总是会放过落在树上保准能打中的那一只，而在那些飞着逃走的松鸡里面选一只绝无希望打中的。这是我实行的第一条道德戒律。与在树上那只容易打到的松鸡相比，魔鬼和他的七个王国都不算什么诱惑。"（Leopold 1966，129）

以上总结应该能堵住像"公民思想是有心无力"或者"就算无知

　　　　　　　　　　　无知的美德

是我们的优势，又能怎样？"之类的言论了。公民思想当然不是有心无力的。利奥波德作为业余科学家的观察为生态百科全书做出了贡献。一个新的研究领域——野生动物管理的创立应该归功于他。他还促进了生态学领域的发展，并提出了伦理、经济和教育领域新方向的建议。最重要的是，利奥波德须臾也没有忘记他生活和工作的这个更为广阔、无限的世界。他乐于把读者的注意力引到"昂宿星团"和"更新世"那样遥远的地方和时代，我们每个人本质上仍然和那样的地方、那样的时代联系在一起。"尘归尘土归土，石器时代的归石器时代。"他在他的随笔《伽维兰的歌》中这样写道。接着他继续说："我没射中（雄鹿），但那是合情合理的，因为如果一棵大橡树长在我的花园里，我也希望能有雄鹿睡在它的落叶中，然后有猎人追踪来此，但射偏了，心里还琢磨着，是谁修了花园的墙。"（Leopold 1966，160）利奥波德的长远观念是慢镜头的、广角的、谨慎的、公共的、伦理的、敬畏的、快乐的，充满了不能完全理解的细节，缺乏无可辩驳的答案。如果我们敢于超越哲学规范通常的限制，那么他无论是在 20 世纪当一个哲学家，还在其他世纪，都一样杰出。他的工作近在咫尺，触手可及，值得我们尊敬。我们不必从零开始。我认为，奥尔多·利奥波德的工作正是我们一直在寻找的榜样，也是一个范例，一个可以进行有效研究和复制的样板。

一份公民教育"任务"清单

　　奥尔多·利奥波德知道，公民思想并没有完全形成，在我们目前的教育体系中，公民思想也没有得到太多的发展助力。利奥波德在给学生的一张便条中写道："目的是要教学生去看土地，理解他看到的东西，并为他理解的东西感到高兴……一旦你学会了如何读懂土地，我也就不用担心你们会怎么对待它，或者用它做什么。因为我知道土地会给你们带来很多快乐。"（Leopold 1991，301，337）我们认为教育体系已经趋于完美，但把基于无知的世界观引入教室，开始培养新一代的公民思想的工作，需要让这样的教育体系发生大转变和大变革。

幸运的是，我们也有些好消息。向学生介绍至关重要的大问题，同时又没有简单明确的答案，这种教育模式已经存在了。其中最好的模式之一是以问题为基础的学习。[14] 由利奥波德首先鼓励和促进的公民科学也已经非常完善了。[15] 新的、跨学科的、具有足够广阔视角，以及接受无知的世界观也在形成之中，包括期刊、专业协会和课程，其中包括生态经济学以及工业生态学。[16] 越来越多的大学教师被鼓励走出自己的研究领域，与社区成员一起从事真正需要跨学科交流，以及着眼全局的项目。[17]

但要做的事情还有很多。以下略举几例：

• 我们需要更多公民思想和基于无知的世界观的榜样，无论是历史上的还是当代的，以证明它们是可行的，以及合理的。
• 我们需要让一些合适的哲学家参与，并邀请他们加入。[18] 哲学是最理想的大局观思维和健康怀疑主义实践的学科，也是学术性自鸣得意的最佳补充剂。我听韦斯·杰克逊说过，哲学将是未来几十年里最重要的课题。我甘愿冒着被指责自吹自擂的风险承认，他说得没错。

- 我们需要保持和扩大文科教育。在如今资金短缺的学院和焦虑不安的郊区，这样说是大逆不道的。但如果没有艺术、历史、文学和哲学作为基础，我们就没有希望让新一代为基于无知的世界观的到来做好准备。

- 科学和工程学专业的学生需要更多有关他们本专业历史的课程，包括失败、错误、诡计、弯路、荒谬的猜想和不体面的伙伴关系。总之，经过深思熟虑，给他们所选择的领域开一剂足量的、加入限制和大量无知的药。

- 我们需要改造研究生教育。这是转型过程中最薄弱的一环。从幼儿园到大学，年轻人获得了各种各样关于项目、团队合作和跨学科的信息，结果最后却发现，研究生项目是单纯追求最小未知单元的项目。申请外系课程，得到的总是失望的眼神。确实也有一些例外，但它们无力改变潮流。[19] 我们应该要求每个博士生都了解其所研究领域的历史，理解其研究可能产生的更大影响，并有能力为受过教育的、非本专业的听众做讲座。

- 我们需要打破我们的高校和职业社会的学科和专业壁垒。我们需要多设置一些教师休息室和自助餐厅，召开更多通识性讲座而不是院系研讨会，在我们的年度大会上安排更多"务实的"解决问题的讨论会，以及更多的跨会议交流。

- 学术领域中有能力做到这些的人（即终身教授和大胆的管理者）需要努力改变奖励结构，并扩展研究、出版和服务的定义，而不仅仅是"专业评定"、"同级评议"和"校园委员会"。

- 在我们的工作中发现一些乐趣也没有什么坏处。环保主义者通常被认为是一个相当"士气低落"的群体。在试图让其他人也重视环保问题时，他们的表现往往同样让人失望。环保措施的效果实在乏善可陈。奥尔多·利奥波德显然很关心西方文明的困境，他的著作也明确表明了这一点。但他同样发现和描述了他在大自然中感受到的快乐。我们也要传播我们在未来观念转换中所感受到的兴奋和激情。让我们激励并挑战新一代的思想家，让他们全心投入进来吧。

- 随着时间的推移，我们将需要建立新世界观所需的证据和论据标准。有关无知和公民思想的定量和定性的衡量指标将有助于推进我们的工作。我们不能简单地推翻一个基于知识的世界观就算了。我们向基于无知的世界观的转变需要标准、指标、术语、概念、定义以及方法论。还有大量工作需要做，这些足够一两代研究生忙的了。

- 像任何样板替代方案一样，我们的方案要足够好，才能取代上一代方案。而且不仅要解释清楚基于知识的世界观已经解释的内容，而且要解释清楚基于知识的世界观无法解释的内容（以避免基于知识的世界观所造成的问题）。新世界观要做得更多，而不是更少，还要做得更好。这就是新样板取代旧样板的方式。

- 谨慎的做法是，开始寻找一些历史案例研究，证明具有公民思想的基于无知的世界观是如何以不同的方式解决问题或避免错误的（例如，杀虫剂、核能、塑料、含铅汽油的案例）。这些案例同样也应该把当前关于遗传学、气候变化、核废料的处理方案、男性不育等问题的争议纳入其中。

- 我认为我们还应该掌握好系统思维的底线，防止把它看作一个更大规模的、计算机模式的基于知识的世界观。[20] 系统思维的假设，其目的往往是好的，然而，只取代了部分线性思考，大部分整体思考还是计算机模式的。计算机模式所带来的抽象思维往往会过滤掉所得出的任何整体性结论，并且令人生疑。

- 我们需要为基于知识的世界观找到合适的角色。当然不再是一种世界观，而是一种与知识的力量相适应的角色。知识（K）等于其力量（P）除以其限制（L），类似于这样：$K=P/L$。当 $K<1$ 时，我们停止前进，或者放慢前进速度。

而且，当我们达到目标的时候，我们应该庆祝新的基于无知的世界观的成功，给它最有影响力的支持者颁发大奖。没有什么能比得上让人眼花缭乱的奖品、金钱、声望、媒体的关注，以及一些人的嫉妒更能树立新典范了。人们会好奇，弄出这么大动静，到底是在干什么。

结束语

我们是进化的产物，公民思想是一项正在推进的工作。塑造它的是超越我们的控制或理解能力的物质和文化力量。然而，人类的意识也可以瞥见这些对世界产生作用的力量，偶尔也能归纳出模式，做出预测，并改善一下本地的条件。在我们这些小洞见和小成功的背后，是巨大而充满能量的未知，不断以模式和周期形式的运动把我们的视角带到星系之外，甚至超越星系本身的概念。在这样的地方，面对这样的力量，要改变现状几乎做不了什么，更不用说大幅改进了。快乐的无知是一种开阔的、乐观的认知，面对困难，最好的策略是与其他人一起，总是以缓慢的步调追求不完全的理解，同时享受这一旅程。我们的共同努力不会带来什么惊天动地的改变，但是，从长远来看，与其他人的合作和生活有助于增加"仍然不那么可爱的人类心灵的感受能力"（Leopold 1966，295）。这已经够好了。

注释

1. 本文所采用的所有词语定义均引自沃尔特 (Skeat) 编撰的辞书（1974）。
2. 1981 年 3 月，在里根总统遇刺后不久，时任国务卿黑格得出了错误结论，并宣布："现在白宫我说了算。"
3. 有这样一个故事——也许是虚构的——一个研究生想要测量一棵世界上最古老的树的树龄，结果最终却导致了这棵树的死亡。
4. 还有一个有趣的关于狩猎和认知的类比，当然肯定也是趣闻。许多年轻的猎手开始狩猎生涯时，几乎对任何移动的东西都会反应过度。随着时间的推移，其中一些人会对他们所猎杀的猎物产生一种真心的尊重，并和它们建立起一种道德关系。他们会因为一些与射程、猎物大小等无关的原因放弃射击。他们会因为一些更高尚的东西而放弃打猎本身。与此类似，每年诺贝尔化学奖的获奖者都会到我校发表演讲，作为杰出成就者系列演讲活动的一部分。他们会在公开演讲中赞扬更广泛的、跨学科的科学方法的优势，并认为这种方法非常必要。他们赢得了最负盛名的笛卡尔思维奖，而现在，他们发现，有必要采用另一种视角更大的策略。我不太确定在观众席中那些没有得奖的科学家是否赞同。

无知的美德

5. 我们不会说有学习障碍的人无知。

6. Ster 是 Sister 这个词的略写。在我就读的天主教学校里，很多同学都这么叫。我相信美国的天主教学校毕业生都对这个词耳熟能详，尤其是我们这些不太会抢答问题的学生。

7. 广阔的视角和承认无知，正是我们这些无知者和那些有意忽略大局或拒绝考虑新证据和 / 或相反证据的人之间的区别，因为后者认为自己已经知道了一切。"好"的无知有意忽略显而易见的东西，而倾向于更宏观、更广阔的东西。"不好"的无知有意避开宏观角度，倾向于狭隘的观点。

8. 利奥波德在名为《三月》的文章中感叹："我们的大雁又回家了！"这时候，他感叹的是友情，而不是所有权。友情也体现他在《七月》那篇文章中："不管有没有土地登记，这都是事实，只有我和我的狗清楚这一点。在拂晓时分，我就是我能走到的所有土地的唯一所有者。"（Leopold 1966，21，44）

9. 这并不意味着基于知识的方法论在文化工具箱中没有一席之地。我想它是有自己的位置的。它无法做到的是成为一种世界观，或有效地（或安全地）推进对各种目标的追求。当我们发现，新闻里高调发布其发现自然科学家、经济学家和社会学家越来越少时，我们就会知道，基于知识的方法论正从一种世界观降级为一种方法论工具。

10. "我非常熟悉它们 (我的玉米作物)，而且我觉得认识它们很高兴。"或者："给一个这么多年来获得这么多快乐的人奖励似乎不公平，他所做的是要求玉米作物解决具体问题，然后再观察它们的反应。"参见 http://www.brainyquote.com/quotes/authors/b/barbara_mcclintock.html。

11. 蕾切尔·卡森（《寂静的春天》的作者）、桑德拉·斯坦格拉伯以及戴夫拉·戴维斯都是明显的例子。

12. 基于知识的世界观的根深蒂固远超我们这些无知支持者的想象，而仅靠我们学术界内部的热情并不能撼动它分毫。

13. 谈论价值观的转变是冒险的，但这里有一条经验法则：更倾向于改变那些过程和方法越来越包容的价值观，而不要倾向于改变那些过程和方法越来越具有排斥性的价值观（例如，同性婚姻 vs. 爱国者法案）。

14. 具体例子，参见莱姆（1998）。

15. 关于公民科学概念的概述，参见：http://www.bird s.cornell.edu/LabPrograms/CitSci。

16. 例子参见：http://www.umich.edu/~nppcpub/resources/compendia/ind.ecol；以及 http://www.ecologicaleconomics.org/about/intro.htm。

17. 例子参见：http://www.psc.cornell.edu 和 http://www.clemson.edu/public。

18. "合适的"哲学家是指那些没有太多学术、专业或主题包袱的人。最适合这份工作的可能是那些很少或根本没有受过哲学方面正统培训的人。

19. 汤姆·泰斯博士是我认识的最有远见的工程师（我认识的工程师非常多）。他在圣母大学工作时，曾被要求给工程专业本科生和研究生课程开设哲学讨论课。他在克拉克森大学创立了一个新的环境制造业管理博士学位项目，必修课包括跨学科课程，而且由一个多学科指导委员会代替了传统的辅导员制度。他现在是芝加哥的伊利诺伊大学环境科学与政策研究所所长（http://www.uic.edu/depts/ovcr/iesp/index.htm）。我相信还有其他的例子，但这样的例子总是多多益善。

20. 关于系统思维，参见 Aronson（1996–1998）。

参考资料

Aronson, Daniel. 1996–1998. "Introduction to Systems Thinking." http://www.thinking.net/Systems_Thinking/Intro_to_ST/intro_to_st.htm.

Baron-Cohen, Simon. 2004. *The Essential Difference: The Truth about the Male and Female Brain.* New York: Basic.

Blount, Thomas. 1970. *Nomo-Lexikon: A Law Dictionary and Glossary.* Los Angeles: Sherwin &Freutel. Originally published in 1670.

无知的美德

Leopold, Aldo. 1966, *A Sand County Almanac.* New York: Ballantine.

Leopold, Aldo. 1991. *The River of the Mother of God and Other Essays.* Edited by Susan L. Flader and J. Baird Callicott. Madison: University of Wisconsin Press.

Leopold, Aldo. 1999. *The Essential Aldo Leopold: Quotations and Commentaries.*Edited by Curt Meine and Richard Knight. Madison: University of Wisconsin Press.

Meine, Curt. 1988. *Aldo Leopold: His Life and Work.* Madison: University of Wisconsin Press.

Rhem, James. 1998. "Problem-Based Learning: An Introduction." *National Teaching and Learning Forum* 8, no. 1 (December), http://www.ntlf.com/html/pi/9812/pbl_1.htm.

Skeat, Walter W. 1974. *An Etymological Dictionary of the English Language.* Oxford: Clarendon. Original work published 1879–1882.

第四部分

应用前景

我不知道！

罗伯特·鲁特–伯恩斯坦

我现在手上还有杰拉尔德·埃姆斯和罗丝·怀勒合著的《生物学金色经典》，那是我8岁时收到的礼物。这本书有两个特别之处令我十分珍爱它。查尔斯·哈珀的插画，高度抽象、高度艺术化，富有启发性，对我有视觉吸引力。同样让我印象深刻的还有乔治·沃尔德所写的前言。他在最后一段写道："当我在第一页上读到'问题和答案一样重要'这句话时，我就知道我会喜欢这本书。科学就是提出更多有意义的问题。答案的重要性在于引导我们提出新的问题。所以，试着学习一些答案，因为它们既有用又有趣。但请别忘了，让科学家成为科学家的，并不是答案，而是问题。"[1]

在前言的末尾处，乔治·沃尔德的头衔是"哈佛大学生物学教授"。如果我以前不知道，那现在通过这本书我知道了，生物学是研究生命的科学。我不确定我在8岁的时候，知道不知道教授是什么。我肯定没听说过哈佛。但我的确记得在14岁那年，当沃尔德获得诺贝尔奖时，他很可能知道他说的是什么意思。也是在那个年纪，我知道了我要做一名生物学家。

我不知道我成了一个顽皮的提问者，在多大程度上要怪埃姆斯、怀勒，或者沃尔德。但毕竟，我们家有一个称作"假装伯恩斯坦"的传统，就是要在公共场合质疑我们各种职业中最珍视的假设。在我家每天的晚餐桌上，提各种问题是必不可少的环节。每到那时，我父亲总会对我们认为理所当然的事情不屑一顾。他是个怀疑论者。这对于学会独立思考是很好的训练。

　　我对"假装伯恩斯坦"最早的记忆正巧就是沃尔德获得诺贝尔奖那年，我14岁。不过，他得奖是因为几何学，而不是生物学。

　　事情一定是出在几何课的第一周前后。老师把一个点定义为一个没有维度的物体。它没有长度，且无穷小。她接着解释说，线由无数个点组成，无数条线又组成了面，无数个面又组成了实体。标准教科书上的定义，事实上，这没有什么问题。

　　然而，我反对。我读过很多遍诺顿·贾斯特的《神奇的收费亭》。我完全清楚，无论是他的英雄米洛还是任何其他人，都无法走完"无限阶梯"，因为前面总是还会有一级阶梯，一级完了又是一级，一级又一级……以此类推。无论我把多少个无穷小的点放在另外两个点中间，它们之间总会有空间放进来另一个点，它们之间又可以放一个，它们之间再放一个……所以，不管我积累了多少个点，我都无法画出一条连续的线。事实上，我放进去的点越多，它们之间的空间也就越大，有点像芝诺悖论：你先是移动到距你目标一半的地方，然后是剩余距离的一半，然后又是剩下的一半，然后又是一半，当然，你永远也不会到达终点。因此，如果我不能填满两点之间的空白，就无法画出一条连续的线；没有线，也就没有面；没有面，也就没有实体；然

　　　　　　　　　　　　　　　　　　无知的美德

后你就能看到它会带来什么灾难了！

显然，我和老师争执了很久，甚至可能占了一整节课的时间。然而，我还记得在被告知讨论结束时有多沮丧。我不得不接受这些定义。

但我从未接受。虽然我学会了如何使用它们，但我从没接受过它们。我不断质疑每一个定义和公理。我不断争辩，争吵不休。最后，我在班上得了个 B，这是我初中得的唯一一个 B。那个学期，我甚至还有一次测验不及格，在这之前从未有过，这之后也再未发生过。到了学年结束的时候，尽管我的表现不尽如人意，尽管我有几个朋友在这门课上以及其他所有数学课上都得了 A，可我却得了校级数学奖！

几十年以后我才明白我当时在纠结些什么。就算几何老师知道，她也没有告诉我。而我父亲在大学主修数学，也从来没有向我透露过。又或许，他们也不知道。但他们允许我质疑。允许我质疑！

我慢慢了解到，我一直在问的那些问题曾经导致了数学革命。如果平行线在无穷远处确实相交会怎么样？这个问题导致了非欧几何学的发展，对爱因斯坦的发现至关重要。如果有不同种类的无穷会怎么样？这个问题促使康托尔重新思考了整个集合论。你也可以假设，正如我想做的那样，点并不是无穷小的，线也不能被无限分割。只不过那不再属于几何或微积分的范畴了，而是另一种我们大多数人一生都不会接触的数学，叫作网理论。我父亲在我大学的时候向我介绍了网理论，我成为第一批把网理论应用到生物系统建模的人之一，[2] 这是我用十年时间颠覆传统的质疑的功劳。

我还记得下一个是发生在 1973 年的难忘的"伯恩斯坦"事件，当时我还是一名大学三年级的学生。我无意中参加了一门叫作"生物化学原理"的课程。当时，我们在学习 DNA 结构。教授告诉我们的是关于 DNA 的标准教科书内容，即 DNA 是一个由互补碱基对连接在一起的双螺旋结构，教授用可爱的手绘把这个双螺旋结构展开成两条独立的链，每一条链都成为复制一条新双螺旋结构的模板。詹姆斯·沃森和弗朗西斯·克里克在 1953 年发现双螺旋结构时称它为"生命的秘密"。它在教室的屏幕上看起来确实令人印象深刻，在教科书的插图上也同样吸引眼球。

但提到解开双螺旋结构时，我心里就觉得有点不舒服了。我小时候是个喜欢动手的孩子，会找很多东西来玩。我小时候玩过的一样东西就是绳子，把绳子拆开，看看它是怎么做成的。我发现，要拆开一根绳子可不是容易的事——既需要花力气，也需要耐心，还要万分小心。把一根绳子或一根线拆开时，组成绳子的线往往会散开和打结。（只要往一个方向扭转一下，就会有一个相等的力往相反的方向扭转！）现在我把我的个人经验也应用到解开 DNA 的问题上。

为了能让你对解开 DNA 的问题有些概念，打个比方说，如果要把一条染色体上的单链 DNA 变成一条绳子，这条绳子可以一直从地球延伸到月球。这条百万英里长的绳子盘旋缠绕，放在像房子那么大的细胞的细胞核里。要在这个令人难以置信的狭小空间里把这条绳子展开成两股线，而且其中任何一股不能和自己，或者和另一股缠到一起。我举起手，陈述了我的疑惑，并问教授，是什么样的机制可以执行这样的程序。毕竟，细胞核里可没有小男孩来干拆开线绳，并保持拆开的两股线互不缠绕的工作。

如果说我对所得到的反应感到惊讶，那就太轻描淡写了。教授的

　　　　　　　　　　　　　无知的美德

脸红了，结结巴巴了一会儿之后，当着大约两百个学生的面气急败坏地对我尖叫："这是默认的，这就是能做到！"

我当时就知道，我触动了他的某根神经。经过一番小小调查之后我发现，这位教授也在研究这个问题，只是他还没有弄清楚。而且事实证明，当时也没有其他人把这件事弄明白。教授为什么就不能直说"我不知道"呢？也许他担心，就像沃森和克里克在他们早期的一些论文中担心的那样，如果无法解开 DNA 双螺旋结构，整个模型就不得不报废。也许他和我一样（我现在仍是）对最终的"解决方案"感到不安，也就是 DNA 被酶切割成很容易解开的小片段，然后这些片段又被粘回去，形成了独立的链。（大自然真的会用这种切肉馅的办法来发挥如此重要的作用吗？）

不管怎样，我学到了三个重要教训。第一，永远不要相信图片。[3]甚至直到今天，我看到的每一张 DNA 解开的图都没有正确描绘这个过程：没有一张图片展示当前理论所接受的剪切和粘贴的现象。这意味着每一个接受这些图片内容的学生，学习的都是一种不正确的模式。它掩盖了最真实和重要的解开缠绕的问题。第二个教训是，想看到现在虽然没有，但应该有的东西多么困难。在关于 DNA 功能的讨论中，从不提解开缠绕的问题，这导致大多数科学家甚至都不知道这个问题曾经存在过。沃森著名的自传《双螺旋》中没有提到这一点，在克里克的自传《狂热的追求》里也没有提到这一点，罗伯特·奥尔比、贺拉斯·朱德森或马特·里德利所写的关于发现双螺旋的标准历史记载中也没有提到这一点，我见过的任何介绍现代生物学或生物化学的教科书中都没有提到这个问题。[4]我相信，没有人真正想正视这个问题，因此就假装它不存在。第三个教训是，专家是指那些（像我的教授一样）不能说"我不知道"的人。

我不相信专家。当一个问题长期悬而未决，就意味着专家不仅没有找到答案，也没有问对问题。

当我的一个学生在生物实验室里问我一个我无法回答的问题的时候，我意识到在研究生院提出正确的问题有多重要。[5]我应该赶紧澄清：我过去常常，现在仍会被问到我无法回答的问题。但我不是对我的学生大叫"这是默认的，这就是能做到！"而是一个完全不同的反应，我回答说："我不知道。让我们来看看怎么才能找到答案。"与我的许多同事不同，我没有必要在我的研究领域成为所有一切的最终权威。事实上，我对已知的东西并不太感兴趣。科学吸引我的是那些我们还不知道的东西，是沉积在被物理学家威廉·劳伦斯·布拉格称为坚硬的、已僵死的科学知识珊瑚上的那层薄薄的、有生命的问题。所以，我在教学中的目标变成了鼓励提问题，然后让提问者参与寻找答案的动态过程。这把学生变成了研究者，让他们发挥想象力。

邓肯·费舍尔是普林斯顿大学的一名极其聪明的大一新生。他问我的那个问题，无论是他，还是我，还是其他人都尚无答案。我还记得，费舍尔的父母都是医学博士，费舍尔在高中时就学过高等生物学，他没必要再上初级生物学入门课，但他还是来了。有他在是件很愉快的事，因为他有幽默感，每周都会给实验室带来一大堆有关生物和医学的双关语和笑料。

费舍尔先生的问题出现在这门课讲到人类血型的时候。这部分我已经讲过很多遍，以为早已驾轻就熟。我向全班同学解释了那个众所

　　　　　　　　　　　　　　　　　无知的美德

周知的事实，有四种基本血型：A、B、AB 和 O 型。我描述了这些血型是如何作为红细胞的蛋白质变异而遗传的。我警告说，如果你输错了血型，你的免疫系统会做出反应，试图破坏不匹配的血液，导致血液循环系统的血细胞凝结以及死亡。费舍尔先生立即举起手来说："我不明白。"

我很震惊。费舍尔先生可是我课堂上的试金石。如果连费舍尔都没听懂，班里可就没有人能懂了！我立即开始在我的脑海里回想刚才说的话，看看是不是有什么地方出了问题，是不是我遗漏了什么，但并没有发现什么明显的问题。所以我鼓励费舍尔先生详细解释一下。他毫无偏差地总结了我刚才告诉全班同学的话，并强调了这样一个事实：每个人的身体都可以确定自己是不是暴露在了不匹配的血型中。然后抛出了他的关键问题："那么这怎么能跟分子生物学中心法则相一致呢？"

如果我之前还可以用震惊来形容的话，现在已经无言以对了。分子生物学中心法则和血型有什么关系呢？我甚至无法想象费舍尔先生的问题到底是什么意思！我冒着会显愚蠢的风险说道："你还得解释一下。"

费舍尔接着说道："中心法则指出，生物系统的信息从 DNA 流到 RNA 再到蛋白质。一旦进入蛋白质，就再也出不来了。对吧？"我表示了赞同。DNA 可以复制自身，RNA 也可以。而且 DNA 可以作为 RNA 的模板，反之亦然。但是蛋白质不能复制其他蛋白质，蛋白质不能（据我们所知）作为制造 RNA 或 DNA 的模板。一旦遗传信息进入蛋白质，它就不能再流回 RNA 或 DNA。DNA 双螺旋的发现者之一弗朗西斯·克里克将这个不可逆过程命名为"分子生物学中心法则",因为没有(也永远不可能有)任何证据能证明它。这是一个简化的假设,就像宗教教条一样,必须通过信仰来接受。这是我们十周前在课堂上讲过的内容。我还是没有看出这和血型之间有什么关系。

"好的。"邓肯继续说,"但你刚刚告诉我们,ABO血型系统是基于红细胞蛋白质的遗传差异。如果信息无法从蛋白质中提取出来,那么我的免疫系统,或者你的免疫系统,是如何分辨匹配与不匹配的血液呢?难道这种区分不需要把信息从输入血液的蛋白质传递给你的免疫系统吗?免疫系统难道不是必须对照你的遗传密码检查吗?那这不是违反了中心法则吗?"

哇哦!

这不是那种我通过查资料就答得上来的问题,也没法通过做简单的实验弄明白。这个问题把生物学的两个领域联系在了一起,而这两个领域在教科书里完全独立。我甚至都不知道该从哪儿着手思考这个问题!我告诉他我会在一两周内给他答复,当我对这些问题更有把握的时候。

长话短说,直到现在我还在想办法解决由费舍尔先生的疑问所引出的难题。它涉及的问题包括:"信息是什么?""如果信息从负责编码的 DNA 和 RNA 流向蛋白质,那么这些信息是如何存储的?""我们为什么不能再从蛋白质中重新找回这些信息?是在某种程度上丢失了吗?""当免疫系统区分'自我'和'非自我'蛋白质时,难道它没有从蛋白质中提取信息吗?""免疫系统是如何区分'自我'与'非自我'的?""我们为什么要接受一个没有证据或实验支持的教条,即使它是由弗朗西斯·克里克宣布的？""把一个教条放在分子生物学的核心位置，难道不会动摇它的科学根基吗？"

我的第一份科学出版物实际上就是对中心法则的挑战，因为我找不出任何合理的理由接受科学中无法检验的断言。[6]我提出一些机制，通过这些机制，信息很可能实际上在蛋白质之间传递，或从蛋白质流回到RNA或DNA。这成了一个现在被称为"反义蛋白"的生物学领域的基础，该领域在全世界各地有几名活跃的研究人员。[7]我相当肯定，这些论文是我1981年第一次获得麦克阿瑟基金会奖的关键原因。这一定惹恼了克里克。当这些论文最终发表的时候（这是一个漫长而曲折的过程，在这个过程中，我被不止一位科学评论家嘲弄），我搬进了索尔克生物研究所某一层楼唯一的一间办公室。那间办公室除了克里克本人之外，就没有其他人了。在三年多的时间里，我每天都能见到克里克，或听到他的声音。但他只跟我说过一次话，那是为了告诉我，他没时间和我说话，永远没有。这就是大人物的虚荣心！

从这次经历中我学到的教训是，有些问题是禁忌。但是，在名义上被授予麦克阿瑟基金会奖后，我去"做一些我本来做不到的事"，我天真地认为提这种问题正是我应该做的。而且，既然我已经在研究免疫系统了，于是我又做了一次"伯恩斯坦"，这一次与艾滋病有关。当人类免疫缺陷病毒（HIV）被分离出来，并宣布是这种新疾病的罪魁祸首时，我决定要问一问，仅靠一种简单的病毒能否导致如此复杂的综合征。我的动机不是纯粹为了唱反调（尽管我相信我的一些同事是这么认为的），而是因为我在乔纳斯·索尔克实验室攻读博士后时得到的不寻常的训练。

索尔克是成功研制第一例脊髓灰质炎疫苗团队的领导人。当我和他一起工作时，他已经开始转向多发性硬化的研究，不幸的是，他没有成功。但我们却在实验室里知道了免疫系统调节机制的一些有意思的情况。少量使用能刺激免疫系统功能的物质，在频繁使用或大剂量使用时会把免疫系统压垮，并关闭。例如，即使是正确血型的血液，在输入病人体内时也会引起严重的免疫抑制。患者接受的血液越多，患者的免疫抑制反应就越强烈。20 世纪 80 年代，加州大学旧金山分校的外科医生开始用输血来帮助移植患者做好接受移植的准备。所以很明显（至少对我来说），通过输血接触人类免疫缺陷病毒的患者得到的不是一种免疫抑制剂（病毒），而是至少两种：病毒和血液。我开始琢磨，除了人类免疫缺陷病毒，其他有感染艾滋病风险的人是否也受到了其他免疫抑制剂的影响。

他们确实受到了。（现在也是！）[8] 需要输血的患者几乎总是要接受麻醉剂和阿片类药物作为手术治疗的一部分，但这些药物具有免疫抑制作用。成瘾者使用的大多数药物都会抑制免疫功能。许多与重复使用不干净针头有关的慢性感染会损害免疫系统。通常伴随药物滥用的营养不良也会产生这种作用，这在世界上艾滋病肆虐的贫困地区十分普遍。结核病、疟疾和性传播疾病会降低免疫活性，而且，一个人患上的此类疾病越多，其免疫功能受损就越严重。20 世纪 70 年代和80 年代，血友病患者使用的不纯凝血剂也被发现具有免疫抑制作用，并且除人类免疫缺陷病毒之外，其中通常还含有多种病毒（如肝炎病毒）。最早的通过实验定义的免疫抑制剂是精液，也就是人类免疫缺陷病毒的主要载体。早在 19 世纪 90 年代，就有证据表明，如果精液进入血液，免疫系统就会受到危害。随后的研究又表明，免疫系统接触精液的情况在无保护肛交中非常常见（男性和女性都是如此），但出于各种解剖和生理原因，在口交或阴道性交中非常罕见。

总而言之，我发现，最有可能感染人类免疫缺陷病毒，然后发展成艾滋病的人，所面临的免疫抑制风险已经比一般人都大得多了。于是，我问自己："如果人类免疫缺陷病毒不是艾滋病的唯一诱因，而是利用了其他免疫抑制因素，或是与这些因素协同作用的结果呢？"一方面，这种可能性使艾滋病的预防和治疗变得更加困难，因为病因不再是一种简单病毒的单独作用。另一方面，如果人类免疫缺陷病毒最有可能在已存在免疫抑制形式的人身上生根，那么就需要净化血液和血液制品（正如已经在做的那样！），以及预防或治疗营养不良、药物滥用、肝炎、疟疾、结核病和性传播疾病，并采取更安全的性行为来防止接触精液。这些可能会对艾滋病的发病率产生非常重大的影响。事实上，我认为，针对免疫抑制的潜在原因，可能比针对人类免疫缺陷病毒的做法成本更低，对全世界更多人的健康更有益。

尽管如此，科学问题是明确的：如果每一个感染人类免疫缺陷病毒并继而发展成艾滋病的人都有许多其他免疫抑制因素作用在他们身上，我们怎么知道人类免疫缺陷病毒必然，而且足以引起艾滋病呢？不幸的是，对这个问题的答案仍然是雾里看花。迄今为止，除了少数例外，生物医学科学家拒绝设计出能给出答案的受控实验或研究。一个显著的例外是吕克·蒙塔尼。蒙塔尼和罗伯特·加洛是人类免疫缺陷病毒的共同发现者。他自 1990 年以来一直坚持认为，人类免疫缺陷病毒本身并不足以导致艾滋病。他认为，正如我所说的，人类免疫缺陷病毒的活动需要一种被称为"辅助因子"的东西来刺激其活性。[9]
我们两人都没有弄明白的是，为什么未能阻止艾滋病的流行或未能治愈艾滋病患者，却没有导致更多人提出像我们所问的问题："我们真的了解艾滋病吗，我们真的了解我们认为我们了解的事吗？"

对艾滋病教条的质疑给我的职业生涯带来了很多麻烦，但同时也给我带来了极好的机会。我因此得到了两位外科医生兼科学家的注意。他们是玛丽斯和查尔斯·维特博士。他们也从许多方面对人类免疫缺陷病毒等于艾滋病这个教条提出了疑问，这也让我有机会参与他们与哲学家安·克尔温合作设计的医学无知课程。[10] 我立刻被他们对无知类型的分类所吸引：那些我们知道我们不知道的东西（显性的无知），那些我们不知道我们不知道的东西（隐性的无知），那些我们认为我们知道但其实不知道的东西（错误的认知），那些我们认为我们不知道但其实知道的东西（隐性的知识），那些不许问的问题（禁忌的问题），那些可能引起麻烦答案的问题（禁忌的答案）。嘿！其中的大部分我难道不是无比熟悉吗，尤其是禁忌的问题！然而，我对这些分类有一个问题，也是科学上公认的对创新者的终极赞美：为什么我就没想到这么聪明的分类法呢？

不过，退而求其次，我开始帮助维特夫妇思考，如何用他们的分类来培养更好的提问者。我的工作集中在科学领域，[11] 但我看不出有什么原因不能在社会科学、人文学科甚至艺术领域发挥它的作用。毕竟，每个人都会遇到难题，但只有问出问题来，难题才有解决的希望。

我为他们提供了两方面的思考。一是认识到，至少还有两种对科学家特别重要的无知。一种被我称为"不受欢迎的访客"。对于科学家来说，自然是一个巨大的拼图游戏，我们只能通过把它分解成碎片才能解决。科学家面临的一个普遍问题是，哪些碎片属于拼图的哪些部分。没有任何指南可以明白无误地告诉我们，哪些碎片应该组合在一起。最终我们经常会试图把不应该在一起的部分组合在一起。因此，我们必须一直要问："在我们收集的数据中，是否有一个或若干个不受欢迎的访客？"因为，如果有，我们可能永远找不到一个模式——在外表差不多的客人中，区分出谁是受邀的而谁又不是。事实上，沃森和克里克自豪地宣称，在研究DNA双螺旋的过程中，他们忽略了任何不符合其模型的数据。建立假设的目的之一就是告诉我们哪些数据是相关的而哪些不是。

问题的另一面是，当我们建立一个新假设时，我们永远无法确定我们是不是已经有了所需的全部数据。这被我称为"失踪的客人"。一个特别聪明的科学家可能在只得到30位客人的邀请回复时，就摆好了供100多位客人用餐的餐桌。门捷列夫就是这么做的，也是后来的科学家认为他特别聪明的原因：在他的元素周期表中，当时仅有寥寥可数的已知元素，但他为近百种没有人相信存在的元素预留了空位。其中有些元素还要等一百多年才会来参加他的派对！这是一种只有在清楚地知道我们的知识是多么不完整的情况下才会有的远见。

我对维特夫妇的无知课程的另一项帮助是认识到，每种类型的无知要用不同方法来激发出适合的问题。[12] 简单的标准六要素——谁、什么、为什么、何时、何地和如何——是不够的。例如，发现隐性的无知就尤其困难。一个人怎么能发现我们不知道我们不知道的事情呢？

事实上，自科学家开始采用受控实验以来，一直在发现他们不知道的不知道。要建立一个有意义的实验，首先必须有一个假设，明确说明哪些因素会影响实验体系，以什么方式，以及影响到什么程度。还需要定义哪些因素应该没有影响。科学实验中的"阳性对照组"所包括的是已知将影响实验体系的因素，其影响应该和将要测试的新因素一致。而"阴性对照组"则是按理不应该对实验体系产生任何影响的因素。科学教科书通常将控制的作用描述为确保实验合法性的手段。比如假定一种新化学物质可以降低血压，那么它对血压的影响作用应该与已知的降压药物一致。相反，我们还必须证明，在你测试新药的那一天，已知的化学药物没有对血压，实际上是对你自己的整个系统都没有产生影响。

控制也是发现隐性的无知的最好方法之一。我的一位同事温斯顿·布里尔给我讲了，他是如何发现当今市场上最有效、最安全的杀虫剂之一的故事。他已经掌握了一些应该产生杀虫剂作用的分子类型，并据此合成了几十种不同的化合物。然而，当他建立受控实验时，他发现自动测试仪中还有几支空试管，于是他从实验室各处散放的瓶子里随机倒了些化学物质进去。这些随机的化学物质应该算作他的阴性对照组。

实验的结果并不是布里尔所期望的。他设计以及合成的化学物质中，没有一种能降低害虫的活性（他的假设是错误的！），而一种本应是阴性对照组的随机化学物质却创造了奇迹。意外的惊喜！布里尔现在知道了他在实验之前不知道的事情，那就是有一些未知因素在控制害虫的生理机能方面起了作用。对这些因素进行后续研究之后，他发明了一种新型杀虫剂。

运气是另一个发现不知道的不知道的主要因素。我的另一位同事巴尼特·罗森博格就得到了这样的运气。所有科学家在开始他们的研究时，心里都会有一个特定目标。最成功的科学家往往发现，在这一过程中大自然随手丢出的意想不到的现象可能远比我们的假设更有趣，也更有用。罗森博格的经历就是这样。

罗森博格告诉我，很多年前，他在研究 pH 值对细菌生长的影响。有一天，他注意到他的单细胞细菌开始分裂，但彼此却没有分离，而是开始形成链和团块。以前从来没有人见过这种现象。他被迷住了。但他很快便确定，这不是由 pH 值变化，而是一些他没有意识到他在做的事导致这种结果。经过数月的研究终于发现，培养基中的酸侵蚀了他用来测量 pH 值的铂电极。溶解的铂在培养基中形成了一种叫作顺铂的新的化合物，正是这种化合物干扰了细菌的细胞分裂。另一位同事随即提出，任何干扰细胞分裂的东西都有可能成为抗癌药。十年之内，顺铂就将成为世界上最畅销的抗癌药物之一。"机缘巧合之下的意外"向罗森博格表明，有些他不知道自己不知道的东西影响了细胞的分裂，正是因为发现了不知道的不知道，他走上了一条将拯救数百万人生命的道路。

在布里尔和罗森博格的例子中，关于无知的一个关键点都很明显：你必须期待点什么，然后才会为没有期待的事感到惊讶。巴斯德曾说，只有有准备的人才能发现未知！你必须准备好承认自己的无知，才能从无知中受益。

现在已经很清楚了，同样的方法可能让隐性的无知大白于天下，却无法揭示认为知道但其实不知道的无知，也不适用于发现不知道我们不知道的无知。发现错误的知识和发现隐性的知识用的是完全不同的方法。一种是，质疑被广泛接受但未经检验的支持当前实践或理论的基本假设。是不是别的假设（如人类免疫缺陷病毒与辅助因子协同作用）也成立，或者甚至更好呢？另一种是，关注异常的情况和数据，与主导模式的预测形成了矛盾，比如，不知怎么信息居然从蛋白质流出，以一种有效的形式进入了免疫系统，那么中心法则的建立有什么问题吗？

我最喜欢用的、发现错误知识的方法是把事情反过来看。诺贝尔奖获得者詹姆斯·布莱克曾说，这个技巧是他惯用的。如果有人告诉他，光速是恒定的，他会立即反问："如果不是会怎样？"[13] 这种情况最坏的结果是，会让你以最深刻的方式了解到，物理学家为什么会接受恒定的光速；而最好的结果则是，你发现了这个领域的全新研究方法。这也是布莱克在开始研究心绞痛的病因时发现的。根据当时的医学常识，心绞痛是由于冠状动脉阻塞导致心脏不能获得足够的氧造成的。因此，布莱克的同时代人都忙着想办法增加心脏的氧量。矛盾的是，他们所尝试的每一次干预都会加剧心绞痛。按照习惯做法，布莱克又把事情反过来看了。他问道：如果我们一开始就试图减少心脏的需氧量，会怎样呢？为了验证他的想法，他必须发明一种新药物，现在被称为"β 受体阻滞剂"。这种药物不仅降低了心脏的需氧量，而且对心绞痛和其他类型的心脏病的治疗效果也非常好。因此，质疑假设，以及反过来看问题，都是非常有效的发现错误的知识的方法。

要发现我们不知道但其实知道的东西（隐性的知识）需要的则是

另外的方法。其中最成功的　种是去了解你所研究学科的历史。随着科学发展，有很多重要的见解、实验和想法都被抛弃了，因为它们不符合最新的时尚，而我却正是通过翻故纸堆发现了精液的免疫抑制效应。因此，历史可能会照亮未来。还有一个类似的策略是，探索被其他人忽视的信息来源。每个学科都有不同层次的信息来源。在科学研究领域，我们最用心倾听处于知识金字塔顶端的建议：那些在加州理工大学、麻省理工学院、哈佛大学、耶鲁大学、斯坦福大学等顶级学府拥有教授头衔的人，以及那些在最负盛名的期刊——《科学》《自然》《美国国家科学院院刊》《美国医学会杂志》《新英格兰医学杂志》——上发表文章的专家。但是，如果咨询了所有大人物，查遍了所有主要文献资料和教科书，问题仍然无法解决，又该怎么办？

这正是 20 世纪 80 年代，全世界处理创伤患者的医生所面临的情况。公众并不知道，创伤中心接诊的严重烧伤或外伤患者中，每 100 人中就有 3~4 人出现无法治愈的感染。用消毒剂不起作用，用抗生素不见起色，即使是通过外科手术切除感染组织也往往无济于事。患者要受数月甚至数年的痛苦，伤口开放、化脓、发臭。有些人需要截肢，另一些人则会死亡。有两位医生，一位在美国南部的一家诊所，另一位在阿根廷，他们试遍了现代医学所能提供的一切方法，均告失败，绝望之余，开始向每个人求教。

他们就是这样碰到了那个未知的答案，一个已经存在了两千多年的答案。[14] 两位医生诊所里的护士一直就有他们所需要的答案，但从未有人想到去征求她们的意见。护士建议医生，在患者无法治愈的伤口上厚厚地涂上一层蜂蜜。毕竟，这是一代代人曾使用过的治疗烧伤和外伤的方法。这种方法不仅在美国南方腹地的边远地区使用，在亚马逊的热带丛林、在中国的田间地头，甚至在古埃及的沙漠中也一直在使用。在这么长的时间里，使用范围如此广泛，总会有点效果吧。

这听上去是个疯狂的主意。然而，蜂蜜奏效了！任何方法都无法治愈的患者中，有 90% 伤口在几天或几周内完全愈合。大规模临床试验证实，蜂蜜或糖碘糊剂远胜于其他任何治疗创伤的疗法或处治方案，可以缩短伤口愈合的时间，可以使疤痕变小，还降低了住院费用。这种治疗方法现在也被推荐用于治疗与糖尿病有关的溃疡，有时还会与蛆虫配合使用，吃掉坏死的腐肉。

蜂蜜疗法的阻碍来自掌握这种做法的是一些被剥夺投票权的人。从来不会有人去问他们知道些什么。这种强加的无知是基于社会偏见和成见，因为他们在科学或医学领域里没有一席之地。最终的考验并不是谁知道什么，而是所知道的东西是否有效。

最后，禁忌的问题和禁忌的答案表明，问问题从来不是一项被动的行动，也不会对胆小鬼有吸引力。和挑战学校霸凌一样，质疑权威需要同样多的勇气。两者的危险性也一样高，精神上的创伤不比肉体上的伤痛更轻，也一样久难愈合。但是，不去质疑专家所带来的风险和不为自己而战一样，都将导致强者奴役弱者，无知者恐吓有知者。不加怀疑地学习无异于洗脑，把学生教育成只会服从的思想奴仆，把和气看得比掌握知识更重要。

不幸的是，尽管乔治·沃尔德告诫我们说，造就科学家的是问题，而不是答案，但我们从学前班到研究生的全部科学课程设置中，没有任何地方能让学生提出自己的疑问，更不用说鼓励他们提出具有独到

　　　　　　　　　　　　　　　无知的美德

见解的问题了！在所有课程和教科书中，你能找到一道习题是教学生如何提问或评估问题吗？在所有纷乱的事实之中，有一个迹象表明有什么问题尚无答案吗？甚至连问题都从未有人问过！多么讽刺！我们强调答案而不是问题，这是本末倒置啊。一个会回答所有已知答案，却自己问不出问题的人，永远不可能成为科学家！我之所以知道这一点，是因为我和这样的一个人一起上的大学！他是个聪明的应试者，但完全没有想象力。这样的人就像是一个能正确定义和拼写英语中的每个单词，却写不出一首诗的人。其拥有全部事实，却没有这样的想象力，该拿这些事实怎么办。问问题能培养想象力，是因为它可以让我们超越已知的事实，正视我们的无知。一个人在遇到从前没人问过、现在也没人知道答案的问题时会有什么反应，将最终成就或者毁掉一个科学家。

正视提问题的重要性应该引起一场教育革命。为此，维特夫妇一直在尽自己所能，我也试着尽绵薄之力。我通过四种方式把发现问题和提出问题纳入课堂讲授和练习中。第一，确保学生理解，是什么样的问题最初促使人们去寻找他们那一天要学的知识。这些问题为他们提供了一个框架，让他们能有条理地安放自己新学的知识。如果没有这样一个框架，事实就会杂乱无章地堆成一团。第二，在每堂课结束时，我还会明确说明，刚刚学到的材料中哪些重大问题仍然悬而未决。没有什么比这更能让学生兴奋不已、跃跃欲试了！他们像所有聪明人一样，想在世界上留下自己的印记。知道有些重大问题是科学还没解决的，这会激发他们的想象力，并为他们提供一个样板，以便形成自己的问题。第三，我还告诉我的学生们，在我讲授的过程中，如果想到任何问题，随时都可以打断我。"没有一个问题是愚蠢的。"我反复强调这一点。我让他们知道，他们想到的任何问题肯定也是在座的很多人想问而不敢问的，所以提出问题不仅对他们自己有好处，也能帮助别人，也许还能防止我假定他们知道但实际上他们不知道的事情。第四，我总是给他们讲邓肯·费舍尔提出的关于中心法则和血型的问题，这让他们知道，他们的问题也可能非常深刻，甚至能揭示专家们都没有发现的无知领域。知道还有那么多事情是我们不知道的，他们自由想象的空间就被打开了。

当然肯定还有更多工作需要做。尽管在每个可以想象到的学科中，有成百上千种广泛应用的激励、教授和评估学生解决问题的能力的正式方法，但对于激励、教授和评估发现问题和提出问题的能力的可用资料却少得可怜，而且几乎还没开始在任何学科中普遍应用。[15] 尽管许多心理学家越来越相信，在任何领域，创造力与发现问题的联系比与解决问题的关系更密切，但对于发现问题，我们的无知够写好几本书了。就像一个醉汉在黑暗的小巷里丢了钥匙，却被人发现他四脚着地在街角的灯柱底下找钥匙，原因是只有这里有亮光，只有在这里他才看得见。我们很多人都像专家一样，被光明奴役，被黑暗折磨。真是怪事，因为无知的暗夜里潜伏着所有有趣的未解之谜！

所以我经常背对亮光，接受因此导致的感知和概念上的失明，在黑暗中寻找无知。再次像婴儿一样手脚并用地四处摸索，总是让人自然而然地产生谦卑感，最初跌跌撞撞的脚步也很容易招致同事的嘲笑。但当你越来越成熟，最后站起来，并蹒跚地迈出进入未知世界的第一步时，这是令人振奋的！这是我发现遵循乔治·沃尔德建议提出更多

　　　　　　　　　　　　无知的美德

有意义的问题的唯一途径。他们总是离我们所知最远的人。

因此，我总是自豪、公开地一再承认："我不知道！"我更自豪的是，能为自己的无知做点什么，敢于挑战知识地图上的空白。走在未知的边缘才能让我确认，我是一个真正的科学家！

注释

1. Gerald Ames and Rose Wyler, *The Giant Golden Book of Biology* (New York: Golden, 1961), 2.

2. R. S. Root-Bernstein, "Mathematical Modelling of Biocheical Systems Using Petri Nets" (senior thesis, Department of Biochemistry, Princeton University,1975).

3. R. S. Root-Bernstein, "Do We Have the Structure of DNA Right? Aesthetic Assumptions, Visual Conventions, and Unsolved Problems," *Art Journal* 55 (1996): 47–55.

4. James Watson, *The Double Helix* (New York: Atheneum, 1968); Francis Crick, *What Mad Pursuit* (New York: Basic, 1988); Robert Olby, *The Path to the Double Helix: The Discovery of DNA* (New York: Dover, 1994); Horace F. Judson, *The Eighth Day of Creation: Makers of the Revolution in Biology*(New York: Simon & Schuster, 1979); Matt Ridley, *Francis Crick: Discovere of the Genetic Code* (New York: HarperCollins, 2006).

5. R. S. Root-Bernstein, *Discovering: Inventing and Solving Problems at the Frontiers of Knowledge* (Cambridge, MA: Harvard University Press, 1989), 29–31.

6. R. S. Root-Bernstein, "Amino Acid Pairing," *Journal of Theoretical Biology* 94 (1982): 885–94, "On the Origin of the Genetic Code," *Journal of Theoretical Biology* 94 (1982): 895–904, and "Protein Replication by

Amino Acid Pairing," *Journal of Theoretical Biology* 100 (1983): 99–106.

7. R. S. Root-Bernstein and D. D. Holsworth, "Antisense Peptides: A Critical Review," *Journal of Theoretical Biology* 190 (1998): 107–19; I. Z. Siemion,M. Cebrat, and A. Kluczyk, "The Problem of Amino Acid Pairing and Antisense Peptides," *Current Protein and Peptide Science* 5 (2004): 507–27; J. Sibilia, "Novel Concepts and Treatments for Autoimmune Disease: Ten Focal Points," *Joint, Bone, Spine* 71 (2004): 511–17.

8. R. S. Root-Bernstein, *Rethinking AIDS: The Tragic Cost of Premature Consensus* (New York: Free Press, 1993).

9. L. Montagnier and A. Blanchard, "Mycoplasmas as Cofactors in Infection Due to Human Immunodeficiency Virus," *Clinical Infection and Disease*17, suppl. 1 (1993): S309–S315; L. Montagnier, *Virus* (New York: Norton,1999) and "A History of HIV Discovery," *Science* 298 (2002): 1727–28.

10. See the essay by Marlys Hearst Witte, Peter Crown, Michael Bernas, and Charles L. Witte in this volume.

11. R. S. Root-Bernstein, "The Problem of Problems," *Journal of Theoretical Biology* 99 (1982): 193–201; Root-Bernstein, *Discovering,* 56–66.

12. R. S. Root-Bernstein, "Nepistemology: Problem Generation and Evalua-tion," in *International Handbook on Innovation,* ed. L. V. Shavanina (Amsterdam: Elsevier, 2003), 170–79.

13. "Daydreaming Molecules," in *Passionate Minds: The Inner World of Scientists,* ed. L. Wolpert and A. Richards (Oxford: Oxford University Press,1997), 124–29.

14. R. S. Root-Bernstein and M. M. Root-Bernstein, *Honey, Mud, Maggots, and Other Medical Marvels* (Boston: Houghton Mifflin, 1997), 31–43.

15. J. W. Getzels, "Problem-Finding and the Inventiveness of Solutions,"

无知的美德

Journal of Creative Behavior 9 (1975): 12–18, and "Problem Finding: A Theoretical Note," *Cognitive Science: A Multidisciplinary Journal* 3 (1979):167–72; M. A. Runco, "Problem Construction and Creativity: The Role of Ability, Cue Consistency, and Active Processing," *Creativity Research Journal*10 (1997): 9–23; C. Christou, N. Mousoulides, M. Pittalis, D. Pita-Pantazi, and B. Sriraman, "An Empirical Taxonomy of Problem Posing Processes," *ZDM* 37(2005): 1–27; T. Lewis, S. Petrin, and A. M. Hill, "Problem Posing—Adding a Creative Increment to Technological Problem Solving," *Journal of Industrial Teacher Education* 36 (1998): 1–30; R. F. Subotnik, "Factors from the Structureof Intellect Model Associated with Gifted Adolescents' Problem Finding in Science: Research with Westinghouse Science Talent Search Winners," *Journal of Creative Behavior* 22 (1988): 42–54; E. A. Silver, "On Mathematical Problem Posing," *For the Learning of Mathematics* 14 (1994): 19–28.

我不知道！

从无知中吸取的教训
医学（及其他）无知课

**玛丽斯·赫斯特·维特、彼得·克朗、
迈克尔·贝尔纳斯和查尔斯·L. 维特**

> 在科学成果最丰富的这几个世纪，科学的最大成就之一就是发现我们极度无知。我们对自然知之甚少，能弄懂的就更少了。我希望医学院能开设一些正式的、关于医学无知的课程，还需要编一些这类教科书，尽管它们必定会卷帙浩繁。
>
> ——刘易斯·托马斯

从无知中，特别是从医学的无知中，我们能吸取什么教训？刘易斯·托马斯关于开设医学无知课的新颖想法引起了我们的共鸣。举个例子，想想我们对艾滋病的无知。在经过 25 年多的基础研究、众多临床药物试验和令人沮丧的预防措施的努力之后，迅速蔓延全球的大流行病几乎没有减弱，有效疫苗的开发前景仍然渺茫。虽然关于艾滋病，我们已经知道了很多，但仍然受到无知的折磨。或许，在医学教科书关于艾滋病的章节中留一些空白页，就象征我们承认自己的无知，也许能激励年轻人去寻求新的研究途径。同样的做法也许也适用于大脑和胰腺等实体器官癌症。空白页可以更准确地反映出，实际上我们对遏制肿瘤的生长是多么束手无策。即使是人造心脏和器官移植——现代外科手术和生物医学工程的奇迹——也只能证明我们对心脏病和其他器官功能障碍的根本性无知。事实上，外科手术这门学科本身就是终极无知的医学操作——切除器官和"操纵"身体。传奇外科医生约翰·亨特在几个世纪前就总结道："这（外科手术）就像一个野蛮人带着刀枪棍棒，想要通过武力来夺取需要文明人用谋略获得的东西。"[1] 尽管对许多疾病来说，目前可能的最佳治疗手段往往仍然是外科手术，但它同时也鲜明地证明，我们对基本的疾病过程缺乏根本了解，也就是无知，所以才无法用"自然"手段防止或阻止疾病的发展。在这样的背景下，我们推断，关于医学无知的课程不仅可以加强医学教育，还可以极大促进新思想和基础研究的发展。随着医学（及其他）无知课的发展，"无知样板"的力量和影响将逐渐显现出来。[2]

从认识论到新认识论的哲学转变

在西方思想中，人们普遍认为，知识和无知是两极对立的，就好像无知是愚蠢的代名词，因此也是一种侮辱。[3] 这会导致这样一种印象：知识代表光明和进步，而无知则是敌人和阻碍。如果知识要胜利，人类要进步，我们就要惧怕无知，我们学会了谈无知色变。但事实恰恰相反。迪斯雷利曾经写道："意识到自己无知是向知识迈出了一大步。"[4]

三千多年来，争论认识论的哲学家们一直把研究知识和研究无知结合在一起。在现实世界中，知识和无知也并不是不可调和的两极。波兰天文学家哥白尼的观点是："知道我们知道什么，知道我们不知道什么，这才是真正的知识。"[5]

事实上，知道和不知道本就是相互交织、彼此相依的。就像认识无知需要知识一样，面对和探寻新知也需要接受无知。威廉·詹姆斯指出："我们的科学是一滴水，而我们的无知是一片大海。"[6]从这个角度来看，无知并非空空如也，而是一块肥沃的未知之土，可以为我们提供探索知识的动力。学习本身就是一个不断遭遇无知的过程。事实上，我们知道的越多，就越会意识到自己的知识有多么有限。帕斯卡说："知识就像一个球体，它的体积越大，它接触未知的表面积也越大。"[7]

这样说来，无知是学习和研究的一种动力，它的形态随着探究的深入而变化。在无知的疆域里，至少有六片领地：[8]知道自己不知道（已知的未知）、不知道自己不知道（未知的未知）、以为自己知道但其实不知道（错误）、不知道自己知道（沉默的知识）、禁忌（"禁止"的知识），[9]以及被否认的知识。每一片领地经过探寻之后都要被绘制在 CMI 地图上（见图 1）。

一个特定主题的无知地图，例如艾滋病，会因为绘制者过往的学习经历以及对无知的态度的个体差异而不同。不过，绘制地图的方法大同小异。已知的未知，鲁特-伯恩斯坦称之为"显性的无知"，[10]可以首先通过质疑假设的方式来应对。如果一个问题长时间悬而未决，

　　　　　　　　　　　　　　　无知的美德

就意味着研究这个问题的专家没有找对问题。鲁特-伯恩斯坦建议，这需要在研究中通过出乎意料的结果来获得惊喜。另一种方法是关注自相矛盾的问题，因为好问题就根植在矛盾或悖论里。鲁特-伯恩斯坦指出："最伟大的科学家心里都装着孩子般对宇宙的好奇心。"[11] 这表明，非凡就蕴含在看似平凡的事物中。

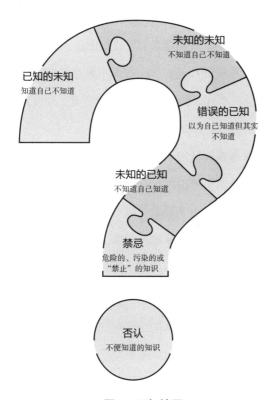

图 1 无知地图

[基于 M. H. Witte, A. Kerwin, and C. L.Witte, "Curriculum on Medical and Other Ignorance: Shifting Paradigms on Learning and Discovery," in *Memory Distortions and Their Prevention,* ed. M. J. Intons-Peterson and D. L. Best (Mahwah, NJ: Erlbaum, 1998), fig. 8.2, p.137。]

信息高速公路与无知的偏僻小径

　　随着互联网的发展和普及，整个社会的范式也经历了深刻的转变。信息爆炸逐渐把我们的文化转变成了一种知识型文化，但这种文化如果缺少了智慧，将寸步难行。皮尤网络及美国生活计划项目在 2006 年 2 月至 4 月的调查中发现，73% 的美国成年人（约 1.47 亿）使用互联网，其中 91% 的人使用搜索引擎查找信息。[12] "谷歌"已经成了一个动词，意思是使用 Google.com 搜索引擎在线搜索信息。仅在美国，每天谷歌就有 9 100 万次搜索。如果把所有主要搜索引擎都包括在内，这个数字会增加到每天 2.13 亿次。[13]

　　当人们越来越多地转向通过网络获取信息，在线可获得的信息量激增时，评估搜索引擎返回信息准确性的难度也随之增加。经同行评审的论文、摘要和引文是最可靠的。对于已经习惯了参阅这种可靠信息的研究人员来说，互联网提供了查阅众多学术期刊更便捷的途径。从前，如果你想要的期刊不在你所在大学的图书馆里，那么获取这些资料要颇费周折。（谷歌承认这一要求，其"谷歌学术"在 2007 年进行了贝塔测试。）但是，如何评估其他类型的在线搜索结果，特别是当这些结果来自一个看似可靠的来源，比如流行的在线百科全书维基百科（Wikipedia.org）？截至 2006 年 7 月，维基百科的访问量超过了 MSNBC.com、《纽约时报》和《华尔街日报》的总和。斯泰西·希夫告诉我们，维基百科已经成为互联网上访问量排名第 17 位的网站。尽管维基百科广受欢迎，但正如希夫所指出的，它的部分问题在于其出处，每篇文章由个人创建，然后由表面上对这个主题有所了解的其他人进一步编辑："维基百科的大部分内容不是来自书库，而是来自网络，其内容五花八门，从突发新闻、带节奏的宣传、娱乐八卦到证明登月从未发生的证据，一应俱全。错误因为引人注目而受到重视，悄悄遗漏的信息却被忽略。"[14] 在互联网上，这类信息随手可得，因此质疑信息本身，以及质疑其来源的问题非常必要。化学家亨利·鲍尔在他富有洞察力的《科学素养和科学方法的神话》一书中认为，所有知识，从最主观、最不可靠的，到最可靠、最客观的，都会先后通过"知识过滤器"（见图2）。"各种不同的可能性和确定性，随着时间的推移一直在变化，从口口相传的消息，到写进教科书的内容。"[15]

　　海量信息随手可得也造成了信息导航和利用的问题。管理专家彼得·德鲁克的建议是："提高数据素养。知道什么该知道……挑战将不再是来自技术，而是来自如何把数据转换为可用信息，并实际应用。"[16] 媒体哲学家尼尔·波兹曼表达了他对"信息狂"社会的忧虑，充斥着"人们不知该如何处理的信息，也不知道哪些是相关的，哪些不是"。[17] 此外，诺曼·迈尔斯认为，世界上主要的环境问题与其说是无知的结果，不如说是"愚昧"的结果。他的意思是，我们主动选择对问题视而不见，我们主动选择弃之不顾，而且当我们掌握了信息之后，却选择把它们丢到脑后。[18]

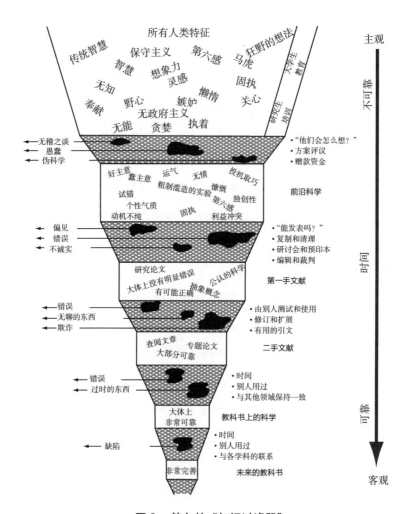

图 2 鲍尔的"知识过滤器"

[基于 H. Bauer, *Scientific Literacy and the Myth of the Scientific Method*（Urbana: University of Illinois Press,1992）, fig. 2, p. 45. Courtesy of Henry H. Bauer。]

无知的美德

混沌和失败在无知世界中的优势

1989 年，在圣路易斯大学医学院毕业典礼的演讲中，我们指出无知、失败及不受控制、不受限制的混沌，以及负面空间将成为光明的未来。[19] 在《混沌》一书中，詹姆斯·格雷克讲述了一位物理学家是如何通过长时间观察蜿蜒的溪流和聚散的云朵发现具有革命性的混沌理论的。[20] 混沌理论假设大气和湍流等混沌现象，并不由我们一度认为的简单的线性规律控制。无论是一只在里约热内卢的蝴蝶扇动翅膀造成了得克萨斯州的龙卷风，还是在动脉瘤里的血液产生的湍流，最近的非线性动力学研究表明，混沌本身可能正是我们所需要的。健康、年轻和无疾病状态代表的是持续混乱的不平衡状态，为迅速反应和适应做好了准备。衰老是一种稳定性增加的状态，这个阶段发生心律失常，以及其他危及生命的疾病的可能性更高，这是因为身体的调节能力减弱了。具有讽刺意味的是，"倾向混沌"的操纵可能才是应对各种疾病的有效方法。

在医学领域以外也能发现混沌与失败、成功之间的关系。管理大师汤姆·彼得斯给成功公司的建议是"在混乱中成长"，因为那些认可混乱的公司，也同样重视不确定性，并愿意承担取得成功所需的风险。[21] 沃尔曼在他极具启发性的《信息焦虑》一书中这样描述失败：

> 皮吉特海峡的狂风扭曲、拉扯，并最终摧毁了塔科马海峡大桥，但也触发了迫切需要的、艰巨的空气动力学研究，最终使各种形式的钢结构因此受益。博韦大教堂的建造超过了当时技术所

允许的极限，于是它倒塌了。但后来的大教堂都利用了它失败的教训。

如果不突破技术极限，谁能知道它的终点在哪里？世界上最伟大的发明家达·芬奇的机器没被造出来，说实话，许多机器的设计也许并不可行，但他尝试解决的问题，甚至都没有人意识到那是个问题。克拉伦斯·达罗因为案子一个接一个败诉而成为法庭传奇，但这迫使人们重新审视当代对宗教、劳动关系和社会困境的看法。

宝丽来公司创始人埃德温·兰德的即时显影电影（*Polarvision*）项目最终彻底失败。他把他的尝试描述为试图使用一种不可能的化学方法和一种不存在的技术来制造一种无法制造的产品，而且这种产品没有明显的需求。他认为，这构成了最佳的工作条件。[22]

大约是因为内幕交易丑闻和华尔街危机，商学院和工程学院引入了类似休斯敦大学的"101 项失败"课程，分析和反思一个伟大的想法为什么会一败涂地，一项辉煌的战略为什么会折戟。[23] 参加比赛的运动员，无论是国际象棋大师还是足球明星，都知道胜利固然是好事，但更有价值的是分析失败的原因。医生传统上有召开"死亡率和发病率"会议的惯例（相当于"比赛失利"后的总结），以此来发现在照顾患者时，是什么问题导致患者出现了意外的并发症或导致了患者死亡，并讨论如何避免不良结果。虽然了解更多已知信息有时可以获得改善，但更多时候，我们仍然找不到最关键的问题出在哪里。医疗实践的关键更多的是关注临床决策中的动态错误，以便提高绩效、促进创新。[24]

无知的美德

从知识和答案到问题和教训：不一样的教学法

加州大学旧金山分校负责医学入学考试的副院长劳埃德·史密斯曾经说："我们的学生应该从令人震惊的过度事实灌输中解放出来，这种灌输很可能把他们变成记录我们现有无知的载体。"[25] 作为医学教育工作者，我们培养的医学从业者应该面向未来。然而，在基础阶段，医学生的大部分时间都用来记忆当前的知识，其中有许多很快就会过时。（马克·拉维奇曾以实事求是的态度指出："几代人以前的教科书和今天的教科书一样厚，但里面同样都只有各式各样的错误信息。"）[26] 因此，重要的是，医学生要学会如何在一生中用心、持续地学习。为了在医学诊断和治疗这样的不确定领域发挥专长，学生必须能够熟练且有效地提出问题，必须能分辨已知的未知，寻找未知的未知，并质疑不假思索的答案。这种以学习为专长的技能，特别是擅长发现和利用医学的无知并不是当前医学课程的标准要求。为了帮助学生成为终身学习者，我们于1984年在亚利桑那州大学外科学系开设了CMI课程。这是医学生研究计划项目的一部分。[27]

这门课的核心内容就是无知领域。无知该怎么教呢？那意味着，学习认识和应对无知的技能和态度。儿童的问题总是五花八门、层出不穷。然而，随着他们进入学校学习，大多数人所得到的信息是，不要提出问题。到了大学和医学院阶段往往更经常强调这一点。与此相反的是，CMI对学生的要求正是提出问题，并且更看重这个方面。为了帮助学生恢复提问题的能力（"拔掉"堵住问题管道的塞子），我们首先尽可能听取学生关于一系列具体医学问题的想法，例如，艾滋病、乳腺癌、基因治疗、肥胖、器官移植、干细胞或人工心脏。这一下，就像放开了水闸，引出了一连串问题。到了这一阶段，开始使用三类一般问题进行对话。第一类问题是关于基础生物学的问题；第二类是与某个具体患者，或某个具体医疗难题相关的临床或实际管理问题；第三类是在患者范围之外的，与社会、经济、法律和伦理道德有关的问题。随后，学生练习按问题的各种类型提问，并鼓励学生提出范围更广、更多样的系统性问题。关于提问和探究的教学参考书有很多，但大多侧重于教师应该问的问题。与此相反，CMI 希望提问的是学生，并由学生来寻找答案。

总之，CMI 的基本内容是问题，其教学方式是提问。尽管大多数医生已经习惯了担任提问者的角色，但有许多人担心，承认无知可能导致他们失去病人或同事的尊重。CMI 致力于通过教导、讨论无知获得对承认无知的尊重。

CMI 课程教学大纲

设立 CMI 的一个主要动机是，调和把大学当作"知识工厂"的假象和大学其实是"无知下议院"的现实。也就是说，大学是一个学习或发现未知的理想场所。这一"现实"体现了托马斯提出的课程改革建议，也体现了帕斯卡不断扩大的知识球体的思想。我们知道的越多，就越需要认识到有多少是我们不知道的。对所知甚少的疾病过于自信，不仅不明智，而且对一名医生来说是非常危险的。那么，如何将这些主题和思想融合成一门真正的课程呢？首先，我们制定了一份课程大纲。[28] 简单地说，CMI 的目标是对变化无常的无知领域获得一些了解，并学习在这样的无知领域巡航所需的技能和态度。学生学习如何提高技能，如提问和合作等，以便有效认识和应对无知。在这一过程中，还要强化积极的态度，重视好奇心、怀疑、谦逊、乐观和自信的价值。

有 20%~25% 的我校医学生参加了"医学无知暑期研修班"（SIMI）。自 1987 年以来，参加过这个班的还有 432 名高中少数族裔学生（大部分来自未被充分代表的少数族裔）和 135 名从幼儿园至十二年级的科学课教师。每个高中生都会与一名医生、一名基础科学家或一名医学生辅导员配对。这个项目的标志是一个大大的问号。要求学生以问题开始他们的项目，到暑期结束时再以另一组新的、尚无答案的问题结束项目。基础和临床研究体验则是一项全天的、亲自动手真正动脑的、沉浸在无知中的训练。两周一次的研讨会有亚利桑那大学的教师和客座教授参加。他们会展示他们自己的问题，探讨他们不知道的东西，以及提问是如何促进研究效率和临床疗效的。

因此，第一次正式认可的关于无知的医学院课程包含了广泛的医学话题，如艾滋病、精神分裂症、乳腺癌、疼痛症、肝硬化、阿尔茨海默病和糖尿病。每个学生选择并"专攻"一个话题，首先通过提问发现哪些是已知的，然后深入研究未知的。最后，学生们将这些材料综合在一起，成为一份口头和书面的最终"无知报告"。也可以给他们分配一名患有某种特定疾病的人，检视诊断和治疗的决策过程，并发现已经提出的问题的逻辑关系，以及其他应该提的问题。重点关注需要努力和思考的尚无答案的问题。比如说，可以撰写一篇比较复杂的报告，关于乳腺癌还有什么是我们不知道的。首先，要提出和组织好关于已知和公认事实的问题；其次，提出"关于乳腺癌还有什么是我们不知道的"问题（例如，有关癌细胞的复杂工作机制，更早、更好的诊断，遗传影响，以及破坏性更小的治疗方案）。

在其他练习中，关于医学无知的访问教授会进行两场活动。第一场是在礼堂里举行的传统"知识"讲座。第二场讨论会可以选在"无知之家"举行，即非营利组织无知基金会的所在地。在这里，各位访问教授将就传统知识讲座的同一主题，讨论哪些是他们不知道的。第二场活动将以气氛更活跃，小组参与度和交流程度更高为特征。关于已知的讲座与暴露未知的讨论之间形成的鲜明对比，以及学生对启蒙的无知的反应，将产生一种与众不同的互动体验。

无知课的工具

课程的引导标志和代表符号就是那张无知地图，一个界限模糊的大大的问号和大片空白。它提供给学生绘制与特定主题，或研究项目，或患者有关的无知之地。绘图活动使未知有了一种具体的实在感，还可以用来记录学生在探索无知内容和范围时的进展，并"挖掘"资源。

无知日志系列是另一个重要工具。要求学生每周提交个人日常问题日志，以及他们采取了哪些方法去寻找答案。现在，学生可以在一个安全的网站填写他们的日常无知日志了。网站会把他们的问题保存到一个数据库中，如此可按时间回看和评估他们提的问题的进展。通常情况下，他们在线提的问题仿佛无穷无尽，通常是有关他们个人生活和职业前景的。(值得注意的是,诺贝尔物理学奖得主理查德·费曼习惯每天都记录科学问题,他称之为"那些我不知道的事",就类似于这种无知日志。)

由于医学上的新进展经常首先出现在新闻或互联网,因此 CMI 也利用大家熟悉的媒体。一系列虚构的但绝非不可能的医疗假想新闻被开发出来,以探索能引起其他医疗主题的问题。名为"培育你自己的器官"的创造思维练习是让学生们分析一则耸人听闻的、关于虚构的科学突破的新闻。[29] 新闻是这样的:"3 个月大的女婴患上了一种罕见的代谢性肝病,濒临死亡,她从母亲那里获得了一个新肝脏。消息人士透露,两个月前,医生从她母亲的肝脏取下了高尔夫球大小的一块,随后在组织培养中长到正常婴儿肝脏大小,为这一历史性的手术做准备。"要求 CMI 的学生讲出这则新闻对他们而言意味着什么,他们对此的积极或消极的反应分别是什么,这事件引起了哪些生物学、临床,以及社会、道德、法律的基本问题(1~3 类问题)。所涉及的问题包括,这些问题应如何处理和回答,为什么有些问题仍然处于进退两难的境地,还有这些材料是否可以用于胚胎学、移植生物学甚至医学伦理学的教学专题。

"思考圆桌会"活动是学生、教师和员工聚在一起,讨论日常生活中思考的各种各样的事情,每个人都要用一分钟左右的时间分享其"本月思考"。所思考的问题有:"在实施死刑犯注射死刑的地点,医务人员为什么要进行无菌消毒?""另类医学是否有合理的基础?""养老院的八旬老人是不是还有性生活?"或者仅仅是问:"我的生活会让我走向何方?""失败圆桌会"主要是学生和他们的辅导员就他们曾犯过的错误、他们曾经的失败经历进行讨论，并讨论如何纠正和弥补。

在"病房无知巡视"活动中，会有一名疑难病患出场，然后请观众（包括知识最渊博的高级教师）提问题。这项练习旨在将尚无答案的问题公开化，供大家探讨。一开始，医学生和住院实习生都感到为难，因为他们长期以来都不愿承认自己有尚无答案的问题。经过进一步询问，我们了解到，他们实际上更怕考试会考的问题。一旦向学生们保证，答案不是这项练习的重点，他们就会滔滔不绝地提问了。这表明医院的教学环境对提问的压制程度如何，同时也说明学习、忽略和纠正的过程多么重要。将教师提出的问题与住院实习生和医学生提出的问题进行比较后发现，许多原本被压制的、学生和实习生提的所谓愚蠢或幼稚的问题，与经验丰富的教授和临床医生问最多的问题不谋而合。这一认识是打破教师和学生之间壁垒的开始，这样一来，就可以坦率、有效地讨论医学的局限性和未知了。

批判性、创造性思维教师研讨会涉及多个领域，从音乐、历史、政治到商业、土木工程和生物医学，不一而足。在亚利桑那大学举办的本科生荣誉研讨会，涵盖了材料科学与工程专业所有方面。[30] 作为医学专业的教职人员，我们在这方面的知识完全比不上普通的理工本科生，但我们能够通过"炫耀"我们的天真和无知来提高学生对他们所在领域无知的认识，并鼓励他们提问。类似的经验还有，与法学院举办的"艾滋病与法律"研修班、在农学院召开的"展望未来"讨论会。后者探讨的是未来全球环境的情景，以及无知和"忽视"如何产生看不见的影响。其他专业也在高等教育阶段尝试了基于无知的教学实验，例如新闻学系、心理学系等。[31]

教师们练习如何将一节现有科学课转化为一节以学生提问为主的课程。在 2005—2006 学年 SIMI 期间，转化课涵盖的主题包括表面张力、记忆、眼睛解剖、公制系统、大陆漂移、干细胞和基因工程等。在转化课堂上，开始和结束都是学生们提出的没有答案的问题。

围绕医学和其他无知主题，还在本地、全国和国际上组织了各种会议、专题讨论会、讲习班和研讨会。就艾滋病而言，即使是权威机构现在也承认并表示，在发病机制和治疗方面存在许多不确定性。为了填补这一知识空白，近 20 年前，我们在国际淋巴学会的赞助下，组织了两次专题研讨会（第一次于 1987 年在维也纳，第二次于 1989 年在东京），重点讨论艾滋病、卡波西肉瘤、淋巴系统，以及医学上的无知。[32]1991 年，在第一届医学无知问题国际会议上，我们把艾滋病作为一个专题，请该领域的国际专家从无知的角度进行了探讨。第一届和第二届医学无知问题国际会议（1991 年和 2003 年）都引起了全世界广泛的兴趣和参与。[33] 第一届会议的具体议题即艾滋病、乳腺癌、器官移植和医学实践参数（算法），以及第二届会议上的其他新主题（人工心脏、基因治疗等），仍然是备受关注的无知领域。

然而，直到 1993 年，发表了许多具有里程碑意义论文的《科学》杂志才举办了题为"艾滋病：尚未解答的问题"的专题研讨会。在会上，艾滋病专家们探讨了许多悬而未决的"已知的未知"问题，包括一些从前被错误地声称已经了如指掌的问题。[34] 最近的举措是，2005 年，《科学》杂志为庆祝其成立 125 周年所发的特刊，主题为"当代科学中 125 个尚未解答的重大问题"，并给当期目录加上了"科学上的无知"标题。[35] 接着在 2006 年，艾滋病被发现 25 周年之际，《科学》杂志专题讨论了这一流行病悬而未决的问题。[36]《美国医学会杂志》每年都会为艾滋病出一期特刊，每期特刊都以白色做封面，象征未知和未实现的目标。

因此，作为一个教育概念，无知并不难掌握。作为一套教学方法，传播推广也不需太高的经费。让一节课以学生的问题开始和结束，而不是仅仅靠老师的一言堂宣讲所谓的知识。Q^3（问题、提问和提问者）研修班及其课程已连续获得联邦拨款，目前已经启动，帮助亚利桑那州从幼儿园至十二年级的科学教师为课堂注入好奇心，鼓励学生提问，引导学生进行"真正的探究"，即弄明白科学家实际上是如何进行科学研究的，从问题引出问题。这是实用且快速地将无知带入科学和跨学科课堂的方法，它可以直接把课堂转变为迫切需要的、以探究式学习为主的课。

无知课的互联网和多媒体工具

现在学生、教师和医生都已经把互联网和计算机技术作为改善教学和交流的工具，因此我们又开发了支持 CMI 的软件应用程序。[37] 上文提到过，作为 Q^3 项目的一部分，学生可以在一个由密码保护的网站上提交每天的无知日志。所有日志都存储在一个数据库中，以便以后进行评估。学生和教师提交的结业报告里要包括一座"无知之岛"，也就是一个关于给定主题的图文并茂的报告。它包括上岛所需的初始问题，以及在探讨了初始问题后剩下的未知问题。我们见到的结业报告五花八门，比如，用头脑风暴软件，例如，思维导图制作的报告。[38] 我们还惊喜地见识过创意十足、用艺术材料制作的非电子化无知之岛。甚至还有一次是一座巧克力蛋糕无知之岛！（当然，在汇报结束以后，这座岛就被在场的人风卷残云了。）

由亚利桑那大学网络开发人员迈克尔·布兰奇编写的问题编辑器软件，是一个供课堂使用的交互式工具软件。这个软件通过游戏式的活动鼓励学生多提问。在游戏中，所有学生都是匿名的，消除了尴尬或胁迫的可能。软件一方面便于个人提问，同时也允许老师提供正面引导。在问题编辑器的贝塔测试中，学生的反馈都非常好。该程序计划在未来提供开源在线服务。"医学无知探索合作实验室"是一个虚拟的在线会议空间，支持多人通过实时视频、音频、文件、图像、文档和桌面的共享就某个问题一起讨论。该应用基于宏媒体的微风服务器，成本低廉，可广泛采用。我们目前在开发一个"虚拟临床研究中心"。它将通过最先进的远程医疗技术，把全国的临床研究中心连接起来，形成网络。其目的是实现人力和物力的互联，寻求通过合作解答医学问题，并使学生和公众有机会直接与来自世界各地的顶尖研究人员互动。

无知的剂量

学生或老师能承受多少无知？有些医学生在传统医学课程中往往没有什么耀眼表现，但在运用无知方法学习时却如鱼得水。通常，他们都是好奇的提问者，但常因问太多而受到批评，被视为爱惹麻烦、爱唱反调的人。还有些学生在标准化考试中表现平平，因为选择题的答案都是既定的，然而当遇到无知课程的不确定性和模糊性时，却突然成绩骄人。对于这类学生，自我激励式的发现新知的方式，适用于他们在医学院学习内容的 95%。其他学生对于提出原创问题以及没有简单的现成答案的学习方式感到困难和不适应。然而，这项教育任务可能更接近需要深思熟虑的医疗实践要求。还有些学生能在两者之间游刃有余，平衡知识和无知，发挥二者各自的优势。因此，给学生提供学习方式的选择，可能是明智之举，其中至少应该包括 5% 的基于无知的学习，以培养谦逊和灵活应变的态度，同时又不影响平均成绩分的提高！

评估无知商和问题分

　　无知课的成绩该怎么评分呢？如何确定学生是不是获得了所需探索和重视无知的态度、技能和能力呢［捉摸不定的无知商 (IQ^3)］？短期和未来的影响又要怎么评估呢？显然用考试的方法是行不通的，只能通过问题（数量、深度和效果）、提问和提问者的进步来评估。在做专题的过程中，比较学生课程初期提的问题和他们在后来的一系列时间点提出的问题，分析进步并不直接要求提供答案。在问题上取得的进步，以及学生做得怎么样，是测试学生认识和应对无知能力的重点，据此获得问题分，也就是，潜力的增加。三位教育专业研究生，彼得森、希瑟·霍普金斯和黛博拉·施耐德开发了一种量表工具，根据不同阶段每个学生所提问题体现的理解力和复杂性的进步，给他们

　　　　　　　　　　　　　　　　无知的美德

打分。我们也在开发一种量表评估工具，旨在评估标准化的、基于案例的提问技能。

此外，还有培训前和培训后的学生自评，有关于态度、知识，以及对无知的认识和应对技能。发生的变化都相当显著。[39] 另一个数据来源是学生和参与者的反馈。虽然部分评论和建议是我们预料之中的，但还是有一些意想不到的反馈，通常是主动给我们写来的信。以下略举几例：

医学院学生

- 一位参加 CMI 的研究生，现在已经是一名急诊科医生了，他告诉我们，他在进行急救工作时，脑海里会出现一连串问题："患者的状态是稳定还是不稳定？我有给患者打点滴吗？他们吸氧了吗？他们正在吃什么药？与现在的情况是不是有关系。"他继续写道："急诊科就是存在大量医学无知的地方。正是这种积极提问和不断追问的方式让我出色地完成了工作，也让我真切地意识到自己的局限性。我们要面对现实；一年的培训不管效果有多好，都无法让你真正认识到自己的无知。我要感谢你们点燃了人们对医学无知的意识。"

- 另一位研究生在来信中说："我记得告诉过你，在医学院里，我从来没有提问过。是你们给了我这样的勇气，这成了我整个临床学习经历的基础。"

- 还有一位学生表示："我的感悟是，如果我们的项目看起来易如反掌，同时我们又对它信心满满，那么我们其实并没有真正深入；只有当我们对面前的所有新发现感到束手无策时，我们才能有把握地说，我们已经深入了所研究的领域。"

- 另一位学生现在已经是一位成功的研究人员了，同时还是一位通过了职业认证的麻醉师，在一所医学院当教师。他在来信中写道："我尤其喜欢的是这种活跃的气氛，对错误的重视，以及不再追求'四平八稳'的科学，一个机缘巧合的错误，或者对一个无法避免的错误所做的分析，也可能产生意想不到的成果。强调医学是大量偏见和教条的囚徒，也强调了我们对疾病的成因是无知的。因此，我们在关注眼前时至少要分出一半注意力留意远方的地平线……这也是非精英主义的；即使是最基层的临床医生也可以为这场革命助一臂之力，我很高兴加入富有激情的无知人的行列。"

本科生

- 一位材料学与工程学专业的学生发表了一篇题为《在我看来，无知是一种美德》的文章。在研究一件岩石样本时，他说："知识是没有止境的。相对于现有知识，即使是世界上最聪明的人，能知道的也是微乎其微的。"

高中少数族裔学生

- 许多高中少数族裔学生学员的写作并不太好，有些人的英语说得也不好。但对许多人来说，参与问问题对他们的影响是显而易见的。其中一个学生的结论是："有多少事情是我不知道的

无知的美德

呀，这让我震惊。我很高兴有机会发现这些，尽管这引出了很多问题，但能引导我去寻找答案，然后又会引出更多问题。这就是你学到的生活。"另一些学生也表达了类似的观点，以下摘录清楚地表明了这一点。

- "我意识到：没有无知，人类文明就永远无法进步。如果人类是全知全能的，那么发现获得的快乐和痛苦也没有了。"

- "今年暑假之前，我总是对问问题犹犹豫豫，因为我害怕自己看起来很傻。现在我知道了，这么想错得离谱。我明白了，想真正学到东西就要提问。"

- "因此，我放下了所有的骄傲……开始向医生提问，也理解得更深了。一旦他看到我一脸迷茫，他就会用更浅显的语言讲给我们听，而我们会问更多问题。这太棒了。那时候我开始喜欢上课，因为我知道我不再是一个跟在医生和他手下后面的、无足轻重的孩子……我也是他们的一员，这真的很有成就感。"

- "如果有人在做一个非常困难的研究项目，并且已经进了死胡同，一个旁观者提出问题，也可能非常有价值……有可能帮助研究人员打开新思路。也许一些他们从来没想过的东西会变得显而易见。"

幼儿园至十二年级科学教师

- 一位二年级的老师说，她现在能够"更有策略地提问，并学会鼓励我的学生也这样做，并且不再有妨碍我们提这些重要问题的负面情绪"。

- 另一位教师说："SIMI 真的能让我思考问题，以及认识到以学生为主的问题在引导课堂互动中的重要性。我从来没有真正思考过，以学生为主的问题和以教师为主的问题间的关系。"

- 另一位教师报告说："在今年暑假之后，我变得更有怀疑精神……更多地鼓励学生进行头脑风暴……我见证了胆小学生的成长……他们现在更自信了，更愿意尝试了。学生们表现出了很多领导才能，也学会了自己解决问题。"

因此，评估不局限于参与者的表现以及他们关于无知的作业，需要考察的是授权的过程，以及由问题式课程引发的连锁反应。

对无知的反思

真正的专家比那些半吊子专家更愿意承认自己的无知。当他们进入未知之地时，他们冒的风险和提出的问题既能增加产量，也能增加无知之地的肥力。理查德·费曼对此进行了很好的总结："当一位科学家不知道某个问题的答案时，他是无知的。当他对结果有预感时，他是不确定的。当他非常肯定结果是什么的时候，他还是心存疑虑。"[40]

阿尔弗雷德·斯隆基金会主席拉尔夫·戈莫里强调了传授无知的必要性："我们老是被教导我们知道了什么，却很少意识到不知道什么。我们几乎从不了解什么是不可知的。这种偏见会导致我们对周围的世界产生误解……科学在创造人工的、可控的、可知的世界时成绩斐然……(但)可预测性可能会受到两种限制。首先，随着科学和工程学制造的人工产品越来越庞大、越来越复杂，它们自身就可能变得不可预测……其次，生活在越来越人工化的世界中的是数量极大、极度复杂，且完全独特的人类。"[41] 随着信息时代进入下一个发展阶段，过去一个世纪带给我们真正的教训是，我们从来没有，永远不会有，也永远不应该有现成的答案。即将到来的无知时代——"无知爆炸"的时代——应该是一个新的启蒙时代。在这个时代，无知、失败、混乱和尚无答案的问题从黑暗中现身，并发挥其潜力，丰富我们的生活，扩展未来的可能性。

注释

赞助机构包括美国医学会（AME-ERF）、美国国家卫生研究院（HL07479- 专业学校短期培训班，R25RR10163-NCRR 少数族裔计划：幼儿园至十二年级教师和高中生计划，NCRR 科学教育合作伙伴奖 R25RR 15670 和 22720）、艾森豪威尔数学和科学教育法案、亚利桑那州立大学董事会董事和院长基金、亚利桑那大学医学院。本文所表达的观点并不代表赞助机构的观点。

1. J. Hunter quoted in J. Kobler, *The Reluctant Surgeon: A Biography of John Hunter* (Garden City, NY: Doubleday, 1960), 108.

2. M. H. Witte, A. Kerwin, and C. L. Witte, "Curriculum on Medical and Other Ignorance: Shifting Paradigms on Learning and Discovery," in *Memory Distortions and Their Prevention,* ed. M. J. Intons-Peterson and D. L. Best (Mahwah, NJ: Erlbaum, 1998), 127–159.

3. A. Kerwin, "None Too Solid, Medical Ignorance," *Knowledge: Creation, Diffusion, Utilizations* 15 (1993): 166–185.

4. B. Disraeli, *Sybil; or, The Two Nations* (Oxford: Oxford University Press, 1845).

5. 传统上认为是哥白尼所说的。

6. W. James, *The Moral Equivalent of War and Other Essays,* ed. with an introduction by John K. Roth (New York: Harper & Row, 1971), 82–83.

7. B. Pascal quoted in M. H. Witte and C. L. Witte, "Epilogue: Beyond the Sphere of Knowledge in Lymphology," in *Cutaneous Lymphatic System,* ed. R. Ryan and P. S. Mortimer, special issue, *Clinics in Dermatology* 13 (1995): 511.

8. Kerwin, "None Too Solid."

9. R. Shattuck, *Forbidden Knowledge* (New York: St. Martin's, 1996).

10. R. Root-Bernstein, "Problem Recognition and Invention: An Idiosyncratic View of Nepistemology" (paper presented at Q^3 Workshop 3, Medical Ignorance Collaboratory, 20–21 July 2001).

11. 同上。

12. 见 "Internet Activities," http://www.pewinternet.org/trends/Internet_Activities_7.19.06.htm。

13. 见 Danny Sullivan, "Searches per Day," 20 April 2006, http://searchenginewatch.com/showPage.html?page=2156461。

14. S. Schiff, "Know It All: Can Wikipedia Conquer Expertise?" *New Yorker,* 31 July 2006, 36, 43.

15. H. Bauer, *Scientific Literacy and the Myth of the Scientific Method* (Urbana: University of Illinois Press, 1992), 45.

16. P. F. Drucker, "Be Data Literate: Know What to Know," *Wall Street Journal,* 1 December 1992, Eastern ed., A16.

17. N. Postman, *MacNeil/Lehrer Newshour,* PBS, 25 July 1995.

18. N. Myers, "Environmental Unknowns," *Science* 269 (1995): 358–360.

19. M. H. Witte, "Medical Ignorance, Failure, and Chaos: Bright Prospects for

无知的美德

the Future," *Pharos* 54 (1991): 10–13.

20. J. Gleick, *Chaos: Making a New Science* (New York: Viking Penguin, 1987).

21. T. Peters, *Thriving on Chaos: Handbook for a Management Revolution* (New York: Knopf, 1987).

22. R. S. Wurman, *Information Anxiety 2* (New York: Doubleday, 2001),273.

23. R. Johnson, "To Pass This Course, the Students Have to Try Their Hardest to Fail," *Wall Street Journal,* 16 January 1989, B1; D. Blum, "Risk-Taking Encouraged: In 'Failure 101,' U. of Houston Engineering Professor Offers an Innovative and Creative Approach to Design," *Chronicle of Higher Education,* 11 April 1990, A15.

24. A. Wu, S. Folkman, S. McPhee, and B. Lo, "Do Houseofficers Learn from Their Mistakes?" *Journal of the American Medical Association* 265 (1991): 2089–2094.

25. L. Smith quoted in *Chronicle of Higher Education,* 20 June 1990, B1.

26. M. M. Ravitch, *Second Thoughts of a Surgical Curmudgeon* (Chicago: Yearbook Medical, 1987), 126.

27. M. H. Witte, A. Kerwin, and C. L. Witte, "Seminars, Clinics, and Laboratories on Medical Ignorance," *Journal of Medical Education* 63, no.10 (1988): 793–795; M. H. Witte, A. Kerwin, and C. L. Witte, "Curriculum on Medical Ignorance," *Medical Education* 23 (1989): 24–29; M. H. Witte, C. L.Witte, and D. L. Way, "Medical Ignorance, AIDS-Kaposi Sarcoma Complex, and the Lymphatic System," *Western Journal of Medicine* 153 (1990): 17–23 [featured in the accompanying editorial, R. H. Moser, "Igno-rance: Inevitable but Invigorating," *Western Journal of Medicine* 153 (1990): 77, and in *International Medical News* 23 (1990): 3]; C. L. Witte, A. Kerwin, and M. H. Witte, "On the Importance of Ignorance in Medical Practice and Education," *Interdisciplinary Science Reviews* 16

(1991): 295–298; C. L. Witte, M. H. Witte, and A.Kerwin, "Ignorance and the Process of Learning and Discovery in Medicine," *Controlled Clinical Trials* 15 (1994): 1–4.

28. M. H. Witte, A. Kerwin, C. L. Witte, J. B. Tyler, A. Witte, and W. Powel, *The Curriculum on Medical Ignorance: Coursebook and Resource Manuals for Instructors and Students* (1989; rev. ed., Tucson: University of Arizona College of Medicine, May 1996).

29. Witte, Witte, and Kerwin, "Ignorance and the Process of Learning and Discovery in Medicine."

30. M. H. Witte, leader, "Spirit of Inquiry: Some Perspectives on Ignorance" (undergraduate honors seminar, University of Arizona, 29 August 1996).

31. S. H. Stocking, "Ignorance-Based Instruction in Higher Education," *Journalism Educator*, Autumn 1992, 43–53.

32. M. H. Witte, ed., "AIDS, Kaposi's Sarcoma, and the Lymphatic System: The Known and the Unknown," special issue of *Lymphology* 21 (1988): 1–87; M. H. Witte and T. Shirai, eds., "AIDS, Other Immunodeficiency Disorders, and the Lymphatic System: Pathophysiology, Diagnosis, and Immunotherapy," special issue of *Lymphology* 23 (1990): 53–108.

33. First International Medical Ignorance Conference, University of Arizona, 14–16 November 1991; Second International Medical Ignorance Conference, University of Arizona, 19–20 July 2003.

34. "AIDS: The Unanswered Questions," special section of *Science* 260, no. 5112 (28 May 1993): 1253–1396.

35. D. Kennedy and C. Norman, "What Don't We Know?" *Science* 309, no. 5731 (1 July 2005): 75.

36. "HIV/AIDS: Latin America and Caribbean," special section of *Science* 313, no. 5786 (28 July 2006): 405–541.

37. 其中大部分内容可参见 www.medicalignorance.org。

无知的美德

38. 可参见 http://inspiration.com。

39. Witte, Kerwin, and Witte, "Seminars, Clinics, and Laboratories on Medical Ignorance."

40. R. P. Feynman, *What Do You Care What Other People Think?* (NewYork: Norton, 1988), 245.

41. R. Gomory, "The Known, the Unknown, and the Unknowable," *Scientific American* 272 (June 1995): 120.

经济学与无知的平方的推进

赫布·汤普森

　　五十年来，传授给学生的新古典经济理论教科书中的核心部分出现了两种发展趋势。第一个趋势是，经济学家越来越热衷于建立引人注目的、数学上颇为讲究的假设，而对其政策影响却没什么兴趣。第二个是，主流经济学家和他们的门生都不愿与其他有代表性的思想学派对话（例如，女性主义者、马克思主义者，或另类经济模式的支持者，如制度主义者或后凯恩斯主义者）。正因为如此，经济学（中学和大学里教授的主流理论）已经成了一门反智学科，倡导一种具有隐蔽破坏性的无知，我把它称为"无知的平方"。在上下文里，无知的平方指的是有意不去在意自己不知道的东西。

　　1996年1月，一些"非正统经济学家"向负责《美国经济评论》、《经济文献杂志》和《经济展望杂志》的美国经济学会出版委员会发表了一份报告。（我可以先剧透一下，收效甚微！）《经济问题杂志》的编辑安妮·梅休在委员会会议上发言时，语气温和地指出，一小撮经济学家"利用"了该学科最负盛名的期刊，随后以牺牲有关"历史、制度和权力"的社会、政治和经济问题为代价，推崇数学的复杂性，并无耻地利用委员会和杂志的威望，"把经济学变成狭隘短视的学科，奖励著名研究生院的过度技术训练，并扼杀非正统经济学方法的发展"（Mayhew 1996，1-2）。

我们接下来要讨论的是，梅休对经济学知识的推广及其对随之而来的限制感到沮丧的一些内容、原因和影响。

知识、无知和无知的平方

从方法论上讲，经济学家主要关心的问题是："如何判断经济学某一具体问题是不是科学？"（Hausman 1989，115）在这里，我要从另一个角度，即社会学的角度来看待这个问题。我们要讨论的不是哪些东西是经济学家不知道的，而是要讨论主流经济学家为什么不想知道。

本书所循的主题之一是"科学的最大成就……是发现我们极度无知；我们对自然知之甚少，能弄懂的就更少了"（Kerwin 1993，174）。然而，这种无知的好处在课堂上却消失无踪，因为课堂正在用更隐蔽、更有目的的手段培养无知。这是通过狭隘的教育方法、限制研究参数，以及阻碍产生和呈现非新古典经济学知识来实现的。

经济学教科书和经济学研究都在系统地培养无知的平方，学生和研究人员除了猜谜解闷以外，不允许接触任何这个范围之外的问题。课堂上发生的情况被保罗·赫尔特恩（在本书中）称为"有意的无知"。据赫尔特恩说，当"你觉得，对他所得出的结论或基本假设提出疑问会显得自己很愚蠢"时，你感受到的正是有意的无知。经济学专业的学生经常能体验到这样的感受。课程里总是充斥着新古典经济学的正面启发法。好像要教的东西总是太多，从来没有空闲去反思、展望、培养其他观点的意识，最重要的是，根本没有余暇让有争议的观点现身，更不用说了解学科范围以外的知识了。新古典经济学家不仅自己不涉足本专业和相关专业的其他领域，也不让他们的学生涉足，在这样的情况下，无知的平方就按照拉维茨（1993）所说的方式得到了强化。

对于遇到的具体问题、疑难问题和存疑的问题，我们都有不同方式、不同程度的无知。事实上，正是因为我们逐渐意识到，我们不知道还有其他需要知道的东西，才显示出学习过程的重要。这也是本书的重点。以下概述了史密森（Smithson 1989，9；Smithson 1993，135）对无知的分类，对识别其他各种形式的无知也极有帮助（读者还应注意到贝里和维特的分类，以及克朗、贝尔纳斯和维特在本书中提供的分类，后者的分类与这里的分类非常相似）：

- 人们意识到自己不知道的所有事情（这是保罗·赫尔特恩的描述中最重要的"谦逊"的无知）；
- 人们认为他们知道但其实不知道的所有事情（错误）；这种无知接近于赫尔特恩所说的"伪装成确定无疑的无知"；
- 人们没有意识到但他们其实知道的所有事情（直觉）；
- 人们不应该知道，但会发现有用的所有事情（禁忌）；
- 知道了会带来痛苦的所有事情（被抑制的记忆）；
- 人们没有意识到他们不知道的所有事情（无知的平方）。

　　　　　　　　　　　　　　　　　　　无知的美德

就我们本文的目标来说，让我尤其感兴趣的是最后一类。我们在日常生活中，没有意识到有什么事需要我们知道，这是实情，但并不一定就是坏事。实际上，谦卑地承认这一事实，大概才是知识的真正起点。然而，我认为，新古典经济学家所推崇的是无知的平方。

倡导无知的平方有很多原因是显而易见的，其中一些出于直觉。例如，由于研究成本高，再加上专业化程度也很高，到研究方法论时，也只剩下这么点时间和精力了。因此，主导性的思维定式占据了大多数学者的注意力。此外，一个（思想）体系越是根深蒂固，应用的时间越长，想改变它就越困难，要付出的代价也越高（Collingridge 1980）。同样，一个人在进入新古典主义小圈子所需训练上投入的越多，防止知识贬值就越符合这个人的利益，但其他方法论却会威胁到其原有知识的价值。另一个原因可能是，建立在精密数学模型基础上的新古典主义公理，在智力上具有特殊吸引力。经过以上的无知的平方概念建设之后，我们现在可以探讨一下经济学知识是如何生产的，附带生产的还有无知，以及对无知的推崇。

新古典经济学：市场、效率与自利理性

经济学所达成的共识仍然植根于不合时宜的实证主义哲学，"科学理论是以某种严格的程序通过观察和实验获得的经验事实……个人意见或偏好以及思辨和想象在科学中没有立足之地……科学知识是可

靠的，因为它是经过客观证明的"（Chalmers 1982，1）。经济学科中的主导形式通常被称为"新古典"经济学，其正统的理论核心源于西方文明的自我认知，并据此得以强化。西方文明是一个由自主的、自利的、理性个体构成的领域。无知的平方受到经济学的大力推崇，是因为经济学基本上是一门种族化的学科，它主要以盎格鲁-凯尔特人的观点为主。经济学的文本把它曾在德国、法国、意大利或日本发展起来的经济学思想内容弃置一边。不仅如此，它还在很大程度上把阿拉伯或伊斯兰世界、印度次大陆（仅举几例）当作不存在。这种假设肯定要么是认为这些地方的人不懂经济学问题，要么就是认为他们的想法与我们所认识的经济学无关。给学生带来的问题是，这暗示了我们所认为的经济学就是所需知道的一切，而且一再反复强调这一点。此外，使无知的平方进一步恶化的是，学科内的许多不同学派被边缘化，如奥地利学派、制度主义学派和后凯恩斯学派。所有被边缘化的学派都明确反对实证主义立场，但经济学家整体上都对这些反实证主义的批评置若罔闻（Caldwell 1982）。通过控制经济学知识的发展，新古典经济学按照自己的逻辑给现实下了定义，并使之不证自明，让公民社会对这种现实了然于胸。由于这样的现实定义不可更改，因此所有经济政策形式都顺理成章地被置于"市场"的背景下（Samuels 1991）。

"市场"已经成了一个主导隐喻。组成市场的是理性、自利、全知、完美的个体。市场既构成也约束个体的有目的行为。市场之外的经济活动，或者说交换行为，不属于"相关知识"，因此，完全落入了无知的平方范畴。例如，审查、评估太平洋岛屿国家自给型农业经济，并提出改进建议的工作，主要都交给人类学家来承担，因为在新古典经济学中，非市场经济活动明显属于不必要的知识。从市场隐喻，到在理论和量化数据上建立"竞争"和"效率"机制及原则，只有一步之遥（Negishi 1962）。作为供需普遍形式的竞争，与市场的关系，就像万有引力与环境的关系一样（Koppl 1990）。由此，在经济环境中，机械的平衡与和谐可以通过不受约束的自由市场竞争来实现，几乎不涉及政府指导（Arrow 和 Hurwicz 1958）。

在课堂上，通常会向学生展示一些二维的非历史图表，把经济的现实变成了一个静止的机械实体，周期性地受到外源性冲击，但最终都必然、毫无例外地恢复平衡状态，只要通过摆弄每一本介绍经济学的教科书都会提到的小玩意，即竞争。这种关于机械性秩序的观点源于亚当·斯密讲的故事。而他又是从笛卡尔和牛顿等人身上获得的启发。学生只要打开课本，就能发现一个精致的、个体代理人的世界。个体代理人只要在众多相互关联的市场（货币市场、土地市场、劳动力市场、资本市场以及商品和服务市场）中进行挑选，就能有限度地追求自身利益。要达到的效果，是把经济从其社会文化和政治的生命支持系统中剥离出来，赋予市场参与者一个自我决定的现实。从这个意义上说，经济学家把大量时间都花在对一个完美世界的想象上，一个摆脱了政治、社会或文化方面一切麻烦的完美世界。令人不安的事实是，通过把现实过程排除在由逻辑、概念和先验结构组成的思维领域之外，无知的平方得到了推进。

也许亚当·斯密最有名的那个故事，可以体现在这个经常被引用的段落中，"每一个个体……尽其所能……利用他的资本……让资本产生最大价值，他想要的只有自己的利益，因而在这一点上，他和其他许多人一样，在一只看不见的手的引导下，达到了某种目的，而这个目的与他的意图毫无关系。对社会来说，这一目的不是他的意图其实也不总是坏事。追求自己的利益，常常比他真正打算促进社会发展时，能更有效地促进社会的发展"（Smith 1910, 400）。常识断言（不管读者是否同意）的重要性在于，它构成了正统经济学核心信仰体系的基础。从这一论断出发，在过去 200 年的大部分时间里，经济学家都在想象一个严谨精密的世界。这个"完全竞争"的世界是以新古典经济学的正面启发式来呈现的。

用更现代的正统术语来说，亚当·斯密构想的要点是，在一定条件下，经济主体不必理会其行为造成的更广泛后果。因为在追求自己的私利时，最终会满足社会的最佳利益。就像水电站的发电机可以利用水流落差的力量获得理想的结果一样，市场那只看不见的手也会利用我们基本的自利为社会谋利。

21 世纪的大部分人类智力劳动都用来扩展这个简单概念了，并精确地确定市场在什么意义上以及如何能给社会带来所期望的结果。这可以表明，这样的"完全竞争"不仅可以带来经济效率，而且可以揭示出什么是最符合社会期望的结果。

效率与社会期望结果的关系是正统经济学的政策灯塔。也就是说，"总体经济效率"要求并暗示所有效率条件都已经满足了，即"技术效率"（当所有产品都以尽可能少的投入而生产出来时，就是有效率的）和"生产效率"（假定通过上述技术效率，生产线之间不再需要新投入就能进行交换，那么毫无疑问产出得到了提升），以及"交换

无知的美德

效率"（任何交易，在改善任一消费者福利的同时，不降低另一消费者福利）。这样一来，就限制了新古典经济学的经济效率概念，因为所有既能改善任一代理人的处境，又不减少其他代理人利益的机会都已用尽。

我们已经表明，这种特殊意义上的经济效率可以通过自利的、理性个体，在完全竞争市场经济中实现。虽然这一模型有许多排列组合，而且还可能调整、发展，但就我们本文的目的而言，重点讨论完全竞争的四个核心要求就足够了。

第一，关键是要求所有代理人必须都能够获得所有相关信息。最重要的是，必须假定没有一家公司具有竞争优势（例如，拥有机密技术和高级技术），消费者也必须充分了解所有产品的质量，还必须了解所有价格，既包括产品价格，也包括原材料价格。简言之，既不存在信息误导，也不存在信息缺失。任何代理人都不会被排除在可能导致其改变行为的信息之外。

第二，一个基本的行为假设要求每个代理人在满足自身利益时，既是自利的，同时所使用的手段以及达到的目的也都是理性的。这意味着，消费者将为任何给定商品支付最低价格，公司也会使用最佳可用技术，所有代理人都追求净利润的最大化。这一假设与第一个假设一起，使技术效率有了保证，因此要保证生产和交换效率更是不在话下。主流经济学家的"理性"消费者是一个实用的假设，旨在使经济学家摆脱对心理学的依赖 (Simon 1976, 131; Tversky 和 Kahneman 1987)。然而难办的是，理性假设往往与通常展现的、真实的、有目的的行为混淆。事实上，历史上真正的消费者和生产者经常在不确定的情况下做出决定。他们胡乱对付，调整适应，抄袭模仿，试遍所有从前的有效方法，冒险投机，承担无法计算的风险，从事代价高昂的利他活动，还经常做出不可预测，甚至无法解释的决定(Sandven 1995)。换句话说，他们其实是在一个无知框架中行动，而所有这一切都被排除在新古典经济学家假设的逻辑框架之外。

第三，假设所有代理人都能接受价格，并且以独立的、在没有相互约定的情况下进行交易。换句话说，所有的公司和消费者都认为现行市场价格是既定的。这要么是因为他们并不想影响市场价格，要么是因为即使想影响价格也做不到。保证接受价格往往需要假设，每个市场上都有足够多的买方和卖方，这样一来，个体代理人无法对市场上的任何价格产生影响，因此，这些买方和卖方所能做的，只有接受现行价格这一条路。这一假设对在完全竞争条件下实现生产和交换的最佳一致性，进而实现总体经济效率至关重要。

第四，也是对理解新古典经济学理论最重要的假设，所有商品和服务的市场价格充分反映了其生产和消费的所有成本和利润。这一假设意味着，在完全竞争模型中，不存在未补偿效应。未补偿效应是指，在生产者和消费者的市场交易中不涉及受到影响的第三方，但如果第三方由于产品的生产和消费遭受损失或从中获利，其损失不会得到赔偿，其获利也不需要支付任何费用。从正统观点来看，这种未补偿效应就是环境问题的原因，相关市场也并不存在。事实上，在许多情况下，这样的市场也不可能存在，例如，当出现明显的代际效应时。

无知的美德

环境问题：市场、效率与自利理性

我们举一个课本上的老套例子。有一条河，按照传统，一群人享有在该河捕鱼、娱乐和用水的权利。假设一个由许多公司构成的行业在河的上游建立了工厂，而且其部分生产过程需要使用河水。我们再假设，即使该行业使用河水不会减少水量，但确实意味着将导致水质恶化，进而会影响下游人们的部分或全部捕鱼和娱乐活动。其影响是导致商业捕鱼减少，或者导致游泳或划船的环境不那么令人愉快。实际上，影响包括原来的河流使用者所感觉到的任何变坏的情况。

在这个例子中，我们有一方当事人因为一个行业的生产过程受到负面影响。如果要达到经济效率，他们应该得到补偿，但如果把问题留给市场来解决，他们是不会得到补偿的。不会自动形成一个提供河流废物处理服务的市场，这和土地市场不一样。因为相关产权可能无法正式定义，而受影响的群体又很可能非常庞大和庞杂，无法形成一个有组织的有效实体来与行业进行交涉。实际上，这也就是市场缺失。只要一直不补偿下游使用者，那么就有一种经济影响没有体现在价格体系中。要是在竞争条件下，行业的产品销售价格就没有正确反映生产成本，会产生所谓的负外部性（又称外部不经济）。产品生产的行业成本小于其生产过程的总社会成本，因为总社会成本既包括行业成本，也包括所有未补偿的成本。但对经济学家来说，问题在于当事人能不能获得补偿，而不是要不要实际给当事人补偿。同样，现实过程再次落入无知的平方的范畴，逻辑模型在分析中总是占优的。

在存在负外部性的情况下，经济效率的条件被破坏。至关重要的成本和价格相等的条件不复存在。如果要完全反映社会整体为生产付出的成本，那么行业产品的定价就太低了，而生产成本又太高了。资源分配将会错误地倾向于上游企业，而不会分配给所有其他生产活动；而下游的用户因为得不到补偿，损失会越来越大。

静态线性与非线性的复杂性

与基于非线性体系生态学家和生物学家的现实不同，经济学家的现实主要建立在线性体系基础上。你可能预料到了，当正统经济学家把这套精致的、通常用于生成完全竞争模型的工具照搬到对生态复杂性的理解和解释时，一定会有麻烦 (Drepper 和 Mansson 1993, 44)。

环境经济学的理论存在一个严重缺陷：在大多数情况下，设想的是一个基本处于静态的自然世界，围绕一个稳定的平衡态波动 (Drepper 和 Mansson 1993, 45; Kirman 1989)。尽管如此，但哈奇森认为，"对均衡趋势的假设意味着……对完全预期、竞争条件和货币消失的假设"（Hutchison 1938, 107）。

虽然大部分经济学固有的特色就是精确预测不同政策的影响，但经济学家很快发现非线性体系具有与生俱来的局限性。这是因为合理可靠的预测的时间范围的增长速度（对数）要比在说明当前状态时增加精度的相应需求慢得多 (Drepper 和 Mansson 1993, 50; Norgaard 1989)。1929 年股市崩盘前几周，备受尊敬的耶鲁大学货币理论家欧文·费雪自信地指出，"股票价格看起来已经到达了永久性的价格高地"（Coleman 1998，64）。每一代新的经济学专业学生都会从前辈过时的预测中得到消遣，然后再着手创造属于他们自己的有目

无知的美德

的的无知的平方。

在一个非线性体系框架中，比如生态系统，变化是不成比例的，而且其组成部分也不能简化，或者看作简单分子的共同作用。变化的结果通常是出乎意料的、复杂的、没有数学规律的、混乱的，并且一直处在不平衡状态（May 1976）。

因此，在完全竞争模型中，经济代理人自利理性的基本行为假设，与所要求的、没有未补偿效应的条件之间存在着矛盾。正如当条件具备时，竞争能产生有效的结果一样，竞争也可能导致某些重要条件失效。寻求竞争优势的公司可能发现，降低产品销售价格就等于增加补偿第三方的外部成本比例。

价值的经济决定因素

经济学家分析环境问题时，第一步是把所有可量化的成本和收入分离出来。然后再通过语言把自然转化为可在市场上销售的商品，这有助于在意识形态上构建一个新的现实。"交换价值"和"资本存量"这样的语汇几乎不费吹灰之力就能把观众带进对新的就业机会、出口和经济增长的讨论中。这些都是听上去很高级的概念，经常用来对那些谈论保护濒危物种，或城市步行街的人表示轻蔑。

随着环境经济学发展成为一门分支学科，新古典经济学家从简单强调市场价值转向更微妙地纳入"非市场"价值。在这种情况下，经济学家就可以说，他们准备通过建立相关的分析和讨论方法来帮助反对派。这一转变类似于把原本对骂的混战局面变成了一场有序的辩论。但决定辩论要使用什么语言，以及制定秩序和规则的是新古典经济学家。

传统的新古典经济学主要把生物多样性看作一种资源 (Simmons 1993, 18–45; Heltne, 也参见本书)，虽然可再生，但也可能被破坏 (Randall 1986, 79–109)。要长期保持实际消费支出不变（最大化可持续收入）(Hicks 1946)，需要保持资产基础的价值不变，其中包括自然资源 (Solow 1986)。根据这个模式，生物多样性的更新或破坏就变成了收益和损失，这是可以计算的，即成本-效益分析（CBA）。CBA 是通过比较项目的全部成本和效益来评估项目价值的。为了便于计算，需要为可量化的成本和利润分配货币价值。这既包括市场上存在的成本和利润，也包括由于人类的偏好纳入"扩展的功利主义账目"，但没有在市场上交换的成本和利润 (Beder 1993; McNeely 1988, 1–36)。

CBA 的哲学前提是功利主义、人类中心主义和工具主义："功利主义就是认为事物的价值取决于人们对它的需要程度，人类中心主义就是认为价值由人类赋予，工具主义就是把生物群视为满足人类需要的工具"(Randall 1988, 218)。这种微观经济观的核心是两个强有力的认识论逻辑假设。第一，决定自然资源要如何使用的通常是个人或公司，其通过竞争市场的运作从而最大化自己的利益；第二，通常只有通过这一过程，才能实现接近社会最佳状态的资源分配。鉴于这些假设，"有效的管理系统不仅可以确保生物资源的生存，而且使用资源的过程实际上还能使资源得到增长，从而为可持续发展提供基础"（McNeely 1988，2）。在这种情况下，环保成了可持续经济增长的一种手段，这也足以让我们把知识和无知的平方区分开来。

CBA 方法的缺陷是，当形成复杂现象的理论时，使现象便于分析固然方便，却并没有全面描述实际发生了什么 (Gell Mann 1995, 323)。物种和生态系统的相互依存关系表明，计算当前某物种灭绝所带来的损失时，还要考虑到依赖该物种的其他物种可能带来的未来利益损失，因为它们也将随之灭绝。因此，要计算一个特定物种的价值，所有其他物种的价值也必须以某种方式被考虑在内。理论上，生态信息可以包括在这些计算里，"但是在生物学和生态学的所有领域中，要说我们对哪个方面了解得最少，没有哪个领域比得上对物种的相互依赖性的了解了" (Norton 1988, 203)。

决定根据 CBA 计算结果制定自然资源政策是一个夸张的无知的平方选择。显然，单靠经济计算的估值模型会造成伦理问题。我们可能有"充分的理由反对给非市场化成本效益赋予美元价值" (Kelman 1990, 129)。这类模型的最终有效性取决于几个前提假设。第一，我们必须接受，经济学家能够控制质量的所有方面。第二，我们必须假设，非市场主体对所有人的影响是均等的。第三，我们必须假设，一个人为得到某样东西愿意付出的代价和他为避免放弃某样东西愿意付出的代价相等。第四，我们必须断言，公民在私人交易中所表达的价值观，与在公共政策制定中所表达的价值观没有差别 (Peterson 和 Peterson 1993, 59)。

然而，在经济学家开始构建成本效益表之前，甚至就面临方法论模糊的巨大困难，但通常因为决策者沉迷于数学的形式体系而完全不会发觉。这些困难可分为四种：可持续性、不可逆性、"时间之箭和热力学之箭"和复杂性。

第一，正如莱勒（1991，613）所说："可持续发展是一个'元方案'，它将把所有人团结到一起，从重利的实业家和风险最小的自给自足的农民，到寻求公平的社会工作者、关注污染或热爱野生动物的第一世界公民、以增长最大化为目标的决策者、以目标为导向的官僚，以及计算选票的政客。"经济学家把可持续性概念化并没遇到什么困难。比如说，在普遍的均衡经济福利理论中，可持续性指的是"在一定时期内可用于消费支出的最大数量，同时又不会减少……未来各阶段的实际消费支出"(Boadway 和 Bruce 1984, 9)。正如布罗姆利所说，困难在于"市场的存在仍然需要两个具有民事行为能力的代理人自愿走到一起，以交换共同利益"(1991，87)。除了有重叠的两代人之外，这种"自愿走到一起"在隔代人之间是不可能实现的，正如上文的讨论，这又是一个"市场缺失"的例子。这不禁让人怀疑，"市场"分析既不能实现代际效率，也不能实现公平，但对于那些故意选择不知道或不关心的人来说，这并不是麻烦，甚至也不算是个问题。

第二，现在有相当多的经济学文献涉及不确定的问题，决策不可逆的问题（本书塔尔博特文章中所提到的要点之一，其症结大体在此）。阿罗和费雪具有开创性的经济学论文谈到，在开发荒野的问题上，未来实际的保护和开发结果是不确定的。他们指出，由于开发不可逆，而保护是可逆的，因此称这里的价值为"准期权价值"，是与可逆的保护决策关联的。简单地说，在存在不确定的情况下，保持选择权的开放是有一定价值的 (Arrow 和 Fisher 1974)。通俗地说，这被称为"预防性原则"，被大多数经济学家认为是不科学的，因此他们几乎都不相信这种原则。也就是说，因为缺乏"积极的科学性"，在经济学家眼里，预防性原则属于有意的无知范畴。

无知的美德

第三，对于时间之箭和热力学之箭，正统经济学家并不是没意识到热力学定律与分析经济和环境相互关系的联系（Binswanger 1993, 209）。只是对于大多数经济学家来说，热力学第二定律是不是真的有那么重要有待商榷（见 Spreng 1984，Khalil 1990 或 Lozada 1991）。只要经济系统以可再生资源为主，而不是一味地竭泽而渔，那么熵增就永远不会成为一个需要经济学家解决的具体问题，尽管韦斯·杰克逊在本书中谈到农业时说，"在这一万年里，我们不断地从一种能量丰富的碳库转向另一种。先是土壤碳库，然后是森林碳库，然后是煤炭，然后是石油，然后是天然气"。自工业革命以来，不可再生资源的广泛使用从根本上改变了经济制度对环境的影响。今天的经济系统主要在生态循环外运行。由于煤炭、石油和铀等不可再生资源的使用方式不进入生态循环，因此高熵产物（污染、固体废物、热量）无法进入陆地生态系统的循环，导致了环境的熵增，并导致环境产生了不可逆的变化（森林砍伐、气候变化、物种灭绝等）。因此，尽管工业革命在过去 250 年里极大地推动了资本主义的发展，但一些经济学家却关注由此产生的熵增对方法论的影响，从而成了经济学的边缘人。

第四，也是最后一种困难，是经济和环境复杂的相互关系限制了 CBA 的应用。这类分析技术需要的是明确定义的问题，并能确切地指出哪些选项可获取做出响应所需的政治资源。通常情况下，CBA 表面的客观性源于根据主观判断冠以任意数字的结果。如果没有人知道该如何判断，就给它赋值为零。也就是说，在野外看到大象（或其他任何受威胁物种）的非市场价值，对于经济学家来说是一个函数，即有多少人去了南非，有多少人会介意他们能否在稀树草原上看到大象，以及是否愿意花钱再去看一次。我们孩子的孩子是否有机会在野外看到大象的赋值为零，而对于将来无法再看到大象的可能性则没有任何补偿。经济学家从来没有考虑过这件事，因为在他们的逻辑知识结构中，就没有这种事的一席之地。

结论

哈耶克曾说，"也许这是很自然的，科学的成功发展所带来的繁荣，限制了我们的事实知识的环境以及由此导致理论知识的应用被忽视。然而，这时正需要我们更认真地对待我们的无知"（1972，33）。新古典主义认为，经济学可以通过竞争市场普遍的和本质的自利、效率和紧迫性概念来揭示世界是确定的，但这一信念尚未被经济学所依赖的许多物理科学中发生的不确定性崩溃所破坏。

经济学家必须跟随目前还处于学科边缘的同行的引导，开始认识到理性是有限的，进化和学习过程是动态的。理论不能建立在方便数学计算的假设基础之上，而必须基于心理现实的模型。不应该把经济看作某种牛顿式的机器，而应该把它看成一种有机的、适应性的、令人惊奇的有生命力的东西。

具体地说，为了抵抗无知的平方，处在边缘的经济学家必须继续努力，发现更大范围的知识基础。鼓励学生寻找除新古典主义文本之外的声音，通过挑选一些书目和参考马克思主义、制度主义或后凯恩斯主义的分析来扩大他们的搜索范围。通过为学生提供日本、中国、印度、阿拉伯世界和拉丁美洲已经完成和正在进行的经济学注释和分析工作，打破盎格鲁-凯尔特人观点的统治地位。鼓励学生进行比较研究和分析，发现其他经济学派思想对贫穷、公平、效率、生产和分配等问题的看法。发现被忽视的、经济欠发达国家自给型农业或牧民社区非市场或有限市场经济活动的影响。坚持在权力关系框架内，讨论经济政策决策和决心对政治、文化和社会的影响。为经济学科之外的其他人撰写文章，并与经济圈外的环境和生态领域的人交流，关注经济权力关系对社会和政治的影响，或者其他没有那么多华丽数学包装的领域。最后，继续坚持扩大学科领域内的经济学研究和教学范围，纳入多学科、多知识分析框架。换言之，要充分认识到面对无知时，保持谦逊的必要性，但要努力对抗无知的平方产生的有意的无知。

不幸的是，新古典经济学家大多不重视沟通，他们对参与对话缺乏兴趣，这一习惯又在教室里传递到下一代。社会心理学家早就认识到，人们有根据已知受众的偏好来调整自己观点的倾向，这是人们形成判断的普遍过程特征之一 (Kruglanski 1991, 227)。对大多数研究生来说，他们已知的受众，就是他们的新古典主义导师。

因此，不必担心后继无人。大学院系、专业期刊和同行组成了一张制度网，为任何有志于进入该专业的人提供职业潜力（North 1990, 95）。是否精通新古典主义的工具、概念和语言成为认证和资格的标志。1990 年在美国成立的克鲁格研究生教育委员会报告了高等教育的标准。该委员会的报告称，各院系的程序"青睐优秀的技术人才，而不是未来潜在的经济专家"。这表明，研究生教育不再强调学生的创造力和解决问题的能力，因为"很少或根本不要求他们了解经济问题和经济制度"（Krueger 1991, 1040-1042）。最终，无知的平方成了

"优秀经济学家"的标志。

本文所表达的担忧是，新古典经济学家作为传统知识分子，在思想斗争中培养出了无知的平方的社会产品。这是通过缩小教学范围（数学建模），限制研究参数（排除社会、文化和制度分析，认为它们与经济无关），并对盎格鲁–凯尔特人和主流经济分析的替代品的产生和呈现施加限制来实现的。新古典主义经济学家的世界观仍然建立在先验的、逻辑的和机械的心理结构上，仍然是永远趋向平衡的确定性过程，仍然假定全球市场的社会和文化是同质的，把非市场活动归入其他学科，把供求概念放于简化的结构中。这一代主流新古典经济学家为下一代经济学家留下的就是狭隘的世界观，因为他们自己有意忽略了一个进化的、复杂的、一直不断变化的世界。这个世界到处都是无意后果，但造成这个后果的却是基于无知的平方的有意行为。

参考资料

Arrow, K. J., and A. C. Fisher. 1974. "Environmental Preservation, Uncertainty and Irreversibility." *Quarterly Journal of Economics* 88: 312–19.

Arrow, K. J., and L. Hurwicz. 1958. "On the Stability of the Competitive Equilibrium." *Econometrica* 26:522–52.

Beder, S. 1993. *The Nature of Sustainable Development.* Newham, Victoria: Scribe.

Binswanger, M. 1993. "From Microscopic to Macroscopic Theories: Entropic Aspects of Ecological and Economic Processes." *Ecological Economics* 8, no. 3 (December): 209.

无知的美德

Boadway, R., and N. Bruce. 1984. *Welfare Economics.* Cambridge: Blackwell.

Bromley, D. W. 1991. *Environment and Economy: Property Rights and Public Policy.* Cambridge: Blackwell.

Caldwell, B. 1982. *Beyond Positivism: Economic Methodology in the Twentieth Century.* London: Allen & Unwin.

Chalmers, A. 1982. *What Is This Thing Called Science?* 2nd ed. St. Lucia: University of Queensland Press.

Coleman, L. 1998. "The Age of Inexpertise." *Quadrant* 42, no. 5 (May): 63–67.

Collingridge, D. 1980. *The Social Control of Technology.* Milton Keynes: Open University Press.

Drepper, F. R., and B. A. Mansson. 1993. "Intertemporal Valuation in an Unpredictable Environment." *Ecological Economics* 7, no. 1 (February): 43–67.

Gell-Mann, M. 1995. *The Quark and the Jaguar: Adventures in the Simple and the Complex.* London: Abacus.

Hausman, D. M. 1989. "Economic Methodology in a Nutshell." *Journal of Economic Perspectives* 3, no. 2 (Spring): 115–27.

Hayek, F. A. 1972. *Die Theorie komplexer Phanomene.* Tubingen: Mohr (Paul Siebeck).

Hicks, J. R. 1946. *Value and Capital.* Oxford: Oxford University Press.

Hutchison. T. W. 1938. *The Significance and Basic Postulates of Economic Theory.* London: Macmillan.

Kelman, S. 1990. "Cost-Benefit Analysis: An Ethical Critique." In *Readings in Risk,* ed. T. S. Glickman and M. Gough, 129–35. Washington, DC: Resources for the Future.

Kerwin, A. 1993. "None Too Solid: Medical Ignorance." *Knowledge: Creation, Diffusion, Utilization* 15, no. 2 (December): 166–85.

Khalil, E. 1990. "Entropy Law and Exhaustion of Natural Resources: Is Nicholas Georgescu-Roegen's Paradigm Defensible?" *Ecological Economics* 2:

163–78.

Kirman, A. 1989. "The Intrinsic Limits to Modern Economic Theory: The Emperor Has No Clothes." *Economic Journal* 99:126–39.

Koppl, R. 1990. "Price Theory as Physics: The Cartesian Influence in Walras." *Methodus* 2, no. 1:17–28.

Krueger, A. O. 1991. "Report of the Commission on Graduate Education in Economics." *Journal of Economic Literature* 29, no. 3 (September): 1035–53.

Kruglanski, A. W. 1991. "Social Science-Based Understandings of Science: Reflections on Fuller." *Philosophy of the Social Sciences* 21, no. 2 (June): 223–31.

Lele, S. 1991. "Sustainable Development: a Critical Review." *World Development* 19, no. 6:607–21.

Lozada, G. A. 1991. "A Defense of Nicholas Georgescu-Roegen's Paradigm." *Ecological Economics* 3:157–60.

May, R. M. 1976. "Simple Mathematical Models with Very Complicated Dynamics." *Nature* 261:459–67.

Mayhew, A. 1996. "AEA Economics Journals." *Review of Heterodox Economics,* Winter, 1–2.

McNeely, J. A. 1988. *Economics and Biological Diversity: Developing and Using Economic Incentives to Conserve Biological Resources.* Gland: International Union for Conservation of Nature and Natural Resources.

Negishi, T. 1962. "The Stability of a Competitive Economy: A Survey Article." *Econometrica* 30:635–69.

Norgaard, R. B. 1989. "Three Dilemmas of Environmental Accounting." *Ecological Economics* 1:303–14.

North, D. C. 1990. *Institutions, Institutional Change and Economic Performance.* Cambridge: Cambridge University Press.

无知的美德

Norton, B. 1988. "Commodity, Amenity, and Morality: The Limits of Quantification in Valuing Biodiversity." In *Biodiversity,* ed. E. O. Wilson, 200–205.Washington, DC: National Academy Press.

Peterson, M. J., and T. R. Peterson. 1993. "A Rhetorical Critique of 'Non-Market'Economic Valuations for Natural Resources." *Environmental Values* 2, no. 1 (Spring): 47–65.

Randall, A. 1986. "Human Preferences, Economics, and the Preservation of Species." In *The Preservation of Species: The Value of Biological Diversity,* ed. Bryan Norton, 79–109. Princeton, NJ: Princeton University Press.

Randall, A. 1988. "What Mainstream Economists Have to Say about the Value of Biodiversity." In *Biodiversity,* ed. E. O. Wilson, 217–23. Washington, DC: National Academy Press.

Ravetz, J. R. 1993. "The Sin of Science." *Knowledge: Creation, Diffusion, Utilization* 15, no. 2 (December): 157–65.

Samuels, W. J. 1991. "Truth and Discourse in the Social Construction of Economic Reality: An Essay on the Relation of Knowledge to Socioeconomic Policy." *Journal of Post Keynesian Economics* 13, no. 4 (Summer): 512–24.

Sandven, T. 1995. "Intentional Action and Pure Causality: A Critical Discussion of Some Central Conceptual Distinctions in the Work of Jon Elster." *Philosophy of the Social Sciences* 25, no. 3 (September): 286–317.

Simmons, I. G. 1993. *Interpreting Nature: Cultural Constructions of the Environment.*New York: Routledge.

Simon, H. A. 1976. "From Substantive to Procedural Rationality." In *Method and Appraisal in Economics,* ed. S. Latsis, 129–48. Cambridge: Cambridge University Press.

Smith, A. 1910. *The Wealth of Nations.* London: Dent. Originally published in 1776.

Smithson, M. 1989. *Ignorance and Uncertainty: Emerging Paradigms.* New York: Springer.

Smithson, M. 1993. "Ignorance and Science." *Knowledge: Creation, Diffusion, Utilization* 15, no. 2 (December): 133–56.

Solow, R. M. 1986. "On the Intertemporal Allocation of Natural Resources." *Scandinavian Journal of Economics* 88:141–49.

Spreng, D. 1984. "On the Entropy of Economic Systems." In *Synergetics—from Microscopic to Macroscopic Order,* ed. E. Frehland, 207–18. Berlin: Springer.

Tversky, A., and D. Kahneman. 1987. "Rational Choice and the Framing of Decisions." In *Rational Choice,* ed. R. Hogarth and M. Reder, 67–94. Chicago: University of Chicago Press.

无知的美德

以无知为目标的教育

乔恩·詹森

> 难道教育过程就是人们用意识来交换毫无价值的东西吗？大雁要是这么个换法，把它的意识交换出去，很快就会变成一堆羽毛。
>
> ——奥尔多·利奥波德

教育的目标是什么？从表面上看，这是一个奇怪的问题，因为很少有人会怀疑，我们都知道教育的目标或期望的结果。我们可能会争论某个课程的细节，或者某个特定的学校是成功还是失败，但难道我们不都一致认为知识就是教育的目标吗？如果不"学点什么"，上学还有什么意义呢？即使是耳熟能详的格言——教育是为了"点燃火种，而不是把水桶装满"，通常也可以通过看到学生学到更多知识而得到证明，也就是说，在充满活力的教师的激励下学生能获得更多知识。最终证明，那些特殊的、能"点燃火种"的人，在"装满水桶"方面的能力其实更出色，因此学生吸收和保留的知识也越来越多。

我希望探讨这样一种可能性：即使是这样基本的假设——教育的首要目标是获得知识——也可能有问题。如果教育的目标最终是关注无知而不是知识，那会怎么样？如果我们重点关注无知以及人类的局限性，而不是思考我们教什么和如何教时，那么我们会如何看待我们的学校和我们自己呢？我并不是要把注意力放在作为教育起点的无知上，因为把无知视为需要解决的问题，与追求更多知识的教育目标完全一致。其实我想说的，或者至少想探讨的一种可能性是，把某种类型的无知作为一个恰当的终点、一个目标，作为一种成功的教育体系，或者至少也是思考教育的一种有用的工具。

我所关注的不是无知本身，而是某种类型的无知，更确切地说，是一种接受人类的无知无法回避，不把无知当作需要解决的问题的观点。让我说得再清楚一点。目标不是要增加无知，我们的无知已经够多了，而是灌输一种意识，人类的知识和力量是有限的。这需要的是转变重点，认识到教育的基本目标不是制造消费者和工人，而是培养社会公民——包括人类和自然的公民。学生们必须获得一种视角，以这种视角来看待世界和他们自己在世界中的位置。这样的目标肯定会受到批评，因为这太模糊不清、模棱两可了，也不便于具体定义或应用。但其实，这不过是要求通过正义或其他理想来指引我们的思考和行动。

要取得这样一种视角，教育改革可能不是讨论应该在三年级还是四年级设置考试，或者必修课应该包括一门还是两门理科课程，而应该从讨论教育的根本性问题开始：教育的目标是什么？在一种文化和某个地域范围内，教育如何使学生为世界性的工作做好准备？我们应该对毕业生抱什么样的希望？如果把无知，而不是知识作为教育思想的核心，会怎样？如果我们致力于培养的毕业生是能够欣赏自己的无知而不是沉溺于自己的知识，这会对我们的教育机构产生什么影响？

诚然，这种以无知为目标的教育观念是一种反直觉观念，因此容易被错误地解读为我们不应该重视教育，不应该努力获得更多的知识。反思教育对我们文化和生物圈的健康至关重要，但我想知道，这种反思的时机是不是还没有成熟。

＊ ＊ ＊

在我们展开谈论教育变革之前，有必要把我所说的"无知"一词的含义具体化，尤其是还要把这种无知作为一种观念或世界观的核心。对我来说，这正好可以用我的故事来说明。这是关于我的小农场上两个相距不远，与木头有关的东西的故事，以及它们所体现的截然相反的观点。

从餐厅的窗户望出去，越过我们的露台，投向对面的树林，我能看到一棵巨大的大果栎树。这棵树早在挪威移民 19 世纪 50 年代定居此地时就种下了。这棵树是一个地标，是衡量这个小农场其他新元素的比照标准。这棵大果栎树是草原的残余，最近它似乎还在审视这个位于房子西翼的露台。尽管我在这个简易木制平台上消磨了无数的时间——吃饭、喝酒、聊天和阅读，但这些天来，我感觉它越来越不像那个我熟悉和珍视的地方，而更像是人类鲁莽和短视的标志。

这是一个普通的露台，有木板条的地板和木栏杆。但经风吹日晒，木头已经变成人们常见的那种老化木材的灰色。在这种情形下，和许多其他情形一样，这种常见掩盖了它的毒性。经过压力处理的木材在美国随处可见，不仅用在露台上，还用在游乐场设施、庭院的秋千和大多数户外设备上。不过，说是压力处理，其实有点不准确，因为这个词听起来像是一个简单的机械过程，而不会想到实际上要把木材浸泡在化学"鸡尾酒"里。铜铬砷（CCA）是一种用于防止木材腐烂的化合物，但其中最令人担忧的是 22% 的纯砷——一种已知的人类致癌物质。经过压力处理的木材中的砷，会在人手触摸时脱落，沾到手上。这就是为什么自 2004 年 1 月 1 日起禁止生产供住宅用途的 CCA 木材。

几乎可以肯定，我和大多数美国人一样，都曾接触过砷。它是我们每天都会遇到的数百种工业化学品之一。砷可能会，也可能不会伤害到我，但研究表明，接触砷的儿童，患膀胱癌和肺癌的概率明显更高。我不知道是否有人会因为我露台上的化学物质而得病。也没有人知道，谁将成为我们社会中现在常见的数万种其他化学品的受害者。

对我来说，正是"不知道"成了这个故事的关键，而不仅仅是经过压力处理的木材或化学制品。在许多情况下，甚至可能在大多数情况下，我们根本不知道我们的行为会产生什么后果，尤其是面对技术和人类发明的时候。然而，我们却几乎总是在盲目自信中前进，认为既然我们人类聪明到能创造出这种局面，那么我们也有足够的聪明才智把一切处理妥当。我们发明出更新、更好的设备来解决我们所有的问题，却很少考虑到这种"进步"会产生什么其他问题，谁又会因这种"进步"受到伤害。不管是核废料、转基因食品、含铅汽油、沙利度胺，还是任何数不清的其他发展，都是一样的故事。我们先开枪，然后才提出问题。我们是技术上的旅鼠，跳下悬崖时没有充分思考面前到底是什么。这一进程背后是我们对解决所有问题的能力的无限自

　　　　　　　　　　　　无知的美德

信，对设计更新、更好的设备来弥补以前设备造成的任何意料之外的后果的能力。这并不是因为设计师和工程师没有考虑过后果，或者没有测试他们的产品，尽管显然需要更多和更长时间的测试。其实，这是由于这一切背后的态度，是假设我们能处理好一切，假设我们知道的东西足够多、足够充分，可以用足够快的速度解决一切问题。

经化学处理的木材的例子，有助于说明基于无知的世界观背后的基本理念和动力。通过观念和假设的转变产生新方法，从而改变行动。这种观念转变源于历史研究，认识到对人、土地和社区造成了这么多破坏的假设是失败的。特别是在 20 世纪下半叶，尤其是在美国，人类以为我们有足够的知识来管理世界，并改变它来为我们的短期利益服务。这个看起来简单的知识假设——我们知道的足够多——切中了两种观念差异的要害：一种观念体现在我院子里的大果栎树上，另一种体现在发明处理木材的 CCA 的人类身上。这是自然的大智慧与人类的小聪明之间的差别，是生态主义与人类中心主义的区别。对自然世界的深入了解是没有止境的，也超越了人类的能力范围。我们人类除了偶尔能获得瞬间一瞥，大多数情况仍是无知的。当工业时代到来时，我们甚至假设人类的知识能超过自然智慧。我们不断推进，就好像大自然只是人类统治这场大戏的静止布景。而另一种生态学的观念认为，人类的无知是固有的，是我们存在的核心事实，也是我们永远不能忘记的大背景。

关注无知挑战了人类的全知假设，表明人类非但不是全知的，实际上所知甚少，尤其是对于自然世界的鬼斧神工。用韦斯·杰克逊的话来说，我们的"无知程度比渊博程度高几十亿倍"，更重要的是，这种情况既不是暂时的，也不是能治愈的。我们知道的既不完全也不完整，我们的无知是人类自身不可分割的一部分。认识人类从根本上、本质上有不可治愈的无知，将极大地改变人类的行为方式，阻止许多破坏行动的发生。

有些人可能认为这是言过其实，认为压力处理的木材只是表明我们在开发新化学品和新技术应用时需要多测试，我们只要更小心就可以了。我们的技术日新月异，的确要一直努力才能跟上监管的要求，但这用得着新世界观吗，犯得着从根本上变革我们的社会体系和教育体系吗？还有一些人认为，在处理木材时使用砷的禁令已经清楚表明，基本体系在发挥作用；我们能发现问题，并能采取措施加以解决。因此我们需要的是更谨慎（以及相应的监管），而不是什么关于人类无知的新概念。

这些反应都假定问题没什么大不了，只需要对系统做些微调就可以解决：几条新法律，多加一点测试，把进程稍微放慢一点。然而，木材的化学处理、化学品和技术只是冰山一角，冰山本身是社会的一种普遍态度。知识足够论和人类优越感都根植在我们的建筑、商业、社会结构，以及文化肌理中，即使增加再多法律也无法撼动它分毫。无论如何调整化学测试，都无法从根本上改变这种基本态度，也不能改变其影响。威廉·麦克唐纳和迈克尔·布朗加特在他们关于生态设计的一本书——《从摇篮到摇篮》中，也提出了类似观点。其中有一个颇有争议的章节，叫作"为什么不那么好就是不好"。[1] 这里的基本观点：如果某件事物有根本性缺陷，那么再如何对它修修补补也于事无补。这正是我的观点核心所在。砷仅仅是一种症状，是一种根

　　　　　　　　　　　　　无知的美德

深蒂固的思维方式的表象。这种思想的根源是我们很少考虑到我们自身的限制和生态环境，完全不考虑后果和相互关联。

从某种意义上来说，反对也是对的，因为谈论无知其实并不新鲜。认识到人类知识有限，实际上是很老的观念，毫不夸张地说，是一种古老的态度。几千年来，原住民一直在保护自己的宗教和文化习俗不受知识滥用的影响。傲慢是一种恶习，它对希腊世界的破坏作用，不亚于对我们现在世界的破坏作用。新鲜的不是与进步并存的傲慢，对新事物的盲目崇拜，而是这种态度控制了我们的当代社会，以及这种态度与技术联姻所带来的毁灭一切的可能性。当希腊人相信他们的知识足以统治世界时，他们造成的严重破坏仅限于当时有限的地理范围。当我们以为我们的知识足够多时，我们冒的风险可能是无法补救的物种灭绝、核污染造成的大规模生命毁灭，以及水土流失对几千年来的粮食生产体系的威胁。同样的态度，但付出的代价要大得多。

承认无知是人类必不可少的一部分，可能比化学生产带来的改变更大。我们的教育制度也不可避免地会随之改变。如果我们承认，学生的知识永远学不完，那么我们就不会只问最重要的知识是什么，而是会问学生应该对已经知道的东西持什么样的态度。一个受过良好教育的人对人类知识和我们在世界上的地位的看法是什么？

* * *

任何学校或教育体系的目标应该是培养出具有某种特征的毕业生。目标清单、意向声明、世界观的讨论，所有这些都毫无意义。我们的教育体系成功与否不应取决于毕业生掌握了多少知识，而应取决于他们对所掌握知识的态度。这关乎性格中的某些特征，而不是知识，关乎指导个人未来生活的美德。在思考以无知为目标的教育意味着什么时，我试着以如下六种特征为例，说明我们需要向中学和大中专院校毕业生灌输什么样的思想：礼仪、相互关联、谦逊、尊重、保守主义和感知力。

礼仪是一个老派的概念，但对于今天的毕业生来说，它从未像现在这样重要过。他们必须认识到他们对土地的态度、个人在社会中的角色，以及自己的行为对所在环境是不是适合、是不是恰当。有礼仪作为指导，才会意识到事物间存在的相互关联，就会问：什么样的行为是恰当的？土地能负担多少？我的行为会对其他人、对社会和所在地产生什么影响？与礼仪相对的是普遍和一刀切的标准，不管具体环境和情景的特殊要求。从根本上说，所有这些要求都可以归结为一个简单的价值观——约束。我们是否愿意并且能够克制自己，特别是在这个技术飞速发展的时代。如果人类全知全能，能解决每个问题，那么克制和礼仪看起来就是怪模怪样的老古董。然而，如果我们认为无知是人类的一部分，那么设定限制，并找到人类应有的位置，就成了我们生活在世界上的基本任务。

承认了人类无知，毕业生才会认识到事物间的联系，拒绝原子化、专业化和简化论的当代典型思想，尤其是在科学领域。从系统性和相互关联性的角度来看问题是一种思维习惯，根植于基本的生态学规律——"万物都是相互关联的"。露台上的砷不只会影响到我自己，它产生的连锁效应会波及整个系统，产生的影响也远远超出我的理解范围。如果认识到自己所做的不仅是一件事而已，对于理解自己的无

　　　　　　　　　　　　　　无知的美德

知，从而控制自己的行为至关重要。认识了这种相互关联性，我们才能认识到，自然才是衡量我们行动、思想和决定的比照标准，而不是人类。这并不是说人类必须脱离自然，也不是说自然要与我们截然分开，而是要认识到，所有人类行为，从侍弄花草到为火星探测器编写计算机代码，都发生在我们所生活的生命共同体背景下。我们健康长寿的唯一衡量标准是运转良好的生态系统。如果一切都以人作为中心标准，就像我们经常做的那样，就等于生活在我们这个时代标志性的傲慢和短视之中。

没有什么比谦逊的美德更接近基于无知的世界观的核心了。认识到我们必须摒弃这个时代的自大和傲慢，接受一种谦逊的态度，意识到我们所受的限制和失败，对于开始将我们的文化向新方向转变至关重要。谦逊来自承认我们根本性的无知，体现在尊重我们自己、其他生物、社区和土地上。尊重是一种很难精确定义的态度，但克服我们文化中控制和支配一切的倾向，是向这一观念转变的关键。在我们的社会中，缺乏尊重的行为随处可见，从肥胖到水土流失，从沃尔玛到转基因生物，不胜枚举。理解无知需要思想和实践的转变，将谦逊和尊重作为基本美德。

另一种获得这种谦逊态度的方法是，我们要让毕业生更保守。当然，我说的保守，并不是指更有可能投票给共和党的人。我们必须暂时放弃这个政治右派词的引申含义。右派保守党的政策，通常保守的只是党派忠实信徒自己的财富。真正的保守，是慢慢来，不会自动迎合最新潮流，在后果还不清楚时，不去冒非必要的险。这是一个尊重自然系统、谦卑之人的核心特征。保守主义与盲目追求未来、盲目追求进步和永久发展的观念截然相反。在当代政治中，这种观念在左右两派中都占主导地位。但反过来，盲目接受所有传统，同样与基于无知的世界观的精神背道而驰。绝对抵制变革只能建立在这样一种假设基础上：我们已经把所有的事情都弄清楚了，而且我们对一切知之甚详，拒绝承认可能还有更好的方式。保守主义并不是反对变革，而是持一种谨慎态度，需要的是一种稳步推进的、经过深思熟虑的变革。我们需要的是进步保守主义的毕业生，这看似矛盾，但这样的毕业生能让我们摆脱现状，看到全局，并认真研究如何退场及其间接影响。

最后，感知力是所有学生都需要培养的基本特征。我们每个人都有一种与生俱来的好奇心，渴望去看，去体验周围的一切。这种对周围环境的感知或迷恋，就像是睁大眼睛的婴儿对每一种视觉、声音和气味具有超级敏感性。然而，奥尔多·利奥波德在 50 多年前就指出，随着我们的成长，我们往往会失去这种感知力，换来的是我们称之为世故的遗忘和对自我的关注。不论是我们每个人还是我们整个文化，都有一种少年心态，以为世界围着我们转，很少意识到我们在整个世界中处于什么位置，也很少意识到我们一直在从"他者"那里获得反馈。重获这种高度敏感性，能用我们的全部感官去倾听构成这个有生命的世界的人类和他者的各种声音是基于无知的世界观的关键。承认我们的无知使这种倾听的能力尤为必要，因为我们一直处于需要知道、需要感知的位置。

努力灌输这些美德，既有助于我们集中讨论无知，也为思考教育改革提供了一些方向。但我们也希望它能避免形成一个重要观点：无知本身不是美德。无知并不是我们要追求的目标，它其实是人类自身无法回避的一个部分。认识到人类无知的现状并不会导致消极的自满，而是更主动地去感知和学习。主动的无知者，努力的方向并不是获得足够的信息，因为她知道这是不可能的，但要时刻意识到她做出的决定会有什么影响，时刻考虑到第二次机会的可能性，并给第二次机会留下空间。

＊　＊　＊

要使教育朝着我所建议的方向发展，培养出接受人类局限性，并拥有这些美德的学生，有哪些工作是必须做的？当然，世界上并没有什么立竿见影的灵丹妙药，教育工作者对下一次教育变革也很谨慎。我所希望的也并不是什么全新的制度，而是对我们的教学方法和教学内容做一些微调。例如，我一直认为，我们应该减少对教学内容的关注，而应该更多关注品格的培养。这并不意味着要减少教学内容，而是要将教学内容视为工具，而不是目的。虽然保持教育体系的标准很重要，但更重要的是，我们要发展和培养一种特定类型的人，不仅仅是生产出具有一套标准化知识的毕业生，如同另一件用来消费的商品，我们需要的是拥有某种世界观及其相关特征的毕业生。显然，如果不学习大量知识内容，是培养不出这些特征的，但反过来却不成立，学到无数的信息碎片，对他们的品格不会有任何影响，这也是很多人的实际情况。

最明显不过的例子是，掌握一套特定的针对考试的知识。应试教育掩盖了我们不知道的东西——包括永远也不可能知道的东西——同时也缩小了学生的视野。无知教育使用的可能是相同的材料，但能以某种方式扩大，而不是缩小学生的认知范围，因此也暴露出所有未知，并在学生心里树立起非常不同的观念。无论是通过校园花圃，走访当地老人，还是科学实验，都比靠简单的学习记忆内容更能培养对人类局限性的认识。增加学生在学习中进行探索的兴趣，尤其对科学的兴趣，是一个令人鼓舞的趋势，因为这样传授给学生的是科学的本质，当然也不可避免地把科学的局限性包括进来，而不是给学生科学就是"真理"的印象。这里的基本思路是，把科学教育的重点放在问题，而不是答案上，鼓励学生去探究某个主题，而不是记忆这个主题的事实。

我们还必须把关注焦点从机械技术转到生物有机体和系统上。比如恢复几乎在各年级课本中绝迹的自然史内容，这可能是一个很好的开始。当学生了解到自己在历史中的地位，并与之建立联系，这将提高他们的感知力，并有助于培养相互依赖和尊重的观念。正确看待计算机和技术是转换焦点时要克服的主要障碍。我们必须认识到，技术本身并不是教育的目标，不能再把技术当作教育目标了。计算机的确很有帮助，但它们只是工具。我们必须教导学生如何评估技术对我们生活和社区的影响。在这方面，就像许多方面一样，我们可以多向阿米什人学习，不是他们对技术的选择，而是他们用自己社区的标准来衡量新发展的做法。

也许在各级教育系统中重新强调地域的重要性比任何变革都更重要。建立与本地环境的联系，培养地方意识，对于理解人类的无知以及随之产生的谦逊至关重要。如果以地方性为主的教育活动越来越多的话，那将是令人鼓舞的，尽管它们的规模和影响仍然比较有限。在艾奥瓦州，有些学校正在把部分校园场地恢复为高草草原，并向学生介绍被工业化农业摧毁的原生系统。这些小小的进步令人欣慰，尽管如此，普通艾奥瓦州人了解更多的却是热带雨林或海洋，而对曾经覆盖艾奥瓦州的草海却知之甚少。教育工作者需要认识到学习当地历史文化的价值，并抵制将自己局限于标准化考试通识内容的诱惑。

在教学重点方面必须做出的改变还有很多，但关键是要启动重新评估进程，认识到没有一种解决方案是普遍适用的。这些改变还需要不断改进，在特定的时间、特定地点找到适合的方法。除了我们对教学内容和教学方法的这些转变之外，教育模板的转变也必将影响学校的基本结构，既包括物理结构，也包括组织结构。我们的学校就和监狱没有两样，看管和控制着我们称之为学生的囚犯，有严格的权力和决策等级制度。

学校结构的变革比追求学校规模更为重要。今天的大多数学校都是庞然大物，动辄拥有数千名学生，完全忽视了规模适度这种最重要的谦逊理念。班级和学校都保持较小的规模，不仅便于上述各种变革，而且可以让学生理解什么是适度，并在生活各个方面考虑到规模的重要性。小规模也有助于促进组织变革，把自上而下的等级结构转变为通过有机和相互关联来模仿自然过程的结构。

学校物理结构的改变也至关重要。在校园里种植食用蔬果的运动让学生有机会到室外，把手插进泥土，学习他们根本无法在混凝土高墙里学到的东西。我们也必须改造校园和教室。教学需要在建筑以内进行，但我们也需要在建筑物以外的教学。我们必须消除教育与工作的藩篱，学生可以把一些时间用在制作食物，以及满足他们其他生活需要的活动上。生态学设计可以成为学校结构变革方面的示范。

除了这些关注点的变革之外，我们还需要新教育方法的工作模式以及引导变革的指导理念。到目前为止，我一直有意模糊不同阶段教育的差别，因为我认为，同样的问题很多对从幼儿园到博士及以上水平的学生都很重要。但显然，差别是存在的。对中小学生，把调查和本地环境的概念结合起来，可以作为所有课程和教育决策的指导。戴维·索贝尔做了先锋探索，向教师和学校表明了这项工作的意义。[2]想到学生每天都能在户外探索当地生态系统是一件令人高兴的事。这不仅可以鼓励他们学习已知事实，还鼓励他们一边发现一边提问。具体来说，一种称为"环境集成情境"的学习模式就很有前景。在这种模式下，阅读、写作、数学和其他学科不再划分成独立课程，它们全部都以某种形式与环境产生关联，这能鼓励学生进行各自的探索。其重点是了解当地环境，而不是学习普遍的概念，关注的是建立联系，而不是记忆事实。虽然这显然改变了基础教育的内容，但也影响了学生的态度，培养了其诸如谦逊、尊重和感知力等特征。

到了高等教育阶段，我建议可以把可持续发展和生态公民的概念作为教育改革的指导原则。如何调整大学的课程才能使每个学生都理解他们对世界产生的影响，使每个专业都直接面对可持续发展的问题呢？我们如何能让所有毕业生都获得自己是生命共同体公民的意识？许多人正在努力回答这些问题，目前主要集中在应对气候变化问题上。风险在于，以狭隘的技术角度理解可持续发展，而不去触及核心假设。每个大学一年级新生都应该参与对校园体系的分析，分析校园的能源、食物、水、废物和材料的资源流向。如果没有对其一直生活和学习的

无知的美德

生态环境获得基本了解，就不应该毕业。戴维·奥尔在教育方面的工作就是一个很好的例子，还有一个被称为"生态联盟"的创新学院所做的工作。[3]关键点不仅仅是更多了解可持续发展，还要认识到，我们，以及任何人，对我们所依赖的基本生物系统的了解多么有限。

有些人一定会反对说，这些都不可能实现，成本太高，老师不会愿意，学生不会配合，家长也会反对。我不能说我乐观地认为，教育的重大变革马上就要发生。但是，即使我不乐观，我也绝对抱有希望。改变一定会发生，因为它必须发生。无论是我们的社区还是生物圈，都无法在当今毕业生所带来的持续不断的冲击下幸存下来。

＊　＊　＊

夏天的傍晚，我喜欢坐在露台上，越过西边的树林，看着最后的颜色从天空消退。这时我的思绪常常漂移，想知道未来我们的社会将走向何方，在那个不确定的未来，我最关心的人和地方会有什么结局。最近，我开始想象2045年，那时我年幼的女儿正是我现在的年龄。那时的世界会是什么样子？和今天有什么不同？人类将面临什么样的挑战，那时的人们又将如何应对？人口增长。气候变化。生物多样性丧失。土壤侵蚀。森林砍伐。在我思考当前的趋势并推测可能的变化时，很容易不知所措，但不知出于什么原因，我仍抱有希望。

有时我会在头脑里想象我女儿西尔维娅在2045年40岁时会是什么样子，是不是和我一样坐在户外，看着附近玩耍的孩子。每次我想象这样一个场景时，细节总是模糊，但轮廓却总是相同。那是一个平和、快乐的场景，与我今天看到的发展趋势迥然不同，虽然我无法完全理解其中的缘由。对未来做白日梦的美妙之处在于，不必想象所有细节，尤其不用想象事情是如何从当前的状态过渡到那个情景的，过多涉及细节会让我们陷入泥潭，无法相信改变可能发生。我所想象的景象是田园诗般的，虽然没有那么浪漫。我在想象这样一个世界，人类对待自然、对待彼此的态度，以及对待我们所知道和永远不可能知道的东西的态度，与现在占我们文化主流的那种态度截然不同。这幅画面既激进，同时又平凡无奇，体现的不仅是我们生活方式的变化，也是思维方式的变化。能让这种想象成为可能的部分原因似乎是，有许许多多人现在已经有了类似的态度，并且接受了培养这种特征的教育。变化总是渐进的，随着时间的流逝以及其他压力的增加，变化也会逐步发生。

在《沙乡年鉴》的尾声，奥尔多·利奥波德说，他把土地伦理称为一种进化的进步，因为"像伦理这么重要的东西是没法被'写'出来的"。[4] 利奥波德的智慧同样适用于以无知为目标的教育。新的教育计划也不是能写出来的，就如同伦理或世界观不是能写出来的一样。因此，我没有设计出一项计划或模板，当然也没有什么课程计划之类的具体建议。我的评论其实只涉足无知领域的一次初步尝试，试着谈一谈让学生理解人类局限性对教育意味着什么。对教育进行必要的调整，既微小，又具有难以想象的重大意义，既微妙，又具有革命性。这些看似微不足道的关注点的转变，可能会带来教育领域全新的思考和执教方式。

关键在于，我们所有人都必须参与对话，提出具有重大意义的问题。教育的目标是什么？教育仅仅是为工业资本主义机器制造更多齿

无知的美德

轮吗？如果是这样，那么我们的教育危机，以及环境、社区和文化危机都将加剧，并对地球系统造成难以想象的损害。但假如我们能看到不同的答案，就可能有一个不一样的未来在等待我们。认识到智人根本性的、不可治愈的无知，可能是通往另一种未来旅程的重要一步。

注释

1. William McDonough and Michael Braungart, *Cradle to Cradle: Remaking the Way We Make Things* (New York: North Point, 2002).

2. 参见 David Sobel, *Mapmakting with Children: Sense of Place Education for the Elementary Years* (Portsmouth, NH: Heinemann, 1998), *Beyond Echophobia: Reclaiming the Heart in Nature Education,* Nature Literacy Series (Great Barrington, MA: Orion Society, 1999), and *Place-Based Education: Connecting Classrooms and Communities,* Nature Literacy Series (Great Barrington, MA: Orion Society, 2004)。要了解更多关于环境集成情境的信息，请参见 http://www.seer.org。

3. 参见 David Orr, *Earth in Mind* (1994), 10th anniversary ed. (Washington, DC: Island, 2004), and *Design on the Edge: The Making of a High Performance Building* (Cambridge, MA: MIT Press, 2006)。生态联盟是一个专门关注环境的学院联盟，致力于环境研究方面的创新教学 (参见 http://www.ecoleague.org)。

4. Aldo Leopold, *A Sand County Almanac and Sketches Here and There* (Oxford: Oxford University Press, 1949), 235.

气候变化与知识局限

乔·马罗科

我们所能达到的最高境界并不是知识，而是与智慧产生共鸣。我不知道这种更高层次的知识是否等同于更明确的东西，而只是在突然揭示我们以前所称的知识的不足时的一种新奇和巨大的惊喜。我们发现，天上和地下的万事万物，远远超出我们哲学的想象……人类所知不可能超越这个层次。

——亨利·戴维·梭罗

对乐观主义的质疑

我们生活在一个伟大的、乐观主义根深蒂固的时代。自现代科学诞生以来，随着经验知识的爆炸式增长，人们普遍相信我们的能力毫无疑问能超越无知。今天的科学不能告诉我们的事情，明天一定能告诉我们。我们和真相之间仅隔着时间和研究经费而已。总之，我们坚信，大自然的奥秘尽在我们掌握之中。我们对科学拥有无限探索的能力深信不疑，这已经成了我们世界观的基本组成部分，无声却有力地影响着我们感知和应对逆境的方式。

然而，我们有充分的理由质疑对科学知识的乐观态度，尤其是当科学知识被应用到复杂的环境问题上时。科学的方法只有在问题能被简化时才有效，而人类文化和自然之间的相互关系却违抗了简化论；也就是说，这种相互关系无法转化为作为传统科学探索支柱的一系列数学公式或物理定律。简化论往往忽略了环境问题需要在更大背景下解决的要求，就好像这样的问题可以依靠科学知识的进步来解决一样，同时还忽略了问题的根源所在——伦理和行为因素。

21世纪，我们面临的自然系统危机不断升级。我们的生命本身仰仗自然系统维持运转，但每出现一个新的环境困境，我们仍然首先求助于科学来证明它的存在，并指望科学帮我们理解这个问题，然后再依靠技术和政策的提供者采取措施来解决问题。这种风格的环保主义根植于我们的科学技术乐观主义。这种乐观主义一直以来似乎给我们帮了不少忙。然而，21世纪影响深远的问题却证明，传统的环保主义方式无效。其中最值得一提的是全球气候变化问题，它向我们科学技术力量的乐观态度提出了挑战，并要求我们重新认识知识的局限性。

世界观的起源：培根与"伟大的复兴"

科学无所不能的传统乐观主义传承自盛行的基于知识的世界观。[1]这种世界观的核心是一句谚语："知识就是力量。"西方人心中根深蒂固的信念是，掌握更多知识就会更多地控制问题和现象，无论问题的规模有多大、复杂性有多高。这句格言是我们教育的基石，我们的教学方式、学习方式和生活方式都和这个理念捆绑在一起，也就是说，只要有更多知识，我们就必定能战胜各种各样的困难，无论是当前，还是未来。我们怀抱着极大的希望，那就是，科学总有一天会让我们实现终极目标，我们将收获各种成果，无论是治愈癌症，解开人类遗传的秘密，还是发现一种永不熄灭的能源——"绿色能源"，它能满足现代社会永无止境的需求。

基于知识的世界观所获得的这种首要地位，既源于科学知识的获取方法被公认为绝对正确，也源于各种科学探索的成功史。我们很少质疑科学解决问题能力的乐观态度，我们对科学知识唯一充分性的信心很少被动摇，即使面对极端的复杂性和不确定性时也是如此。虽然这种不假思索的信心往往是理所应当的，但也有充分的理由让我们怀疑，仅靠科学知识能走多远，对我们的科学研究应该给予多大信心。

气候变化摆在我们面前的是非同寻常的复杂性，以及潜在的、影响深远的可怕后果。我认为，这些特征让我们有充分理由去认真审视和质疑我们对科学知识的信心基础。但在质疑之前，我们必须先搞清楚，我们相信知识就是力量的傲慢和信念是从哪里来的；说到这方面，我们就没法不提弗朗西斯·培根的著作。认识到培根对我们关于知识、力量和进步的认识所施加的深刻影响非常重要，其重要性如何强调都不为过。有 400 多年历史的世界观格言就藏身在他的著作中。

1620 年，英国政治家和学者培根出版了他的《新工具》(*Novum Organum*) 一书。培根之所以写这本书，是因为要终结亚里士多德式知识体系的"邪恶权威"，代之以"经验的真正秩序"，也就是归纳推理法。虽然培根承认"古人"传下来的方法和哲学对"公民的生活事务"是有帮助的，但他认为这些方法和哲学在他最为重视的自然科学方面并不特别具有启发性。他认为诡辩家的演绎法是"对自然的预测"；而他的新方法——归纳法，则相反，是"对自然的诠释"。[2] 他拒绝承认古代流传下来的真理是完美的，这促使培根定义了另一种获得真理的方法，通过有控制和有条理的方式逐步地、线性地获得知识。这种新方法通过实验和推理来保证真理的绝对正确性，从而消除主观性。他相信，通过这种方法，人类只要用很短的时间就能掌握宇宙的全部秘密。事实上，他确信，这种新方法带给人类的是对自然完美无缺的理解。

培根将这次认识论的升级称为"伟大的复兴"，并相信"我们唯一剩下的希望和救赎，就是重新开始整个思考历程"，使人类从此以后的追求"深入自然界更隐秘和更遥远的部分，以一种更确定、更有保障的方法从事物中抽象出概念和公理"。他提倡用一种方法来达到这种目标，排除一切用经验主义和理性主义都无法证明的东西。根据培根的说法，真理的追求者在任何时候都没有自由，也不能进行飞跃；知识的积累应该是线性的，任何人都不应该"从特殊现象跳升和飞跃到最遥远和最普遍的原理"。[3]

培根认为，如果使用这种严格控制的方法，任何事情都不可能或不应该再不可知，也不应该再神秘："因为任何值得存在的东西都值得知道，因为存在的具象就是知识。"[4] 根据培根的说法，人类获得知识的能力只受到一种限制，那就是缺乏韧性，缺乏对他所提出方法的献身精神。这种对我们认识能力的无限信心，已经转化为如今对进步的信仰，不仅是对科学进步的信心，也是对人类所做一切努力的信心。培根的方法保证我们有无可置疑的能力，来修正和补充我们对自然世界的知识。

具有讽刺意味的是，当培根试图取代古希腊人公认的、排他的诡辩论时，他创造了一个新的教条：假设科学进步是绝对的。正是这种假设以及随之产生的期望，最适合基于知识的世界观的历史发展。在培根之前，人们获取知识是为了获得智慧；而培根在《新工具》中，对什么是知识以及如何使用知识提出了一个截然不同的概念："只能让人类重新获得对自然的控制权，这是上帝馈赠给人类的礼物，让人类获得自然的力量，并通过恰当的理性以及真正的宗教团体管理这些权力的执行。"[5]

在《新工具》的格言三中，培根写下了他最著名的格言："人类的知识和人的权力是同义词，因为如果不知道原因，就不会理解结果，因为征服自然只能通过服从自然。在思辨哲学中，服从对应的是原因，而到了科学实践中，服从对应的就是规则。"[6]对培根来说，知识和权力是一体的；这里隐含的假设是，对人类来说，对自然的权力是理想目标之一，也许最终也是唯一理想目标。从 21 世纪的观点来看，我们似乎忠实地响应了培根的号召。我们的科学知识和由此产生的技术使我们获得了前所未有的、对自然的支配地位，迫使自然世界发生培根和科学革命的同时代人无法预见的变化。

在培根之后，知识成为一种达到目的的手段，把科学提升到受人尊敬和崇敬的问题解决者的地位。诡辩家们对智慧的单纯追求被另一种东西所取代，即知识的应用，把知识应用于解决社会最困难和最紧

　　　　　　　　　　　　　　　　无知的美德

迫的问题。这样的知识应用具有强大的力量，但有时也有极大的破坏性。安东尼奥·佩雷斯-拉莫斯在其论文《培根的科学理念和创造者的知识传统》中解释说："尽管战争工业和生态困境已经揭示出了明显的矛盾，但像科学进步与人类道德状态的改善相一致这类概念的象征意义和规范作用仍然有增无减。"[7] 布莱恩·维克斯在他的论文《培根与修辞学》中更清楚地阐明了这一点："不单是在自然科学领域，而且在当今的每一个知识领域，我们都满怀信心地期待新的研究将扩展我们对某一主题的理解，扩大或重新定义我们看待或思考它的思维框架或概念类别。"[8]

　　除了期待进步之外，在基于知识的世界观中，还存在一种教条式的信念，相信科学具有自我修正的能力，能自己解决科学知识应用不当所产生的问题。这种假定的自我规范和自我纠错能力在科学界和公众心中都是根深蒂固的。1934 年，约翰·杜威做出的以下表态就体现了这一信念："科学应用所造成的创伤，只有通过进一步扩大知识和智力的应用才能治愈……这是当前智力活动的最高义务。"[9] 可以肯定地说，这方面的情况自 1934 年以来没有太大变化，而且，培根关于科学研究的乐观态度对今天所造成的影响是毋庸置疑的。

　　"在这里，真理和实用性完全是同义词。"这是培根在《新工具》中给那些可能质疑他是否"给科学确立了正确或最佳目标"的人的答案。[10] 从对这两个词的同义判断中，我们得出结论，在寻找真理的同时，必定能找到利用真理的最佳手段。换句话说，培根觉得没有理由怀疑人类不能正确使用科学知识，因为如果我们是通过归纳法得出的真理，这种知识该怎么用就会变得无比清晰。

如果培根是正确的，那么就应该由此得出，科学家收集到越多人类活动导致气候变化的证据，我们就越有可能改革造成麻烦的经济、技术、伦理和社会制度。培根假设的问题在于——如同他提出的方法一样——过度简化和狭隘。我们并不总是必定根据真理行事，尤其是这样做时需要做出牺牲、引起动乱，或感到会丧失个人自由或权力。与培根的乐观主义相反的是能够自我提升和自我保护的代理人，他们通常都在知识和理性范围之外。

政府间气候变化专门委员会 2007 年报告中的"政策制定者摘要"，以"非常充足的信心"指出，"自 1750 年以来，全球人类活动的平均净影响之一是全球变暖"。[11] 掌握了这样的知识，我们是不是就能指望下个 10 年驾驶氢燃料汽车了？我们大多数人都会用太阳能光伏板为家里供电了？我们都会选择拼车而不是单独开车？也就是说，科学家在过去 20 年里已经知道，是人类的原因造成了气候变化，但美国的石油消费量在这段时间里却出现了大幅增长。

掌握更多知识只是引起变化的一小部分原因；很明显，在推动决策、采取行动和措施方面，其他因素的力量超过了知识的力量。这表明，我们确实需要用一种观点作为我们基于知识的世界观的补充。这种观点尊重人们很容易忽视科学事实这件事，不仅是那些身居高位的政府要员会忽视，我们普通人也一样。简言之，培根错了：知识不是力量，也不是实用性的同义词。即使我们摒弃人类能预测和控制自然这一过时观念，也不再相信仅靠知识本身就能改变人们的想法。

　　　　　　　　　　　　　　　　　　无知的美德

基于知识的环保主义与气候变化

培根的影响遍及西方所有思想领域，也包括主流环保主义。环保主义者利用基于知识的方法解决问题，从最广泛的角度说，包括以下步骤：

1. 确定影响（生物多样性丧失、气候变化、空气或水污染）。
2. 确定原因（栖息地丧失、温室气体排放等）。
3. 针对原因采取各种措施（推广"绿色"技术、政府游说、通过伦理道德及美学方式增加对一般公众的吸引力）。

这三个步骤构成了基于知识的环保主义。自 20 世纪早期环保运动开始以来，这一直是环保主义的工作模式。它植根于我之前描述的基于知识的世界观的假设和方法论。基于知识的环保主义成了一个模板，影响了许多主要环保团体的工作，如塞拉俱乐部、自然保护协会、国家野生动物协会和荒野保护协会。

气候变化对基于知识的环保主义构成了独特的挑战。大多数其他环境问题都有清晰明确、不容置疑的存在迹象：雾霾、受到污染的溪流和江河、城市扩张、物种减少和露天场所消失，都可以通过科学得到证实。而且在某种程度上，外行人也能直观地理解这些迹象。另外，气候变化是看不见摸不着的，没有办法让非科学家的普通人明明白白地看到。换句话说，气候变化没有能够明显、直接体现出其存在的迹象。虽然大多数科学家一致认为气候变化是一个真实存在的现象，但对普通民众来说，气候变化的真实，仅限于气候专家报告中的确定无疑。

传统上，环保主义依靠科学数据和明显的环境损失来推动法律和技术的变革，甚至改变个人的信念和行为。例如，当雷切尔·卡森在《寂静的春天》中写到 DDT（滴滴涕，一种杀虫剂，成分是双对氯苯基三氯乙烷）的影响时，带来的变化源于两个原因：（1）这些影响都是可以通过科学验证的，并得到了广泛的数据支持；（2）问题的解决只需要技术和政策上的调整，也就是说，并不需要普通美国人对他们的日常生活做出什么大规模调整。卡森的书没有要求我们做什么牺牲，相反，呼吁禁止某种特定农业杀虫剂的使用。虽然这可能会使杂货店销售的农产品更安全，但《寂静的春天》实际上并没有对美国人的生活现状产生任何影响。

气候变化却是截然不同的，不仅与 DDT 不同，与空气和水污染，甚至与臭氧消耗出现的空洞也不一样。虽然其他环境问题都可以通过消除其相应的污染物来缓解，但气候变化无论在规模上还是原因上都与这些现象差别很大。其根源的本质更根深蒂固，也更多元化。消除或大幅减少全球范围的温室气体排放是一项艰巨的任务，远远不是强制使用烟囱"洗涤器"和催化转化器（空气污染）、适当的径流管理（水污染）或减少或消除氯氟碳化物（臭氧层空洞问题）那么简单。应该指出的是，基于知识的环保主义肯定还没有解决这些"简单"的问题：美国大部分农产品在种植时，使用的都是未经安全证明的杀虫剂，空气污染和水污染仍然给成千上万美国人带来大麻烦，臭氧层空洞还在增大，尽管《蒙特利尔议定书》规定，要在 1996 年之前逐步淘汰氯氟碳化物。

基于知识的环保主义，依赖的是一种知识与积极变化之间似乎确有其事的联系，而这种联系可能根本不存在，但衍生出了一种错误的假设，假定知识的增加总是以及必定会促使"正确"行动发生。这种对知识力量的信念很常见，在响应有关气候变化新发现的行动呼吁中，几乎都能看到这种信念。再次以政府间气候变化专门委员会2007年的报告为例。该报告以"非常充足的信心"宣布，气候变化是真实的，且是人为造成的。在该报告发布的同一天，塞拉俱乐部发出了战斗号令，强调该报告给出了立即采取行动的明确理由，以避免我们遭受气候变化的"严重后果"。[12] 这里的基本假设是，一种几乎明确的、意见一致的科学证据应该是采取行动毫无争议的理由；我们应该为"杰出"的科学而战，这非常合逻辑。

然而，这种思路是有问题的。就气候变化的存在和潜在危害性而言，气象学家们几乎意见一致，但美国立法者却几乎没有因为这些信息采取什么行动，甚至没有批准《京都议定书》。虽然这项协议值得商榷，但在阻止气候变化方面具有重要的政治意义。G. A. 布拉德肖和杰弗里·G. 博尔歇斯在他们的论文《作为信息的不确定性》中指出，将科学转化为政策具有不可预测性和脆弱性，不仅不确定，且远远达不到产生保障作用的程度。此外，他们还声称，"在许多情况下，从科学到政策的鸿沟可以用社会惯性来形容，不是由于信息匮乏，而是由于对变革根深蒂固的抵制。这种抵制是无数社会、宗教和文化因素造成的"。[13] 他们指出了知识能够改变思想和行为这一假设的根本问题。凌驾于科学知识之上的力量看起来地位稳固，并且不可动摇。

因此，我们必须考虑到，基于知识的环保主义应对庞杂的、影响深远的气候变化的方法天生就有缺陷。考虑到温室气体排放的延迟效应，最重要的是，这些排放与我们现代消费生活的方方面面息息相关，密不可分。那么很可能，基于知识的环保主义并不适合解决气候变化现象的难题。

如果我们继续仅仅从知识的角度来看待气候变化，我们会忍不住为它建立错误的界限。说错误是因为我们简化的研究模型不可能包含气候变化的无限复杂性。这些界限为我们提供了问题存在的佐证，但同时也限制了我们应对的方式；如果我们划定的界限是错误的，那么我们在界限之内所提出的任何"解决方案"也将是错误的。相反，我们必须扩大界限，以便更好地了解气候变化的真正原因，并充分发掘各种可能的解决办法。

把气候变化狭隘地看成"环境"问题，已经极大地限制了我们寻求解决办法的范围，同时让我们忽视了这样一个事实：气候变化是一个涉及人类所有经验领域的问题。我们采取的行动都倾向于回归原始状态，这源于 20 世纪 70 年代的乐观主义，当时基于知识的环保主义在推动清洁技术和促进立法方面取得了显著进展。但我们不应指望环保组织能够最终解决这个问题，因为这从根本上是一个复杂的社会、伦理、经济和政治问题。此外，如果已经证明基于知识的环保主义在处理污染和臭氧层空洞这类困难（但不复杂）的问题时并不特别成功，那么我们又怎么能指望它解决更复杂的气候变化问题呢？

似乎很明显，我们需要从一个全新的角度来看待气候变化。也就是说，我们必须建立一个应对这个问题的框架，不能简单地把它当作

无知的美德

一个科学问题或政策问题，而是看作我们每个人每天所做的无数决策所导致的结果。这个新角度主要关注的应该是，如何指导我们的日常生活决策，而不是过分依赖"正确"知识与正确行动之间脆弱的关联。

看待气候变化的新角度

自然界对我们来说大体还不可知，但我们对科学知识的傲慢减少了我们对它的尊重。我们假设我们能够掌握足够多的自然世界知识，即使不是现在，也早晚会有那么一天。这让我们有了一种妄想的、对未知的权威立场。温德尔·贝里明确了这一假设的潜在危害："把未知称为'随机'，就是通过给未知插上殖民旗帜来占领和利用未知……如果要给未知取一个恰如其分的名字，那么'神秘'就是在暗示，我们最好尊重这样一种可能性，即存在一个更大的、看不见的、有可能遭到破坏或毁灭的模式。"[14] 就气候变化而言，我们的傲慢已经危及了自然系统神秘的复杂性，而这正是所有生命赖以生存的基础。是时候承认和接受我们科学知识有局限性这个事实了。

我们最好放弃我们毫无根据的信念，不再相信科学能够正确且真实地描绘大自然的复杂性。此外，由于我们掌握的科学知识从来不是完整的，我们也不能再肯定（从来也不能肯定）科学能修复因为应用不完整的知识所造成的损害。我认为，气候变化应该成为建立新知识观的契机，挑战我们长久以来的科学乐观主义，让我们看到，我们仍然且从来都需要尊重神秘和未知。

用韦斯·杰克逊自己的话来描述无知的世界观是最恰当的："我

们的无知程度比渊博程度高几十亿倍，而且将永远如此。"[15] 杰克逊的话应该会引起我们对基于知识的世界观的怀疑，尤其是当我们面对像气候变化这样庞大、复杂，以及有可能不可知的问题时。如前所述，基于知识的世界观从"知识就是力量"的角度来看待问题，而基于无知的世界观首先质疑的就是我们是不是需要这种力量。我们希望在对知识的渴望和对神秘的尊重、敬畏之间找到平衡，但也不要忘记，显然无知与知识之间永远不可能取得平衡。把无知的世界观作为一种看待气候变化的新角度，其前景可观。

基于无知的世界观迫使我们转变努力的方向，从证明气候变化存在，到承认我们没法证明它存在；基于无知的世界观还认为，无论是科学证据，还是可能造成的有害影响，都不能变成采取行动的前提。仅凭这个新世界观的一己之力，就可能从根本上改变信者和不信者的策略，把争论双方的论证都变得无效，既驳倒了那些用科学的确定性倡导公众采取应对气候变化行动的支持派，也反驳了那些声称我们还没有足够证据的反对派。我们反其道而行之，站在无知的立场承认，我们并没有掌握足够信息来准确预测后果，但我们掌握的信息足以让我们有理由改变我们的信念和生活方式。事实上，我们甚至不再把问题称为"气候变化"，而是把注意力集中在如何让"环境"问题突破科学探索的狭隘界限上。这种世界观自然而然地将寻求解决方案的范围扩大到远超一般的研究模式的范围，进入了永远乱成一团的现实世界。

更宽泛的气候变化定义必然会导致对技术解决气候变化问题是否可行的怀疑。目前，一些能源专家正在鼓吹"绿色"交通工具，比如现在的混合动力汽车，以及有朝一日的氢燃料汽车。专家们把这些作

无知的美德

为世界经济的新基础，因此，也必定是气候变化问题的灵丹妙药。虽然替代能源无疑是有效应对气候变化的措施之一，但任何单纯依靠技术的"解决方案"都不会是完全或必然安全的。基于无知的世界观要求我们关注氢燃料汽车的长期影响，或在这个意义上任何新能源汽车的长期影响。虽然氢燃料的倡导者声称，水蒸气的排放是绝对安全的，但基于无知的世界观要求我们关注的是氢燃料深层的影响，从生产到运输，再到消费的整个过程。

很明显，基于无知的世界观的基本意义之一是，我们应该始终保持预防为主的立场。韦斯·杰克逊说，掌握了使用知识的权力却以有害的方式应用的人，早晚要"苦苦钻研如何退场"，学习怎样防止知识的应用产生不良影响。[16] 当然，知识应用最常见的形式就是技术应用；因此，我们必须逐步认识到，我们对技术的热衷，以及短视的技术应用方式往往伴随着意想不到的破坏性后果。基于无知的世界观指出，替代计划，即"退场"方案，应该在新技术实施之前就准备好，而不要总是在酿成大祸之后亡羊补牢。

想象一下，杰克逊的思想，本来可能大幅缓解，甚至完全避免气候变化！如果我们能花些时间想一想，可能会发现必须依赖燃烧化石燃料的生活方式并不明智，我们本可以在几十年前就想出替代方法，无论是替代的能源还是替代的生活方式，并且可能早已付诸实施。我们可能早已得出结论，多样而不是单一的文化及多样的能源和利用方式才更有优势、更符合自然秩序。

此外，在基于无知的世界观的前提下，我们的行动，无论是技术的、政治的，还是其他方面的，都会带有一些因为知识匮乏而引起的卑微感。虽然基于无知的世界观并没有要求我们"把任何谨慎原则绝对化",采取"彻底不作为"的立场,但它确实要求我们始终意识到,我们走在"知识与无知之间"的狭窄空间里,因此要时刻留意,我们作为和不作为都可能产生未知后果。[17]

总之,最后也许也是最重要的一点,当我们如此依赖科学来应对气候变化时,基于无知的世界观却意识到了这样一个根本问题:正确的发现未必带来正确的行动。既然我们的知识是有限的,气候变化问题的危害又不明显,我们必须承认我们不确定,并把无知作为出发点。当我们采取这种立场时,我们对气候变化的看法就会发生改变。这种变化有可能,也应该来自尊重我们所不知道的东西,与所知道的东西相比,对无知的尊重可能更多一些。

基于无知的环保主义

如果我的论述足够有说服力,那么我已经提出了一个令人信服的观点:基于无知的世界观值得我们深思。下一个必须提出的问题是:如何将基于无知的世界观转化为一种适合应对全球气候变化的挑战及不确定性的环保主义?

首先,我们要承认,环保主义不仅意味着有组织的专家小组共同解决一系列与自然世界或直接或间接相关的问题。环保主义同时也是一系列体现我们对"环境"看法的信念,一个包含我们全体人类体验的复杂实体。因此,基于无知的环保主义的首要任务是扩展看待、理解和应对"环境"问题的方式。这样的环保主义不断提醒我们,问题不在于环境,而在于我们。

　　　　　　　　　　　　　　　　　　　　　无知的美德

基于无知的环保主义专注于从根源上改变有关气候变化的错误观点和世界观，但它并不宣称能在大范围内达到这个目的。简单的自上而下的、催化剂式的运动不可能转变美国普通民众的世界观。不管是像飓风那样地动山摇的灾难，还是像主流环保组织的那种远在天边、无伤大雅的口号，都不可能做到。美国所需要的、深刻的观念变革必须首先要在本地，也就是我们生活、工作和娱乐的地方扎根。这种变革应该包括深刻怀疑知识就是力量的观念，以及高度重视我们今天所面临的问题固有的复杂性和不确定性。基于无知的环保主义要善于建立本地行动与全球环境影响之间的联系。从 E .F. 舒马赫的格言（"全球化思考，本地化执行"）开始，到最终深刻意识到我们的行动必须建立在尊重无知的基础之上，而不是乐观地依赖我们永远有限和不充分的知识。

基于无知的环保主义大量借鉴了公民环保主义思想。[18] 公民环保主义是主流环保主义自上而下的技术政治策略的替代选择。它倡导我们应该采取本地化的思考和行动方式，使公民成为环保事业的一分子。它一直把活动的规模控制在小范围里，使当地人通过他们自己的行动，感受到他们既是损失最大的人，也是获益最大的人。公民环保主义在应对不太复杂的本地环境问题方面大有可为，如，清理棕地①以及开放空间的保护。它要求社区，以及生活在其中的个人，意识到自己力所能及的行动给本地环境带来了什么变化。它反对人们的冷漠态度，要求人们发挥创造力，积极参与公民生活。此外，公民环保主义也明

---

① 棕地指可能污染过的弃置土地，但可再次利用。——译者注

确表示，认识本地环境问题的本质非常重要。它甚至质疑"环境"问题的本质，并指出这类问题与社会和经济问题有着千丝万缕的联系。

然而，公民环保主义要有效应对气候变化这样复杂的环境问题，就必须深入探讨环境问题的本质。它必须能体现出采取行动的必要性，而不管本地是否出现了环境退化。如果做不到这一点，也就无法有效应对复杂的、不可感知的，但可能有潜在破坏性的环境问题。当然，这项任务极具挑战性。人的本性是，除非问题和挑战已经迫在眉睫，否则很难期望变革的发生。显而易见且令人不安的环境退化问题就是一个迫在眉睫的挑战。然而，气候变化的特征却没有广泛的表现，尤其是在最需要变革的美国大陆。这正是我们为什么需要一种基于无知的、不需要肉眼可见的环境退化作为行动动力的环保主义。基于无知的环保主义认为，目前气候科学对现状几乎达成一致的认识已足以证明有必要在国内采取减少温室气体排放的预防措施。它并不需要本地或本区域出现气候变化之后才采取行动。

气候变化问题的挑战性异乎寻常，因为这个问题源于本地，但其产生的后果却是全球性的；它是由无数个人行为通过复杂的过程累积而成的。我们每个人都要为气候变化负责：虽然我们发现很容易把锅甩给那些大量生产高油耗的运动型多功能汽车的公司，但购买这些车的人正是我们，我们还开着这样的车到处跑。虽然我们可以批评我们的国家领导人，因为他们显然对解决我们国家的石油上瘾问题不感兴趣。然而是我们自己没有设法让自己的房子更隔热，是我们没有更多地采取步行、骑自行车或拼车方式出行，或者不再每年去遥远的地方度假。在现代生活方式中，我们每个人都应该对长期的气候变化负责；我们每个人都是这个问题的一部分。

然而，如果我们具有本地公民意识，认识到我们的无知，参与本地行动，那么简单但有力的变革可能已经开始。一开始，我们可能每天改变一到两个决定。这种决定的基础是认识到，自己无法预测和控制最终行动的结果。我们无法确切知道或预测这些决定是什么，也无法确切知道基于无知的环保主义如何影响每个人。然而，我们可以确定的是，作为一个决策框架，了解并承认我们无法避免的无知，将有助于我们做出对本地和全球环境破坏性较小的决定。毕竟，这应该是任何环保主义的最终目标，无论是主流环保主义、基于知识的环保主义、基于无知的环保主义，还是公民环保主义。

几十亿倍的差距：以无知为起点采取行动

正如我所说，基于无知的世界观能帮助我们培养一种新型环保主义，适合应对气候变化这种不寻常的棘手问题。简言之，当不可能获得足够多的知识时，尊重无知就变得更加有价值。就气候变化而言，及时掌握所有情况是不可能的；只要我们想一想就清楚了，我们到现在才相信几十年前排放出来的温室气体，是导致气候变化的原因。气候变化问题无法通过技术解决，除非我们通过尊重无知来调整我们对技术和科学的乐观态度，否则更大的破坏仍无法避免。

我们应该清楚，解决气候变化问题不存在一种简单的放之四海而皆准的办法；基于无知的世界观从来不认为大问题要由大方案来解决。它在把注意力集中于小规模方案的同时，永远不会忽视我们每个人在所生活世界的整体格局中扮演的角色。基于无知的世界观假设，我们的行为产生的后果远远超出我们的想象。因为总是做出这样的假设，所以它总是以预防为主、放慢脚步、觉知自我在世界中的位置。

韦斯·杰克逊说，"我们的无知程度比渊博程度高几十亿倍，而且将永远如此"，这提醒我们，我们生活在一个极其复杂的自然世界里。这一困局，再加上技术所造成的难题，不禁让人怀疑，我们面对真正的、深层的气候变化挑战时，还有任何理由抱着希望吗……如果把杰克逊的断言当作真理，那么基于无知的世界观本身就有了麻痹作用。然而，如果我们以杰克逊本人为榜样，按照他在土地研究所发展的可持续农业那样行动，就会发现，我们能做的有很多，即使是面对几十亿倍的无知。最后，当调整了知识就是力量的乐观看法之后，我们拥有的是深刻和必不可少的谦逊，也有充分理由对未来抱有巨大希望。

注释

1. 参见 Bill Vitek, "Joyful Ignorance and the Civic Mind" (in this volume)。

2. Francis Bacon, *Novum Organum* (1620), in *The Works,* ed. Basil Montague (Philadelphia: Parry & MacMillan, 1854), 3:343–371, 351, 357, 344, 参见 http://history.hanover.edu/texts/Bacon/novorg.html。

3. 同上，343, 345–346, 363。

4. 同上，367。

5. 同上，371。

6. 同上，345。

7. Antonio Perez-Ramos, "Bacon's Forms and the Maker's Knowledge Tradition," in *The Cambridge Companion to Bacon,* ed. Markku Peltonen

(Cambridge: Cambridge University Press, 1996), 329.

8. Brian Vickers, "Bacon and Rhetoric," in ibid., 496.

9. John Dewey, "The Supreme Intellectual Obligation," *Science,* 16 March 1934, 241.

10. Bacon, *Novum Organum,* 369.

11. United Nations, Intergovernmental Panel on Climate Change, "Climate Change 2007: The Physical Science Basis: Summary for Policymakers" (February 2007), http://www.ipcc.ch/SPM2feb07.pdf.

12. "Statement on IPCC Report from Carl Pope, Sierra Club Executive Director," press release, Sierra Club, 2 February 2007, http://www.sierraclub.org/pressroom/releases/pr2007-02-02.asp.

13. G. A. Bradshaw and J. G. Borchers, "Uncertainty as Information: Narrowing the Science-Policy Gap," *Ecology and Society* 4, no. 1, available online at http://www.ecologyandsociety.org/vol4/iss1/art7.

14. 贝里引用了韦斯·杰克逊在本书中的文章《面向一种基于无知的世界观》。

15. 贝里引自韦斯·杰克逊的《面向一种基于无知的世界观》,*Land Institute,* 3 October 2004, 参见 http://www.landinstitute.org/vnews/display.v/ART/2004/10/03/42c0db19e37f4?in_archive=1。

16. 同上。

17. Steve Talbott, "Toward an Ecological Conversation," *Land Institute* (3 October 2004), 3, 参见 http://www.landinstitute.org/pages/ignorance/talbott.pdf。

18. 有关公民环保主义的介绍,参见 William A. Shutkin,*The Land That Could Be: Environmentalism and Democracy in the Twentyfirst Century* (Cambridge, MA: MIT Press)。

我们能有全新的眼光吗？

超越抽象文化

克雷格·霍尔德雷格

　　偏见的问题在于，我们往往不知道我们有偏见，也不知道它会对我们如何看待世界，以及在世界上的行为方式造成多大影响。我想说的是，影响现代西方文化的一个基本偏见，即我们极度倾向于把抽象的概念框架看得比真正的经验更重要。我们往往可以轻松地用基因、分子、原子、夸克、神经网络、黑洞、生存策略或其他抽象概念来描述整个世界。这些概念给我们的感觉比亲身经历的自然现象更"真实"——冬季夜空中闪闪发亮的蓝色天狼星，或者日出开放、中午前凋谢的深蓝色菊苣花。

　　我想说，我们越是用抽象概念建立和这个世界的事物的联系，我们在世界上的根基就越不稳固。生长在中西部广袤的土地上用来饲养我们的牛、猪、鸡等牲畜的玉米，在施肥时产生了带有营养物质的径流，污染了水井，最后导致墨西哥湾下层水层缺氧和生物的死亡。因此，玉米种植项目就不仅仅是人工改造基因营养增强项目那么简单。用这么几个严格限定的抽象术语来描述玉米，把它与更广大的现实隔离开，导致我们至少在一段时间内忽视了这个项目"不幸的副作用"。当一种文化陷入抽象网络中无法自拔时，必定会变成一种与自然脱节并采取破坏自然行动的文化，这还有什么意外吗？

我想通过本文提供一些超越抽象文化的方法。鉴于要克服某个根深蒂固的思维习惯，第一步是承认它的存在，我要提请大家注意抽象问题本身。接着，我将说明该如何把概念性元素放在背景中，以开放我们的感知。这需要我们承认自己的无知，并在我们的所有任务中始终保持这种无知的感觉，这也是智力上的谦逊。最后，既然我们不能没有概念，我们也必须致力于改造它们。这不仅涉及改变概念的内容，也涉及改变它们的形式或风格。我将说明如何发展一种叫作有生命的概念，通过这种概念，我们可以更多地与现象世界的丰富结构产生联系。

抽象所捕捉到的东西

抽象能力能使我们从感知中抽离，好像是隔着一段距离看待这个世界一样。我们可以形成对事物明确清晰的概念，并做出判断，然后再采取行动。在这方面，抽象能力是人类的核心特征之一。但是，就像人类的所有天赋和力量一样，如果我们过于依赖抽象概念，使其变成不由自主的习惯，那么它就成了一把双刃剑。如果我们不去有意识地注意我们是如何形成抽象概念的，并关注它们与经验的关系，抽象概念就会获得自己的生命，最后导致发生这样一种危险，即我们更多关注抽象概念本身，而不是它所解释的世界。我在本文讨论的重点就是抽象概念的负面特征。

下面是当代哲学家保罗·丘奇兰德用抽象概念对世界进行极端描述的例子："苹果表面的红色看起来并不像一个分子矩阵，它以某种临界特定波长反射光子，但实际上就是这样。长笛吹奏的乐音，听起来也不像大气的压缩波列，但实际上它就是这样。夏季温暖的和风吹在身上的感觉，也不像数百万微小分子的平均动能，但实际上，这就是它本来的面目。"(Churchland 1988, 15) 丘奇兰德的"现实"，即事物本来的样子，是由科学的高级抽象概念构成的。我们看到和品尝到的苹果，听到的旋律，感受到的和风，都只是表象，不过是实际物理现实的主观表征罢了。

那我们的内在又如何呢？神经科学家安东尼奥·达马西奥发表在《自然》杂志上的文章提供了一个答案："一种情绪，不管是高兴还是悲伤，尴尬还是骄傲，都是大脑在检测到情绪感受态的刺激时产生的化学神经反应模式的集合。"(Damasio 2001, 781) 所以，从这个观点来看，我们所体验的世界——所有颜色、声音、气味和味道——都是分子运动的幻影，而享用甜美多汁的葡萄的乐趣，"实际上"不过是大脑的化学反应。这种看待事物的方式在科学、科学教育和科学期刊中已经司空见惯。这多少说明了，今天大多数人是如何思考和看待世界的。

当我们把抽象概念捧上神坛，并视其为"基本现实"时，我们已经忘记了这些概念一开始是如何产生的。分子、原子或化学神经反应等概念，是在人类头脑质疑现象世界时通过实验的方法与现象世界进行互动形成的。这些概念形成于理论和经验丰富的交错碰撞过程中。

无知的美德

当我们只把注意力集中在最终结果上，并把它与其他形成过程隔开时，我们就只有原子、分子这种类似实体的概念了。问题在于，科学训练从一开始就不会让我们注意到概念是如何形成的。实际上，由于我们学习这些概念时，它们已经和自己的起源分开成了抽象的东西（即与实际的科学和人类背景隔开），因此我们就把它们看成了这个世界的类客观事实，甚至比真实都更真实，这些概念在头脑中可以变得异常清晰。

这本质上是对无意识进行物化的过程，也就是被哲学家阿尔弗雷德·怀特海称为"具体感错置"的谬误 (Whitehead 1967, 51 左右；也参见本书，Donnelley)。我们把抽象出来的概念看作这个世界上的具体事物。我把它称为对象式思维，也就是通过对象来思考世界 (Holdrege 1996)。大多数人——也包括获得更多知识的科学家——在谈论基因、分子、激素或大脑功能时所体现的就是这种思维方式。

那么，这种看待世界的方式有什么问题呢？首先，它错误地表明，当科学家把世界当作抽象事物来谈论时，他们是把世界看作整体的，我们实际上体验到的东西——既不是分子、不是基因，也不是放电的神经元——都成了一种主观幻觉：菊苣的蓝色不过是某种特定的光波，水不过是 H_2O，你的感觉不过是你的激素在忙碌地工作。从长远来看，我们为什么应该对一个"不过是"的世界感兴趣呢？我有什么必要对基因、分子、激素进行道德承诺呢？因此，抽象世界观的问题之一是，它把我们与它要解释的世界本身隔绝开了。

物理学家和教育家马丁·瓦根舍因强调说，我们都太容易忽视这样一个事实，采取简化方式看待世界只是选择之一 (Wagenschein

1975）。物理学家已经做出了选择，他们选择从量化的角度来看待一切，并把所有现象数学化。遗传学家也做出了选择，他们选择以因果关系的实体微粒（"基因"）来看待遗传。这些科学最终描述的并不是这个世界，而是对世界某一个方面所做的高度抽象化的简化描述。

因此，传统的现代科学和由此衍生的技术所解决的，只是从一个丰富得多的现实结构中孤立出来的某个方面。由于科学视角是有限的这件事常常被我们忽略，因此，我们坚信科学所解决的问题就是世界的问题。当你看待问题和解决办法的视角都非常狭隘时，没有比幻想自己已经有了解决问题的办法（治愈某种疾病的基因，杀死某种害虫的杀虫剂）更危险的了。然而，由于事物本身运行在复杂的关系中，这样的解决办法甚至还可能让整个问题加速恶化（"基因疗法"破坏了其他生理过程，杀虫剂使害虫产生了抗药性）。用埃默里·洛文斯的话说："如果你不知道事物间的相互关联是怎样的，那么往往引起麻烦的恰恰就是那个解决办法。"（Lovins 2001）

物理学家戴维·玻姆指出，由于科学概念和理论导致了一种支离破碎的世界观（有机体由分子组成、分子由原子组成、原子由元素粒子组成等），我们于是以一种支离破碎的方式对世界采取行动：

如果把我们的理论看作"对现实的直接描述"，那么我们就不可避免地把这些差异和分别当作进行分割的标准。这就是说，理论中出现的各种基本元素都是各自独立存在的。我们因此被引导产生这样一种错觉，世界实际上是由相互独立的碎片构成的……这导致我们的行事方式也变成这样：我们事实上确实制造

　　　　　　　　　　　　　　　　　　无知的美德

出了我们在对待理论时所暗示的那种碎片……因此，人类需要特别注意的是他们碎片化的思维习惯。意识到这种习惯才可能让习惯寿终正寝。至此，人类对现实的认识才可能是完整的，他们对现实的反应也才可能是完整的。(Bohm 1980，9)

我们到底是把这种思维习惯称为抽象化、碎片化、孤立化，还是简化的思维并不重要，因为所有这些名词指向的都是同一种思维习惯，它们之间的差别细微到可以忽略不计。重要的是，如何克服这种习惯。如果我们不克服这样的习惯，我们将继续通过我们这个时代生态、社会和经济的主导问题制造出无数意想不到的后果。

知识困境

哲学家埃德蒙德·胡塞尔已经预见到，我们会陷入抽象的网络无法自拔。他早在近100年前就慷慨激昂地呼吁我们，"回归事物本身"。但是，正如胡塞尔在《纯粹现象学通论》中所描述的那样，这种回归，或者也许最好说迈向事物本身并不是容易做到的事：

我们应该摆脱过去所有的思维习惯，看穿并打破这些习惯给我们的思维设置的心理障碍……这些要求都是很高的，然而，再没有什么比这更有必要了。使现象学……如此难以理解的原因是，除了要做其他的调整外，还需要一种全新的看待事物的方式，这种方式在每一点上都与经验和思维的自然态度形成鲜明对比。要在这条新的道路上游刃有余，而不会总是滑到老路上去，就要学会看到你眼前的东西，去辨认它，描述它，这就要求……我们要进行严格而辛苦的研究。(Husserl 1969，39)

那么，我们怎样才能学会用新的眼光去看待事物，把我们的知识重新根植在有生命的经验世界里，而不是基于虽然诱人但脆弱的抽象世界呢？可以从认识到无知的美德开始，这也正是本书的主题。梭罗在他的日记中精彩地描述了无知在认识中的作用：

> 只有当我们忘记从前学过的一切，我们才能开始学习。即使我以为我已经向某个有学问的人学习过关于某种自然事物的知识，我一点也没有更接近这件自然事物。要想充分理解它，我必须千百次地把它当作一件完全陌生的东西来研究才行。如果你想认识蕨类植物，你必须忘记你的植物学……你最大的成功就是，你感觉到了它，但你却没有什么能向皇家学会报告的。［Thoreau 1999,91（1859 年 10 月 4 日）］
>
> 我在散步的时候，必须给我的感官更多自由。要不然无论是观察星星、云朵，还是观察花儿和石头，其结果都一样糟糕。我必须让我的感官像我的思想一样自由。我让眼睛睁着，却不刻意让它看到什么……不要忙着看。不是让你自己走向那事物，而是让那事物来到你面前……我要做的，根本不是看，而是真正的让眼睛漫步。［Thoreau 1999,46（1852 年 9 月 13 日）］

无知的美德

为了帮助我们学会这种"眼睛漫步"，虽然梭罗不是一个沉默寡言的人，但他很可能在带我们一起散步时，只用他的手杖戳戳我们，让我们只是看，只是闻，只是听，把我们脑子里所有模棱两可的知识统统忘掉。但他也不是一个头脑简单的人，他知道，要获得知识还涉及很多东西：

　　　　要在同一个地方看到不同的植物，眼睛就需要有不同的意图才能做到，例如，灯芯草科植物（灯芯草），或者禾本科植物（牧草）；我发现当我寻找前者时，就没法在它们中间发现后者……一个人只能看到他心里最关心的那个事物。一个醉心于寻找牧草的植物学家，可能根本看不见最高大的牧场橡树。他专心致志走路的时候，可能踩倒了橡树也不知道。[Thoreau 1999, 83（1858 年 9 月 8 日）]

　　梭罗意识到，我们要是没有概念，就什么也看不到；要是不给这个世界带来意图，我们就只有困惑。有一次，我走在路上，看到前面的路面上有个黑色的东西在移动。我无法知道它是什么。我看到了一些东西，又不知道它是什么。这让人非常不安。我尝试给它安上蛇的概念，但无法匹配。然后，突然之间，我看清了：那是一个黑色的被风吹过路面的塑料袋。感官的世界在混乱了一阵子之后，一下子又各归其位。只有当我把经验贴上概念的标签时，我才能真正清楚地看到。

　　因此，这里有一个问题：开放性和陌生感（无知）能让我们感知到不符合我们预先设定的东西。所以，我们一方面能看到意想不到的东西，另一方面又必须利用从前的经验来解释那些以开放和陌生的眼光所感知到的现象。我们需要通过开放性来接纳新事物，但必须应用根据旧的经验所形成的概念才能理解这个世界。从这个意义上说，从前的经验是有偏见的，而且往往相当抽象。

因此，预设的概念和开放性之间形成了真正的冲突。我想，我们需要积极且有意识地与这种冲突共存。要认识到，获得知识总是在以一个特定角度理解世界，我们因此也就能更敏锐地认识到，自己的知识是有限的，也更多意识到自己无知的程度。

但还有一个问题，那就是概念的质量怎么样，我们给我们的经验带来的是什么。我们是不是能改造我们的概念，让它们不那么抽象，与经验的关联更紧密呢？我们能不能把对色彩现象的概念化偏见转变为更容易理解的概念，让概念变成一种感性工具，能让我们看到还没被发现的东西呢？我们对意料之外的东西能否和对意料之中的东西一样感兴趣呢？我们能否不断拓展和重塑我们对世界的看法？或者换言之：我们能给我们的认知方式带来新生吗？

培养开放性

多年来，我一直在研究一种特别的植物，名叫臭荠草。我被它的奇异吸引，想要更好地了解它。所以我经常去野外观察它，了解它生活的环境、生命周期，以及它如何适应自己的环境。我去野外的时候，常常带着一个特定的问题，或者有某个特别的关注点。

但我也制定了一个规则，出去的时候偶尔不带任何特定的关注点，试着用梭罗的"眼睛漫步"来感知。有时这不起作用，因为我的注意力会转向内心，脑子里会开始想些杂七杂八的事。虽然我人在树林里，但其实待在自己的脑子里，几乎什么都看不见。但我成功了几次，而且我可以说，反复练习可以培养一种开放的接纳意识，充满了对可能发生的事的强烈期待。

3月的一个下午，我又去了臭菘草生长的湿地。在我居住的纽约州北部，3月通常还是冬天。但这一天，阳光穿过光秃秃的灌木，温暖着我的脸。我的眼睛在漫步，我的视线扫过那些我再熟悉不过的臭菘草的花。它们都刚刚从冰凉的湿泥里钻出来。随后我看到了几只蜜蜂。我看着那些蜜蜂在花丛里飞进飞出，又飞到别的花上。刹那间，我意识到，那一年我还没看见过蜜蜂呢。那一年的第一批蜜蜂正在拜访这种植物。这种特别的植物，在温度上升到15摄氏度以上才会开始酝酿钻出地面，尽管那时的气温经常跌到冰点及以下。臭菘草刚刚做好准备，在第一个温暖的、阳光明媚的下午，蜜蜂就来了。

我很肯定，如果我不是在练习"眼睛漫步"，我会忽略蜜蜂和臭菘草的这次精彩相聚。我知道自己是一个不太开放的观察者，也是一个通常都必须全神贯注才能看到的人。但这种专注会妨碍我——当然它确实经常妨碍我——看到意料之外的事情。所以，如果有意带着开放的心态，打开视野走出去，你就会克服自己的局限性，邀请全世界走进来。

我用来增强开放性的另一个练习是在晚上回想白天的事，并问自己："我今天经历过我意料之外的事了吗？"意识到所经历的事情中，实际上有多少是预料之中的，可能会让人沮丧。偏见再次得到了强化：平常很浑蛋的同事仍然很浑蛋，等等。如果能珍惜那些为数不多的新的和意想不到的事情出现的瞬间，然后再把这些经历生动而具体地在眼前复盘，可以帮助我培养对意料之外的事的兴趣和敏感度。通过这种方法，我可以回想那个讨厌的同事有哪些言行与我的预期并不一致。我试图创造一个开放的领域，这确实很有成效。我能够开始用新的眼光去看另一个人、一道风景，或者一个社会问题，不管它可能是什么。

从抽象概念到有生命的概念

大多数人都知道长颈鹿有长长的脖子。和许多生物老师一样，我从前也一直这样教学生：长颈鹿如何在进化过程中长出了长脖子。只要我仅仅从长脖子这个"事实"出发来看，长颈鹿就是达尔文的变异和自然选择进化论的直接例证。我在传播"知识"，但这种知识真的能代表长颈鹿这种动物吗？

后来，我更细致深入地去研究长颈鹿及其长脖子。既然我不再对任何特定的理论或解释感兴趣，只想更好地了解长颈鹿本身，那我就能以开放的心态看待丰富的现象向我展示的东西。这些现象显示出我的无知，以及我一直使用的概念有多么贫乏。最终，长颈鹿的"长脖子"这个概念越来越成为一个需要克服的抽象概念。

要克服这种抽象概念，第一步是以整个动物界为背景来看脖子，并与其他哺乳动物比较 (Holdrege 2005)。我发现，脖子并不是长颈鹿身上唯一长得比较长的部位。长颈鹿的四条腿也是又长又直的。它的

　　　　　　　　　　　　　　　无知的美德

每一只脚和腿的骨骼也都很长。而且由于它的腿比其他有蹄类哺乳动物的腿更垂直，腿的总长度也因此增加了一大块。此外，长颈鹿是唯一一种前腿比后腿长的有蹄类哺乳动物。此外，它的头也很长，还有长长的舌头和长长的睫毛（在身体的另一端，在它的尾巴上，你还能找到哺乳动物中最长的尾鬃毛）。

由于长颈鹿的身体相对于它的身高来说明显很短——这是形态学所称的补偿效应的绝好例子——所以它的脖子和腿都更加显长。我意识到，长颈鹿的长脖子是这种动物所有垂直拉长趋势的一部分，尤其是在身体的前部。它身上所有类似四肢的部位，如四条腿、颈部（可以看作头部的肢体）、下颌部位，然后当然还包括舌头，都很长。通过这种特殊的结构，长颈鹿可以在更高的树枝中觅食。

但这一切都会产生副作用。长颈鹿的生活不仅仅涉及约 1.8 米到 4.8 米高的世界，那个它觅食和进食的世界。有的时候，它还不得不低下头来喝水和吃草。这时它就会做一些很奇怪的动作。它必须笨拙地将两条前腿大大分开。这让它更容易受到捕食者的攻击。但只有这样，它的嘴才能够接触到地面或水。我们突然发现，这样一来，长颈鹿的脖子显然很短啊！还有哪种有蹄类哺乳动物的脖子这么短，居然短到不伸开双腿就够不到地面的程度？

那么实际上，哪个才是关于长颈鹿的长（或短）脖子的事实呢？回到我之前说过的，如果一个事实不仅仅是一个孤立的抽象概念，那么我们就将其置于所在的背景中来看待。就长颈鹿的脖子来说，这个环境就是有机体本身。从形态上看，长脖子是其身体的一个典型特征，在它特殊的身体上，所有部位都向天空的方向伸长。但是，当长颈鹿俯身向地面时，它的脖子就是短的。这是长腿动物的一种表现，因为它的脖子高高在上，所以头部就很难触到地面。

当我们用抽象的方式建立问题框架时（长颈鹿的长脖子是什么原因造成的？），就等于已经事先决定好，肯定有那么一个原因，而且长颈鹿的脖子是长的。我们研究动物所使用的框架实在是简化过了头。问题在于，通常我们都不把关注的对象放在一个动态的、不断变化的环境中去看。有很多关于有机体特征如何进化的故事，但这些故事要说得通，唯一的前提是，要把它们的喙、鳍、羽毛或胃从整个动物的身体上分离出来。因此，敏感地意识到我们的概念如何影响我们所看到的对象很重要。如果没有这种敏感性，我们最终解释的只是它的模式，而没有涉及事物本身。

我们能做的是，不要把概念看得那么教条。当我同时从长颈鹿的"长脖子"和"短脖子"两个角度来看待长颈鹿时，我克服了只有一种角度的那种偏见，因而不会陷入过于狭隘的概念框架中。同时，我也开始更深入理解有机体的复杂性。要公平对待这种复杂性，我就必定不能只用一个角度而应该采用多个角度。可能我最后无法给这个动物做出一个简短统一的解释，但至少我发现了这种动物的丰富性，而不是为它制造一种抽象的幻影。

德国诗人兼科学家歌德说："如果我们想获得对自然的生动理解，就必须以自然为榜样，像她本身一样机动和灵活。"（Goethe 2002，56）我逐渐认识到，有机体能教给我们一套有生命的、动态的思维方式。如果我愿意关注它们，我可以向生命学习，以一种有生命的方式思考。对我来说，研究植物的生长发育，已经变成了一种非常生动和

　　　　　　　　　　　　　　　无知的美德

丰富的模式，那种我可以称之为有生命的思考的模式。

生长中的植物让根系深入土壤中，伸展蔓延，吸收营养并与土壤进行物质交换。这些都是我们作为感官生物，用全新的眼光探索和面对世界时应该有的特征。不断成长，不断探索，不断遇到新事物。我们越来越深地扎根于可感知的经验世界。

随着开花植物的生长，它展开了一片又一片叶子（这是你在一年生的野花身上看到的最生动的过程）。当植物生长到开花期时，下部的叶子就会枯死。因此，植物的生存方式是，在取得重要进展的那一刻，让过去形态消失的同时，继续营造新的结构。这是多么绝妙的样板啊，我们可以借此改造我们的概念：不是爱上某一个特定概念，然后不惜一切代价抓住它不放，比如对象思维，而是可以试着形成一个概念，使用它，然后随着我们经验的发展，让它自然消亡。我们深深的局限感和无知感能够让我们保持知识的活力、开放和成长。一株植物告诉我们的是什么叫非教条，或者从正面来说：它向我们展示了如何保持活力和适应性。

你也可以通过研究一株植物形态来理解环境。一株植物在干燥或肥沃土壤环境中的形态，与它在或阴暗，或光线充足的环境中的形态是不同的。植物总是与它所在的环境联系在一起。如果我们像植物一样思考，我们的概念也和它产生的环境紧密联系在一起，如果原来的环境改变了，我们就应该放弃或彻底转变我们的观念，随着生命的溪流，与生命保持同步。

在实践这种认知过程时，我们可以体验到自己的积极主动，但在与自然持续演进的对话中，我们也是接受者和对话的参与者。我们甚至作为世界的知情者参与对话。我们不再是远远地冷眼旁观一个物化世界的路人。虽然重获与世界的联结并重新根植于世界之中令人振奋，但这并不一定是一个让人舒服的过程。对象思维方式让人觉得舒服是因为，我们把世界看作物质的，还承担了解其潜在机制的任务，所以我们就可以随意操纵它。科学变成了一个与价值无涉的领域。但当我们意识到认知的参与性和互动性本质时，一切都不一样了。在这个世界上的每一刻，我们都知道，我们对自己的认知方式负有责任，也对认知方式的外化——我们的技术和行动——负有责任。有生命的思维方式深知自己根植于世界之中，也深知自己没有"答案"。

结论

如果我们对一种新的文化类型感兴趣，那么就不会是把旧的拿来变变形那么简单。我们需要的是一场革命。正如科学革命在过去400多年里彻底改变了人们看待世界和与世界的联系一样，我们现在也需要一场新的世界观革命，以便在未来的400年里，取得越来越多的成果。

如果我们发现自己又在透过某种预设概念透镜来思考某个问题或现象，但也能够放下透镜，转身以开放的态度回到事物本身时，这种变革的种子就产生了。这一行动表明，我们承认自己的无知，并已经准备好回归具体事物本身了。随着认识的加深，我们可以开始在与世界的互动中形成概念，而不是把概念强加给这个世界。这就是有生命的思维方式。

让我们来想象，越来越多的人在培养这种思维方式，模仿具体的、

　　　　　　　　　　　无知的美德

有生命的现象，而不是致力于在头脑中形成更抽象的概念（这些目标是要形成一个包括所有一切的统一理论）。起初，这是一场静悄悄的革命，在某些个人的头脑中生根发芽，在一些小团体中抽枝散叶。但是，对于一场模仿植物的革命，我们还能期待什么呢？这些思想为我们所生活的世界带来生命，但并不会引起很大的轰动。从抽象思维和对象思维转变为植物式的动态思维，将有助于我们真正把对自然的理解和相互关系根植于自然之中。

参考资料

Bohm, David. 1980. *Wholeness and Implicate Order.* London: Routledge & Kegan Paul.

Churchland, Paul. 1988. *Matter and Consciousness.* Cambridge, MA: MIT Press.

Damasio, Antonio. 2001. "Fundamental Feelings." *Nature* 413, no. 6858 (25 October): 781.

Goethe, Johann Wolfgang von. 2002. "Morphologie." In *Goethes Werke,* vol. 1, *Naturwissenschaftliche Schriften I,* ed. Dorothea Kuhn and Rike Wanke-müller, 53–63. Munich: C. H. Beck. Originally published in 1817.

Holdrege, Craig. 1996. *Genetics and the Manipulation of Life: The Forgotten Factor of Context.* Great Barrington, MA: Lindisfarne.

Holdrege, Craig. 2005. *The Giraffe's Long Neck: From Evolutionary Fable to Whole Organism.* Ghent, NY: Nature Institute.

Husserl, Edmund. 1969. *Ideas: General Introduction to Pure Phenomenology.* New York: Collier. Originally published in 1913.

Lovins, Amory. 2001. Interview with Amory Lovins on September 8, 2001 at the Omega Institute for Holistic Studies. Interviewed by Susan Witt, E. F. Schumacher Society.

Thoreau, Henry David. 1999. *Material Faith: Henry David Thoreau on Science.* Edited by Laura Dassow Wells. Boston: Houghton Mifflin.

Wagenschein, Martin. 1975. "Rettet die Phänomene." In *Erinnerungen für Morgen,* 135–53. Weinheim: Beltz.

Whitehead, Alfred North. 1967. *Science and the Modern World.* New York:Free Press. Originally published in 1925.

无知的美德

作者简介

迈克尔·贝尔纳斯获亚利桑那大学遗传学硕士学位。他毕业后从事病理学工作，随后转至西雅图弗雷德·哈钦森癌症研究中心，后返回母校亚利桑那大学外科学系任教。他在基础和临床淋巴学方面发表了许多文章，并因此获得了国家和国际奖项。迈克尔是《淋巴学》杂志的执行编辑，同时也是国际淋巴学学会执行委员会成员。他在进行研究项目的同时，还专注科学教育，特别强调从幼儿园到研究生关于提问和真正以学生为主的教育探索。

彼得·G. 布朗同时任职于麦吉尔大学环境学院、地理学系和自然资源科学系。在加入麦吉尔大学之前，他是马里兰大学公共事务研究生院公共政策教授，并在马里兰大学创立了哲学和公共政策研究所及公共事务学院。他的教学、研究和工作都与伦理、治理和环境保护有关。他写作并出版了两本书：《恢复公信力》和《生命共同体》。他还参与了美国的马里兰州、缅因州和加拿大的魁北克省的林场保护工作。他是魁北克省的认证林业生产者。

彼得·克朗是亚利桑那大学医学院"医学无知"Q³ 项目多媒体合作制作人。他专门负责互动媒体的开发和应用，以及医学（及其他）无知课的应用。他本科毕业于富兰克林和马歇尔学院，在亚利桑那大学获博士学位。他曾在学术、商业和公共广播领域工作过，包括美国国家精神健康研究所精神药理学研究，以及《芝麻街》的观众研究，担任 WNET（PBS，美国公共广播协会）电视实验室研究总监，并担任纽约和图森的两家视频和多媒体制作公司总裁。

雷蒙德·迪恩是堪萨斯大学电子工程和计算机科学荣誉退休教授。退休后，他倡导节约能源和使用可再生能源。在堪萨斯大学任教之前，他是一家供暖、通风、空调和能源管理公司的首席执行官。在此之前，他在 RCA 实验室从事固态电子学研究。他拥有普林斯顿大学博士学位和麻省理工学院硕士学位，都是电子工程专业。他在科学期刊上发表了 17 篇论文。他在半导体器件、暖通空调系统及控制领域拥有 21 项美国专利。他也是电气和电子工程师协会高级会员。

斯特拉坎·唐纳利是人类与自然中心创始人（2003 年）兼主席。在创建该中心之前，他曾是黑斯廷斯中心（一个生物伦理研究所）主席，曾负责领导该中心前人类和自然项目。除了在哲学和应用伦理方面发表大量文章外，唐纳利还是黑斯廷斯中心报告的三份特别增刊的联合编辑和作者：《动物、科学与伦理》（1990 年）、《动物生物技术的美丽新世界》（1994 年）和《自然、城邦和伦理：芝加哥区域规划》（1999 年）。他还编辑了一份关于哲学家和伦理学家汉斯·乔纳斯的特刊，也收录在黑斯廷斯中心报告（1995 年）中。最近，他撰写了几篇关于哲学、进化生物学和伦理责任的文章。

保罗·G. 赫尔特恩职业生涯开始于灵长类生物和保护。他于 1982 年接受了芝加哥科学院院长的职位，后来又担任主席。1999 年成为该学院名誉院长后，他继续在芝加哥地区和美国其他地区从事公民和科学项目研究，并担任人类与自然研究中心主任。

克雷格·霍尔德雷格是一位生物学家兼教育家，担任位于纽约州北部农村地区的自然研究所主任。自然研究所致力于应用整体法和现象学方法的研究和教育活动（参见 www.natureinstitute.org）。霍尔德雷格对事物间相互联系的本质非常感兴趣，并运用整体法对动植物进行研究。他批判性地从环境角度研究遗传学和生物技术的新发展。他写作并出版了《长颈鹿的长脖子：从进化寓言到完整生物》以及《遗传学与生命操纵：被遗忘的环境因素》两本书。

韦斯·杰克逊是土地研究所主席。他在加州州立大学萨克拉门托分校建立了美国首批环境研究项目之一，并担任主席。随后，他于 1976 年返回家乡堪萨斯州，成立了土地研究所。他写作并出版了多本图书，包括《农业的新根基》和《成为本地人》。他还是公认的国际可持续农业运动的领导者。他于 1990 年成为皮尤环境保护学者，1992 年成为麦克阿瑟基金会学者，2000 年获得优秀民生奖（被称为"另类诺贝尔奖"）。

乔恩·詹森是艾奥瓦州迪科拉的路德学院哲学和环境研究助理教授。他获科罗拉多大学哲学博士学位，随后在佛蒙特州任教，后返回他有着深厚根基的中西部。他是《重要问题：邀请哲学》的作者之一。他还发表了环境哲学方面的文章。他目前集中研究的是可持续农业、生态恢复和当地粮食体系间的关系。

理查德·D. 拉姆是丹佛大学公共政策研究所联席主任，曾三任科罗拉多州州长（1975—1987 年）。他是一名律师（加州大学伯克利分校，1961 年）和注册会计师。他自 1969 年起在丹佛大学任教，除了担任州长的几年外，一直与丹佛大学有联系。他曾获得多个奖项，并现身众多全国性新闻节目，他还写过许多社论，撰写或合著了六本书。

查尔斯·马什是堪萨斯大学威廉·艾伦·怀特基金会新闻学与大众传播学教授。他曾被堪萨斯大学以及在意大利的国际财团大学的学生评选为优秀教师。他最近在英格兰和威尔士古典学会以及新闻和大众传播教育协会年会上发表了关于伦理和批判性思维的论文。

乔·马罗科拥有纽约斯克内克塔迪联合学院学士学位和纽约州立大学帝国州立学院（萨拉托加泉）文学硕士学位。他在研究生期间的工作于 2006 年夏天完成，重点讨论全球气候变化问题的哲学意义。他的硕士论文《基于无知的环保主义：气候变化和知识的局限性》灵感来自他与克拉克森大学的比尔·维特克博士的合作，也是他为本书撰写文章的基础。他与妻子和女儿住在阿迪朗达克山区。

康恩·纽金特是卡普兰基金会执行董事，负责监督环境、历史保护和移民方面的基金会资助项目。卡普兰基金专注于纽约市和北美的主要跨境地区。此前，他曾任纽约市公民联合会执行董事，这是美国历史最悠久的政府善政组织。从 1989 年到 1995 年，他是卡明斯基金会的环境项目主管，在那里他建立了交通、农业和税收政策等方面的项目。他毕业于哈佛学院和哈佛法学院。他在美国多家主要出版物上发表过文章，主题从建筑到棒球。

罗伯特·佩里目前在多个基金会担任环境顾问，是北卡罗来纳大学教堂山分校阿尔伯马尔生态农场的临时主任。他在杰拉尔丁·R. 道奇基金会工作了 11 年，先是担任该基金会的教育项目专员，随后担

无知的美德

任该基金会环境和动物福利项目主任。他个人的兴趣集中在保护生物多样性上，尤其是保护那些通常不被关注的、默默无闻的生物（甲虫、鳉鱼、珊瑚和青蛙）。人们更了解的是那些大型动物，因此也更容易喜欢这类动物。然而，这些小生物通常对大型动物的生存来说必不可少。他在纽约市教授科学课程17年，在此期间，他获得了纽约城市大学的硕士学位。他通过纽约城市大学的环境研究项目做了几年的教育培训工作，并成为哥伦比亚大学在读博士。目前，他和家人住在北卡罗来纳州海岸外的罗阿诺克岛上。在那里，他只要打开家门就能和大自然亲密接触。

安娜·L.彼得森在加州大学伯克利分校获文学学士学位，在芝加哥大学神学院获博士学位。她是佛罗里达大学宗教系教授，也在拉丁美洲研究中心和自然资源与环境学院担任合作项目教授。她的研究领域集中在当代拉丁美洲社会的宗教方面，特别是中美洲的宗教及其社会和环境伦理。她在期刊上发表了大量文章，还出版了若干本书，其中最新出版的是《王国的种子：美洲的乌托邦社区》。她目前主要研究的是环境价值观与实践之间的差距。

罗伯特·鲁特-伯恩斯坦拥有普林斯顿大学学士和博士学位，且是第一批麦克阿瑟基金会学者之一。他把一半的时间用在进行科学研究上（自身免疫疾病、药物开发和生理控制系统的进化），另一半时间研究如何更好地进行科学研究（科学的历史和哲学以及创造过程的本质）。他是密歇根州立大学的生理学教授，任教期间获了数不清的教学奖项。

史蒂夫·塔尔博特在高科技领域拥有多年工作经验，目前是纽约州根特市自然研究所的高级研究员。他撰写了在线时事网站评论NetFuture(www.netfuture.org)，《纽约时报》在一篇关于他的工作的专题报道中称其为"基本上是一个未被发现的国家宝藏"。史蒂夫写作并出版了《未来不需要计算：超越我们当中的机器》一书，被学术图书馆期刊《选择》杂志评选为"1996年优秀学术著作"。他最新出版的图书是《灵魂的装置：在机器时代为自己而战》。

赫布·汤普森于1969年获科罗拉多大学经济学博士学位。现为埃及开罗美国大学的经济学教授。他曾在澳大利亚、巴布亚新几内亚、阿拉斯加、俄亥俄州和密苏里等地的大学任教。他最近发表的文章侧重讨论亚洲和太平洋地区热带雨林砍伐，以及网络系统教学等主题。他更令人满意的个人成就还包括，十年的专业爵士乐鼓手生涯，学习演奏乌德琴（一种埃及鲁特琴），并夺得柔道紫带。

比尔·维特克是纽约波茨坦的克拉克森大学哲学教授。他的研究侧重于社会实践及其与环境、文化和历史背景的交集。他出版了图书《承诺》（1993年），还发表了以农业、环境伦理、社会政策和公民哲学为主题的文章。他与韦斯·杰克逊合著了《扎根土地：社区与地方随笔》（1996年）。目前他正在与杰克逊和斯特拉坎·唐纳利合著一本名为《咨询本地的天才》的书，以及一本他自己的散文集，名为《扔掉桨！找到走出碳溪的出路》。他同时也是一位专业的爵士乐钢琴家。

查尔斯·L.维特博士毕业于哥伦比亚大学，并在纽约大学获得医学博士学位。他与玛丽斯·维特博士一起建立了美国第一个淋巴实验室，挂靠在一家综合性淋巴水肿血管发育不良诊疗中心。他是《淋巴

　　　　　　　　　　　　　　　　　无知的美德

学》杂志主编，撰写过 400 多篇文章以及书籍章节，涉及各种各样的医学主题。他还与玛丽斯·维特博士以及哲学家安·克尔温一起开发了关于医学（及其他）的无知课程。他因在淋巴瘤和肝硬化方面的里程碑式研究获得了国际认可，包括当选巴西国家医学院院士。他认为外科手术是终极无知学科，外科医生切除器官是因为他们除此之外不知道如何预防或治疗影响这些器官的疾病。他于 2003 年 3 月 7 日去世。

玛丽斯·赫斯特·维特博士是亚利桑那大学外科学教授和医学生研究项目主任，同时也是 42 个国家的国际淋巴瘤学会的秘书长。她的专长是淋巴系统的疾病（淋巴管、淋巴结、淋巴和淋巴细胞），并进行基础和临床淋巴学的研究。她在巴纳德学院获得本科学位，在纽约大学医学院接受医学教育，在北卡罗来纳大学、北卡罗来纳州纪念医院和纽约大学贝尔维尤医学中心接受研究生住院医师培训。她与同事们，包括她已故的丈夫（执业外科医生、教育家和研究员查尔斯·L.维特博士），为所有年级的学生开发了获得国际公认的医学（及其他）无知课程。